职业院校通识教育课程系列教材

物理学之美

THE FASCINATING PHYSICS

田红梅 主编

吴德新 滕坚 副主编

图书在版编目(CIP)数据

物理学之美 / 田红梅主编 .— 北京 : 商务印书馆 ,
2016 (2023.7 重印)

ISBN 978-7-100-12562-8

Ⅰ.①物… Ⅱ.①田… Ⅲ.①物理学—职业教育—教
材 Ⅳ.① O4

中国版本图书馆 CIP 数据核字 (2016) 第 225411 号

职业院校通识教育课程系列教材

物理学之美

田红梅 主编

吴德新 滕坚 副主编

商 务 印 书 馆 出 版

(北京王府井大街 36 号 邮政编码 100710)

商 务 印 书 馆 发 行

艺堂印刷 (天津) 有限公司印刷

ISBN 978-7-100-12562-8

2016 年 9 月第 1 版　　开本 787 × 1092 1/16

2023 年 7 月第 5 次印刷　　印张 20¾

定价 :48.00 元

《职业院校通识教育课程系列教材》
编辑委员会成员名单

序 言

课程和课堂教学是职业院校人才培养的主渠道，也是文化育人的主战场。近年来，伴随着我国职业教育改革的不断深化，各职业院校纷纷开设形式多样的文化育人课程，对于促进职业院校文化育人，提高学生的文化素质和人才培养质量，发挥了积极作用。然而，从整体来看，职业院校文化育人课堂教学的实际效果还很不理想。究其原因，除了课程设置还不够合理和科学之外，缺乏适应职业院校学生特点、契合职业院校文化育人目标需要的教材是其中一个非常重要的原因。

教材是实施教学计划的主要载体。它既不同于学术专著，也不同于一般的科普读物，既是教师教学的重要依据，又是学生学习的重要资料，是“教”与“学”之间的重要桥梁。因此，教材建设是课程建设的重要基础工程，教材建设的好坏，直接影响到课堂教学的效果和学生的学习效果。我们认为，职业院校文化育人课程教材应该具备体现课程本质和精髓、引导学生学习、激发学习兴趣、提高思维能力、提升职业素养等功能和作用。因此，职业院校文化育人课程教材必须贴近生活、贴近实际、贴近学生，融思想性、科学性、新颖性、启发性和可读性于一体，才能发挥教材应有的作用。然而，目前出版的职业院校文化育人相关课程教材，普遍存在内容空洞陈旧、脱离职业院校学生思想实际，结构体例单一呆板、语言枯燥无味、不适应当代职业院校学生阅读特点，知识理论灌输过多、缺乏启发互动环节等弊端，很难引起学生的阅读兴趣和学习兴趣，也大大影响其育人的效果。

作为中国高职教育改革发展的排头兵，近年来，深圳职业技术学院（以下简称学校）以高度的文化自觉，担当起引领职业院校文化育人的重任，出台《文化育人实施纲要》，对学校文化育人进行了全面系统的顶层设计，构建了全方位、多层次的文化育人体系，在全国职业院校率先全面推进文化育人。学校高度重视课堂教学作为文化育人主战场的作用,始终把提高育人的实际效果作为文化育人的重点来抓。为此,学校以“基础性、文化性、非职业、非专业、非工具”为原则,精心甄选并科学构建了必修课和选修课并行的“6+2+1+4”文化育人课程体系。其中“6”是指文化素质必修课程,包括毛泽东思想和中国特色社会主义理论体系概论、思想道德修养与法律基础、形势与政策、大学语文、心理健康教育、体育与健康等课程;“2”是指要求文理交叉选课的校级通识选修课程,每个学生必须选修2个学分;“1”是指各专业作为限选课开设的“专业+行业”文化课程;“4”是指从语言与文学、历史与地理、艺术与美学、科技与社会、哲学与人生、环境与资源、经济与管理、心理与健康、政治与法律等文化素质公共选修课模块中选修至少覆盖四个模块的课程。根据学校文化育人的整体设计和培养目标的需要,我们精心设计了一系列文化育人课程,其中《物理学之美》、《数学文化》、《科技改变世界》等科学素养课程作为全院文科学生的通识选修课;《生活中的经济学》、《中国历史文化》等人文素养课程作为全院理工科学生的通识选修课;《数字艺术概论》、《汽车文化》、《翻译文化》等专业文化课程作为各专业学生的限选课。同时,我们举全院之力,聘请行业企业相关专家,组织全院相关专业和其他协作院校的优秀教师,组成各课程教学团队,开展课程教学研究,编写系列教材。

本套教材是学院倾力打造的通识教育课程系列教材。为了使这套教材能够达到体现学科精髓、引导学生学习、激发学习兴趣、提高思维能力、提升职业素养的目标,更好地适应全国各职业院校的教学需要,教材编写过程中,各编写组在坚持科学性、思想性和可读性的前提下,特别注意突出如下特点:

一是力求用学生能够理解的语言充分体现学科最基本的思想和精髓。什么是文化?什么是素质?著名科学家爱因斯坦说过:“当我们把学校里学习的知识都忘掉后,剩下来的就是素质。”我认为,这种在知识忘掉之后能保留下来的东西就是蕴含在知识之中的文化。因此,从文化育人角度来说,一门课程的文化最核心的就是蕴含在课程相关知识之中的最基本的思想和精髓。专业知识是有门槛的,是进阶式的,没有学会和掌握前面的知识,就不可能学会和掌握后面的知识。但思想是没有门槛的,只要深入发掘和准确表述,只要能够以合适的方式进行传播,人人都可以理解和掌握。而且一旦掌握了这门学科的思想和精髓,对于学生提高对这门学科的认识,理解和掌握学科的知识(技能)是大有帮助的。正因为如此,作为通识教育课程教材,必须尽量用公众理解的非专业语言来揭示和讲清楚学科或者课程最基本的思想和最核心的精髓。如数学文化的精髓是什么?数学文化最基本的是计算文化。因此,作为通识教育课程教材的《数学文化》,就应该用非数学专业的学生都能理解的语言,讲清楚计算文化的演变和作用，讲清支撑数学这门学科最基本的思想和精髓，然后再去展现数学定理的发现故事和数学的文化魅力。教材的思想性和科学性也就全部体现其中了。

二是力求最大限度地激发学生的学习兴趣。兴趣是最好的老师。只有充分激发学生的学习兴趣，才能充分调动学生学习的积极性和主动性。怎样激发学生的学习兴趣？作为通识教育课程教材，在内容上切忌为兴趣而趣味，而要贴近生活、贴近学生，要充分考虑到学生的兴趣和需要，要贴近学生日常生活的实际。从价值学的角度来说，“客体有什么价值，实际上取决于主体，价值总是因人（主体）而异的。”[①]因此，对于通识教育课程教材的编写者来说，什么内容是有价值的，并不是我们教材编写者空想出来的，也不是我们认为最好的、最先进的、最完美的东西就是有价值的，而是学生成长过程中真正需要的东西，学生感兴趣的东西才是有价值的。只有把学生需要的、感兴趣的内容编写进去，才能激发学生对这门学科或课程的兴趣，达到育人的目的。为此，我们在教材编写过程中，在学生中进行广泛的调查，并通过课程讲授实践，广泛听取学生的意见，了解学生的兴趣和需要。如《生活中的经济学》，我们就从学生日常生活中经常遇到的经济现象入手，来分析和揭示经济学的文化和精髓，就能引起学生的共鸣和兴趣。《交际与礼仪》也是从人们最常遇到的社交礼仪出发，帮助学生提高社交修养和文化素质。要激发学生的学习兴趣，还在于我们的教材和课堂教学是否能够焕发学科和课程本身的魅力。任何学科和课程都有它自身的魅力，关键在于我们能不能充分发现和展示它的魅力，让学生感受到它的魅力。因此，焕发学科本身的魅力，是通识教育课程教材能不能激发学生兴趣的关键。如《科技改变世界》就应该讲清楚科技在人类社会发展的地位怎么样，在生活中的作用是什么，与学生自身成长有什么关系，如果课程能让学生明白上述问题，我相信一定能激发学生对于科技的浓厚兴趣。

三是注重培养学生独立思考的能力。培养学生独立思考的能力是职业院校文化育人的重要目标，通识教育课程教材也必须充分体现这一培养目标的要求。作为通识教育课程教材，必须让学生了解和掌握学科和课程最基本的思想方法和独特的思维模式，以提高学生的思维能力；如《数学文化》要让学生了解和掌握数学思维模式的严密性和逻辑性，《物理学之美》要让学生了解和掌握物理学科综合性和创新性的思维特点，学会从自然现象和日常生活中发现问题；《生活中的经济学》则让学生学会运用经济学的方法来分析和观察日常生活中的经济问题和社会问题等等。要改变单纯知识灌输教育模式，注重启发式教学，精心设计学生参与互动和讨论交流环节，调动学生学习的主动性和积极性，培养学生独立思考的能力。

---

① 李德顺，价值观教育的哲学理路，中国德育，2015(9)：27。

四是力求突出职业院校学生的特点。由于种种原因,职业院校学生入学时文化成绩相对较低。因此,职业院校通识教育课程的教材,不能一味引经据典,而要适合职业院校学生的消化能力和文化水平,多采用贴近学生生活的案例来说明问题。在编写体例上,力求做到图文并茂、新颖活泼;在文字表述上,尽量少用专业术语,多用公众语言,力求做到深入浅出,简洁明了,适应职业院校学生的阅读特点。

可以说,这套教材的编写是深圳职业技术学院等职业院校在教育部职业院校文化素质教育指导委员会的指导下,根据新形势下职业教育发展的需要,对职业院校文化育人课程改革和教材编写的一次重要探索,是文化育人理念的真正落地,充分体现了有关职业院校高度的使命意识和历史担当。我们衷心祝愿这套具有引领性、示范性的职业院校文化育人教材越编越好,充分满足各职业院校培养出更多具有较高文化素养、职业素养的技术技能型人才的需要,提升职业院校人才培养质量和水平。

陈秋明
2017 年 3 月

导 言

物理学与社会生活

古人云:“物含妙理总堪寻”,庄子曰:“判天地之美,析万物之理”,诗人杜甫说:“细推物理须行乐,何用浮名绊此身”。物理一词如此源远流长,内涵丰富,乐趣无穷。物,即外在的万事万物;理,即内在的道理规律。万事万物,既可能是抬头仰望到的浩瀚宇宙,也可能是高山流水行云微风般的迷人风景,甚或是肉眼无法企及的微观世界中的原子和电子。对自然中的事物、现象讲个道理正是物理。物理让古人感到妙趣横生,让庄子体会到大美无边,让杜甫感受到乐趣无穷;古人甘愿不辞辛劳探寻物理,庄子乐于用物理的方式欣赏宇宙的造化无限,杜甫情愿为物理抛却世俗的功名利禄。物理是何等让人痴迷,流连忘返。

人类从古至今都保有对自然的好奇;无论是东方还是西方,对自然的探索从未间断;就算是从个体来看,对自然的好奇也是与生俱来的。在成长的过程中,相信每个人都观察过自然,提出过很多“为什么”。所以物理具有永恒的、不受文化地域限制的、广泛的魅力。有一次我在电脑前备课,9 岁的女儿看到我课件上的插图,非常感兴趣,跑过来主动要求我讲给她听。我用尽可能浅显形象的语言表达出这次课的主要脉络,半个小时的讲解,女儿一直听得津津有味。讲完之后,估计女儿并不可能理解课程的深层内涵,最多就是能够对一些内容留下些概念,真不知道她会怎样评价这些陌生又理性的知识。没想到女儿说:“你的学生学习的内容真有趣!”有时,我在家里用瓶瓶罐罐做些小实验,女儿看见后会立刻跑过来要求和我一起做实验。女儿对科学所表现出来的兴趣和她对知识的接受能力,深深触动了我,让我由衷赞叹。其实,我们每个人对世界都有一颗好奇的心,都有一探究竟的冲动。这也正是物理不断发展的源动力。

在科技高速发展的当今社会,科学和技术的应用已经渗透到生活的方方面面,作为一名健全的现代人,无论他(她)属于文科类学生还是属于理科类学生,都应该具有一定的物理科学素养,因为物理和社会生活息息相关。试想一下我们从早到晚的生活。早晨起床之后,来瓶营养早餐奶。当你使用吸管享受着营养早餐奶的时候,有没有想过吸管为什么会把奶吸上来呢?原来大气压在帮忙,我们才能享受到美味。吃过早餐,你要上班了，从家走到车站，你得感谢摩擦力，如果没有摩擦力，你是寸步难行，真不敢想象世界离开摩擦力会是什么样子。坐上班车，享受便捷交通的同时，你得感谢科尔·本茨，他发明了人类第一辆汽车，发动机作为汽车的心脏，利用气体热力学将热能转化成动能。来到办公室，你要打印一份文档，你得感谢激光之父汤斯，他发现了激光并提出了激光的原理。工作上需要和客户联系，你打开电脑，拿起手机，你得感谢巴丁、肖克利和布拉顿，他们对半导体的研究卓有成就，发现了晶体管效应并成功制造了第一个晶体管。你还得感谢阿尔费罗夫、科勒默和基尔比，他们发明了快速晶体管、激光二极管和集成电路，他们在移动电话和半导体研究中的突破性进展才使得普通人拥有电脑和手机成为可能。办公室内光线有点暗，你打开公司新近安装的 LED 照明灯。享受明亮光线的同时，你得感谢赤崎勇、天野浩和中村修二，他们研究出能够发射蓝光的发光二极管，才使得白光 LED 照明成为可能，LED 灯不但照亮了世界，还为我们节约了大量能源。下班后，天色已晚，看着城市上空的点点星辰，你又会想起谁？没错儿，天空的“立法者”开普勒。看似神秘莫测的星空却遵循着相当简单的运行规则，即开普勒三大定律。而这一切，从牛顿伟大的万有引力定律那里就可以推导出来。打开收音机，调频交通频道，听到喜爱的主持人的声音，工作一天的疲惫得到缓解。城市的上空弥漫着各种频段的电磁波。一百多年前，麦克斯韦挥经纶之手，妙笔神来般地写出了麦克斯韦方程组，统一了电学、磁学和光学，使之包含了自然界中的一切经典电磁现象，今天我们所使用的各种频段的电磁波也不例外。夜已深，时间仿佛静止了一般。时间真的会静止么？你得问一问 20 世纪最伟大的科学家爱因斯坦，也许透过他的相对论，我们能找到答案。

我们在一天当中，随时随地都在和物理打交道。不论是有意还是无意，你都和物理息息相关，不离不弃。物理渗透到生活的每一个角落，和每一个人如影相随。物理作为自然科学和生产技术的基础，改变了世界，改变了社会，改变了人类的生活方式，这已经是一个不争的事实。

回顾四百年来人类发展的足迹，正是现代物理学由诞生到快速发展再到繁荣的过程。在这个过程中，由于物理学在方法层面、思维层面、理论层面和实验层面的创新发展，引领人类社会从生产方式、生活方式和社会政治经济格局等方面发生了天翻地覆的变革。而这在人类漫长的几百万年的发展历史中绝无仅有。18 世纪，以蒸汽机的广泛使用作为标志的第一次工业革命，正是直接建立在物理经典力学和热学的基础之上的一场技术变革。蒸汽可以做功的物理思想衍生出实用的蒸汽机，是物理学原理转化成为应用技术的伟大成就。第一次工业革命开创了以机器替代手工劳动的时代，同时也开启了一场深刻的社会变革，使整个世界的面貌发生了变化。之后物理学的研究领域转向电学，富兰克林、库仑、奥斯特、安培、法拉第、麦克斯韦和赫兹等物理学家在对自然规律不懈追求的驱动下，建立了电磁理论大厦。19 世纪末，电磁理论的发展，以及发电机、电动机、电报机、远距离输电技术、电灯、电影、电车、电话等的相继发明，导致了第二次工业革命，使人类从“蒸汽时代”进入“电气时代”。第二次工业革命极大地推动了社会的进步和生产力的发展,对人类社会的政治、经济、文化、军事等各方面产生了深远影响。从20世纪中叶开始,人类进入信息技术时代、空间技术时代和包括核能在内的新能源技术时代,即第三次科技革命时代。而这一切的基础正是物理学思维变革的产物。相对论和量子力学的建立,使得固体物理和半导体物理发展成熟。基于此,电子二极管、晶体二(三)极管、集成电路得以发明,计算机从体积和质量庞大的"电子管时期"和"晶体管时期"进入现代计算机时代。计算机的发明和应用引领了世界范围内的信息革命,相信没有人会怀疑这一点。相对论和量子力学不仅带来了物理学的变革,而且带动了生物学、医学、化学等自然科学的发展,同时也带动了半导体技术、核能技术、电子技术、激光技术、超导技术、纳米技术等一系列技术革命。前两次工业革命使人类的肢体得到解放,第三次科技革命延伸和拓展了人类的大脑功能,是影响更为深远的革命。物理学在自身发展的过程中,不仅促进了其他学科的发展,而且促进了人类社会的进步。

由此可见,对于个体而言,物理学是实实在在的科学,而不是抽象的科学,它与我们的日常生活密切相关,它为我们的生活方式带来全方位的变革。对于人类社会而言,物理学是一门重要的学科,与人类社会生活发展密切相关,它对人类社会的发展产生了巨大的推动作用,影响人类文明的进程,促进自然科学和生产技术的共同发展。所以,学习物理,认识物理,体验物理,欣赏物理,发觉物理的美,是现代人的基本需求。

本书是为高等院校的非物理专业的学生提供的科学文化素质类通识课程教材,同时也适合爱好物理、对自然科学有兴趣、迫切想要了解物理和社会生活、物理和人类发展的关系的人士阅读。物理专业的教师和学生在阅读本书时,在如何分角度分层次欣赏物理的美,如何看待物理的发展与人类社会的进步之间的关联等方面也会有所收益。

本书在写作的过程中有以下几个特点。第一,全书分为四大篇,开创性地提出从四个方面来认识、体验和欣赏物理的美,即从丰富多彩的生活中来欣赏物理的美、从做实验的过程和实验带给人类的教益与启迪中来欣赏物理的美、通过物理学的基本原理来欣赏物理的美、由物理学发展过程中的重大发现及其对人类社会的推动作用来欣赏物理的美。每一篇下设若干章。不同于物理专业的教科书,在这里我们不以严密的知识体系来组织本书内容,而是采用通过一个点来辐射一个面,通过一滴水见精神的方法来讲述物理学中的精髓。第二,采用多维度的发展方式组织本书内容。正文是一个维度,小贴士是一个维度,拓展阅读是一个维度。正文主要覆盖教师讲解的内容,此处以讲为主。小贴士以介绍著名物理学家、历史上著名的物理实验和重大的物理事件等为主,此处注重了解科学家的生平轶事、人文精神和智慧思维方法。拓展阅读为学有余力的学生提供更多的知识营养配餐,供他们课后自主阅读。每讲的练习题分为三类,其中前两类题型十七章都是相同的,第三类为相应篇的特色题,如第一篇中的各章为"生活应用题",第二篇中为"实验设计题",分别体现了本篇的主题和特色。第三,考虑到文科类学生使用本书的情况,在编写过程中尽可能通过深入浅出的、大众能够接受的语言来叙述物理学中的问题、方法和定律,并且尽可能不使用过长过复杂的公式。所以不免丰富有余，严谨不足。第四，书中采用了大量的图片，力求做到图文并茂。部分图片是学生和教师的原创。

本书在编写过程中，对一些特别问题的处理方式如下：物理符号和单位体现国际标准，在个别地方，为了简洁明了贴近生活，特意使用了非国际单位。如，在第1章“无处不在的压强”中，为了让学生对作用力的大小有更加直观的认识和与生活对等的判断能力，使用“牛”作为单位的同时，也特意使用了“千克力”。

教师在使用本书时，可以根据具体的课时情况和教学条件酌情选择和组织本书内容。以高职院校文科类学生32学时的通识课为例，教学中可以采用专题讲座结合学生综合作品展示的方式展开。其中专题讲座利用28学时，即14次课时间，学生综合作品展示利用4学时，即2次课时间。教师根据学生的专业背景和知识基础情况，在全书17章中选择14章进行教学，也可将相关性较高的内容综合在一起讲解，如第5章和第6章，第7章和第8章，第10章和第11章。本书也适合普通高等院校非物理类专业的本科学生，同时也可以推介给中职学生使用。在课时充裕的情况下，内容可以覆盖到17章。课时紧张的情况下，建议以下列各章为核心内容：第一篇“物理生活之美”中，第1至3章；第二篇“物理实验之美”中，第5至8章；第三篇“物理原理之美”中，第10至12章；第四篇“物理发现之美”中，第14至16章；以下各章为拓展内容：第4、9、13和17章。第4章“神奇的超导现象”可以作为增长知识、开阔眼界、拓展思维的内容选讲或者让学生课后学习；第9章“密立根油滴实验”可以作为拓展实验供学生课后选做；第13章“麦克斯韦方程组的对称之美”涉及微积分的数学知识，通过将数学的形式美和物理的统一美结合在一起展示自然规律，难度难免偏大，此部分内容可以供学有余力，同时对物理专业产生兴趣的学生学习；第17章“多普勒声音秘密”可以作为激发学生学习兴趣，提高动手能力的内容鼓励学生自主学习和实践。以上教学策略建议供大家参考，不足之处恳请同行批评指正。

参与本书编写的作者具体分工如下：第1至4章，田红梅；第5至8章，吴德新；第9章，曹喻霖；第10至13章，滕坚；第14至17章，秦好泉。张霞为书稿排版、图片整理做了大量工作，在此深表感谢。本书在编写过程中得到了商务印书馆苑容宏主任在教材精准定位、多维度发展和形态美等方面的指导；得到了谭属春教授、卿中全和曾向阳副教授在如何体现教材文化特色并实现文化育人功能方面的指导；得到了雒文斌、张志智、秦全、胡长虹、顾芸、刘红波等人在案例选取、模型分析、用词润色等方面的指导，在此一并表示衷心感谢。

由于作者的知识水平所限，书中难免有错漏不妥之处，请同学、老师、同行和广大读者们斧正，在此表示衷心的感谢。

田红梅

2016年7月于深圳

目　录

第一篇　物理生活之美

第二篇　物理实验之美

第三篇　物理原理之美

第四篇 物理发现之美

第一篇

物理生活之美

何谓物理？就是对世间万事万物讲个道理。物理和普通人有没有关系？答案是非常肯定的。有关系，而且关系密切。物理不仅是伽利略、牛顿、爱因斯坦等科学巨匠的事，同时也是我们普通人的事。我们人类生活在五光十色、美轮美奂、神奇奥妙的宇宙中。当我们睁开双眼，看见巍峨的高山、湍流的瀑布、漂移的白云、闪烁的星光时；当我们开启听觉，在音乐厅聆听震撼人心的交响乐，在花丛中聆听蜜蜂翅膀的震动声，在暴风骤雨中听到轰隆隆的雷声时；当我们专注体感，在蹦极中体会到失重，在过电中感觉到麻木，在驾驶中体验到推背感时；我们深刻认识到这个世界如此美妙深奥，如此多姿多彩，世界为什么会是这样？我们为什么会在这里？为何我们能够感受到这些曼妙？一连串的问题不经意间就跳入我们的思维。而要回答这些问题，不正是要对事物说个道理么，这个道理不正是“物理”么？

本篇选取物理中的四个概念“压强”、“重心”、“惯性”和“超导”，来谈一谈物理与生活的关系，物理在生活中的用途以及物理在生活中所展现出来的迷人魅力，并从中感受物理的美。每一个概念从一个点的角度引出一个由核心概念串连在一起的面，几个面下来，就欣赏了物理学中的一大片领域。比如在第一讲“无处不在的压强”中，结合人们的日常生活、工业发展现状、国家的航海深潜事业、民族的风俗习惯、最新热点新闻事件和科学技术展览等题材来聚焦压强问题。再如第三讲“威力无穷的惯性”中，通过科学游戏、交通运输工具、道路安全、游乐场设备、体育竞技项目、文娱活动、极限运动、人工建筑、建筑工地安全、星球轨道运行和自然灾害等题材来聚焦静止惯性、平动惯性和转动惯性问题。

当我们学习了第一讲压强的相关知识后，在搬运又大又重且易碎的玻璃时，会用真空吸盘来帮忙；在游泳嬉水时，知道水下一米处耳膜会疼痛是由于水中的压强所造成，并能估算出此时耳膜大致承受的作用力并评估耳膜的危险级别；观看上刀山的民俗文化表演时知道其中的奥秘；开车时如果不慎将车驶入水中，能够应用物理知识成功实现自救；被困车内，知道安全锤的道理并能成功逃离危险境地。这些不都显示出随时随处物理就在我们的身边，它能够实实在在帮助我们实现各种功能，清楚地评价我们身体的承受能力，让我们清醒地认识文化传承中的现象，理智地分析危难时刻我们的处境并做出有科学依据的逃生方案。这不正显示出物理的用途和魅力么？

学习本篇“物理生活之美”，就是要在学习物理的概念、物理的语言、物理的思维、物理的方法和物理的结论的基础上，将生活现象、生活事件和生活实践与物理知识结合起来，做到以下五点：

第一，能够应用物理的概念准确定位生活问题的核心。

第二，能够应用物理的语言恰当解释生活现象的本质。

第三，能够应用物理的思维贴切思考生活问题的本源。

第四，能够应用物理的方法正确分析生活事件的过程。

第五，能够应用物理的结论高效解决生活实践的问题。

如果能够做到以上“五能”，自然就能体会物理来源于生活、应用于生活、服务于生活的实质，它在生活中焕发着勃勃生机，它在生活中大有用武之地，它对我们自身帮助巨大，让我们共同体会生活中的物理之美吧。

第1章　无处不在的压强

人是一根能思想的苇草。
思想——人的全部的尊严就在于思想。
——布莱士·帕斯卡

【学习目标】

1. 建立压强、压力的概念。
2. 对质量、作用力、面积和压强的大小有基本的感知和判断能力。
3. 了解大气压的产生原因及其大小。
4. 能够估算气体、液体和固体所产生的压力和压强。
5. 能够用压力、压强的概念分析日常生活中的相关现象。
6. 能够利用大气压强设计实际应用装置。

【教学提示】

1. 培养估算的能力，能够估算面积、体积、质量、作用力、压强和压力。
2. 对面积、体积、质量、作用力、压强和压力建立与生活体验对等的大小认知，能对估算结果产生明确的感知和评价。
3. 形成“建立数学模型”即建模的概念。
4. 对大气压强有明确的认识，知道其形成原因、标准大小和在生活中的表现。
5. 会分析液体中的压强，并且能够利用物理知识对实际情况做出分析。
6. 会分析固体产生的压强，并能够运用压强的知识破解生活应用问题。
7. 能够应用压强和压力的物理知识解释生活现象和解决实际问题。
8. 会正确应用与“压强和压力”相关的物理语言描述现象和分析问题。

1648年，物理学家帕斯卡表演了一个著名的实验，即桶裂实验。在一个密闭的桶内装满水，然后在桶盖上插入一根细长的管子。将细管的另外一端置于高处，帕斯卡使细管上端开口位于自家楼房的阳台上，然后用杯子将水灌入细管中。结果只灌入了不多的几杯水,结实的大桶就被撑裂了。显然,几杯水的重量远远无法压破大桶。那么究竟是什么原因导致大桶破裂呢?原来,容器里的液体对容器底部或者侧壁产生的压强与液体深度有关。在帕斯卡的桶裂实验中,细管使得水形成水柱,具有较高的高度,所以在细管的下方产生巨大的压强。当这一压强超过桶所能够承受的极限时,桶就破裂了。由这个实验可见,重量不大的液体能够产生巨大的压强,而这个巨大的压强可以带来破坏性的后果。液体压强的威力由此可见一斑。不仅在液体中压强不容小觑,在气体和固体中压强同样也会"显露身手",常常让人大吃一惊。下面,我们就来看看无处不在的压强的威力吧。

图 1-1　帕斯卡桶裂实验

第一节　不容小觑的大气

一、空气的分量

我们人类生活在地球表面,地球表面被厚厚的大气层所包围。虽然我们每时每刻都在呼吸着空气,与空气密不可分,但是日常生活中我们会觉得空气是那样轻飘飘的,常常忽略它的存在。实际上,空气真的像我们的直觉那样轻如鸿毛么?

让我们估算一下一间教室内的空气的质量,感受一下空气的分量。利用钢卷尺,经过测量,得到教室的长为 10.2 m,宽为 8.4 m,高为 3.7 m。所以教室的面积为

$$\begin{aligned} S &= 10.2 \times 8.4\ \mathrm{m}^2 \\ &= 85.68\ \mathrm{m}^2 \end{aligned} \tag{1-1}$$

教室的体积为

$$\begin{aligned} V &= 10.2 \times 8.4 \times 3.7\ \mathrm{m}^3 \\ &= 317.016\ \mathrm{m}^3 \end{aligned} \tag{1-2}$$

在 25 ℃,一个标准大气压的情况下,空气的密度约为 1.29 kg/m^3。所以教室内的空气的质量

$$\begin{aligned} m &= \rho \times V \\ &= 1.29 \times 317\ \mathrm{kg} \\ &= 408.9\ \mathrm{kg} \end{aligned} \tag{1-3}$$

教室内空气的质量远远超过了我们的想象。也许在测量教室体积和计算空气质量之前,我们会估计,一间教室内的空气的质量大约为一个西瓜那么重,或者是几斤苹果那

么重。可是经过较为准确的估算之后，才发现平时被我们忽略的空气竟然是如此有分量。若按照一位同学的质量约为 50 kg 计算，409 kg 几乎相当于 8 位同学的质量。也就是说，8 位同学紧紧靠在一起，他们的分量正好就是一间普通教室内空气的质量。看来，我们不能小瞧平时不起眼儿的空气了。

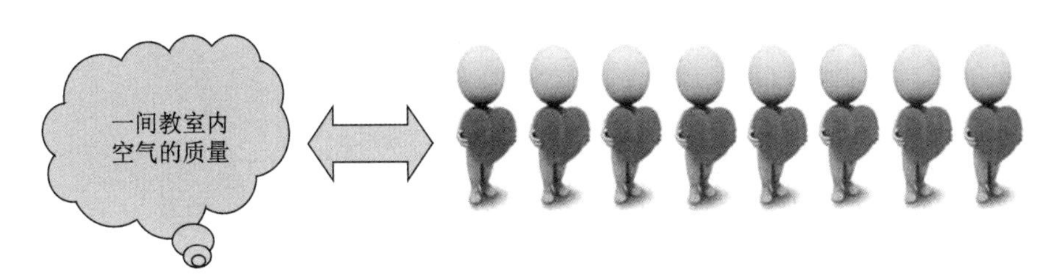

图 1-2　一间教室内的空气质量

二、大气的压强

地球表面被厚度约为 1000 km 的大气层所包围，地球表面的任何物体包括我们人类在内，都受到厚厚的大气层所带来的压力。单位面积上大气所产生的压力就称之为大气压强，简称大气压或者气压。现在公认的一个标准大气压，即温度为 0 ℃、纬度 45°海平面上的大气压强为 1.01325×10^5 Pa（帕斯卡）。

托里拆利是历史上对大气压强做出精确测量的物理学家。他做了一个非常有趣的实验，称作托里拆利实验。实验是这样的，在 1 m 长的玻璃试管中注满水银，用手指封住试管开口处，使水银不会流出。然后将试管翻转 180°，使试管开口端朝下，放入充满水银的水银槽中。慢慢松开堵住试管开口处的手指。试管内的水银柱会下降，但不会一直下降到消失，而是下降到一定高度就停止了。如果在海平面处做托里拆利实验，水银柱下降到高度为 76 cm 处就稳定了。托里拆利认为水银柱所产生的压强正好等于大气压强。根据液体中压强的计算公式，可以计算得到 76 cm 高的水银柱所产生的压强为

$$\begin{aligned} p &= \rho g h \\ &= 13.595\times10^3\ \text{kg/m}^3\times9.80672\ \text{N/kg}\times0.76\ \text{m} \\ &= 1.01325\times10^5\ \text{Pa} \end{aligned} \tag{1-4}$$

其中，ρ 为 0 ℃时水银的密度；g 为纬度 45°的海平面处的重力加速度；h 为水银柱的高度。这正好是一个标准大气压的大小，所以有时人们也称一个标准大气压为 76 cmHg，或者 760 mmHg。

水银是重金属，有损人体的健康。托里拆利为什么要选择水银来做实验呢？如果选用我们日常生活中寻常的水来做托里拆利实验，效果如何呢？若用水做实验，我们需要一根长度至少为 10.5 m 的试管。在海平面处，如果我们能够把这根装满水的细长的

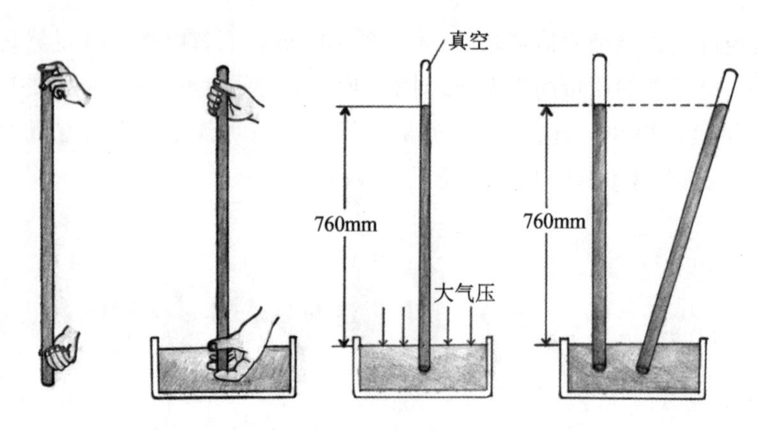

图 1-3　托里拆利实验

试管成功翻转 180°并将试管开口处插入水槽当中的话,我们应该能够看到试管中的水柱下降至 10.336 m 处就稳定下来了。可是这样长的试管,如果有的话,一个人也无法独立完成实验。而且,在翻转的过程中,这根细长无比的试管是多么脆弱,所以想要用水来完成托里拆利实验是多么困难呀。那么为什么同样的实验,用水银来做,就可以选用一根长度是 1 m,在我们双手可控范围内的试管呢?原来水银的密度非常大,同水相比,是它的 13.6 倍(水的密度为 1.0×10^3 kg/m³,水银的密度为 13.6×10^3 kg/m³)。

图 1-4　水银槽中的铅球

让我们大胆地想象一下,如果将一个 5 kg 的铅球扔入水银槽中,结果会怎样?没错儿,铅球会浮在水银面上,就像乒乓球会浮在水面上一样。由此我们可以想象水银的密度是多么大,水银产生的浮力的威力是多么厉害。

小贴士:托里拆利

埃万杰利斯塔·托里拆利(Evangelista Torricelli ,意大利,1608—1647,物理学家,数学家)

托里拆利一生中最重要的发明是水银气压计,并因此而闻名于世,名望永存。托里拆利享年 39 岁,他一生虽然短暂,但是却在多方面取得成就,赢得了很高的声誉。

托里拆利在 1643 年做了著名的托里拆利实验,不仅证实了空气是有质量的,真空真实存在,同时还证实了大气具有压强,并且利用水银柱高度测量出了大气压。1644 年,他制成了世界上第一个水银气压计。现在,真空测量的单位“托”就是用他的名字命名的。

托里拆利的另外一个重要贡献是托里拆利定律。该定律讨论流体从开口处流出时的速度问题。从水箱底部的小孔射出的液体的初速度 v_0 等于重力加速度 g 与小孔相对液面深度 h 的乘积的两倍的平方根。后来证明托里拆利定律是伯努利定律的一种特殊情况。

托里拆利还有一些数学上的成就,如进一步发展了卡瓦列里的"不可分原理",提出了由直角坐标转换为圆柱坐标的方法,给出了计算规则几何图形板状物体重心的定理。

图 1-5 托里拆利

三、人体的负重

我们人类整日浸在空气中,每时每刻都要承受大气对我们的压力。有没有想过,我们全身要承受多大的大气压力呢?

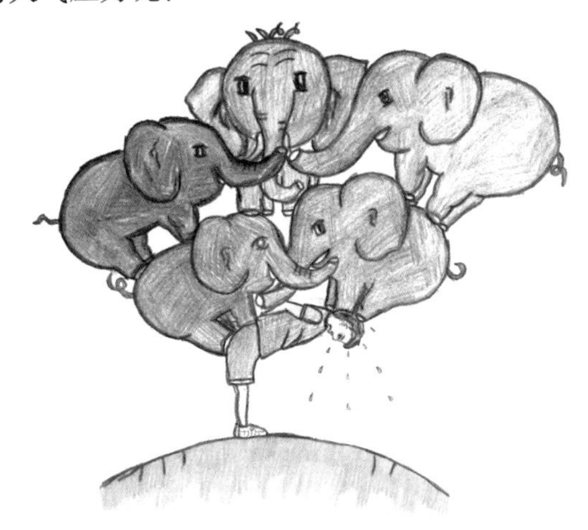

图 1-6 一位成年男性全身受到的大气压力相当于 5 头成年大象的重量

要估算我们周身的大气压力,首先要估算人体的表面积 S。利用计算人体表面积的 Stevenson 公式,

$$\text{体表面积}(\mathrm{m}^2) = 0.0061\times\text{身高}(\mathrm{cm}) + 0.0128\times\text{体重}(\mathrm{kg}) - 0.1529 \tag{1-5}$$

对于一个身高为 175 cm,体重 75 kg 的成年男性,他的体表面积约为

$$\begin{aligned} S &= (0.0061\times175 + 0.0128\times75 - 0.1529)\ \mathrm{m}^2 \\ &= 1.8746\ \mathrm{m}^2 \end{aligned} \tag{1-6}$$

那么,这位男性周身所承受的大气压力为

$$
\begin{aligned}
F &= S \times p \\
&= 1.8746\ \text{m}^2 \times 1.013 \times 10^5\ \text{N/m}^2 \\
&= 1.89897 \times 10^5\ \text{N} \\
&= 1.93772 \times 10^4\ \text{kgf}^{①} \qquad (1-7)
\end{aligned}
$$

即,这位男士体表所承受的大气压力相当于 19.3772 吨物体的重量。一头成年大象的体重约为 4 吨,那么男士体表的大气压力相当于 5 头大象的分量。是不是远远超出了我们的想象?

那么为什么这么重的压力没有把我们人类压垮呢?原因就在于我们人体内部也有空气,而空气对我们人体的压力是向着各个方向的,所以内外的作用就平衡了,我们人也就没有被压垮了。

四、细脖瓶子如何吞进和吐出鸡蛋

利用大气压强可以做很多很有趣的实验。比如细脖瓶子吞鸡蛋的实验。取一个脖颈较细的瓶子,再将一枚煮好的鸡蛋去壳,如何能将煮好的鸡蛋完好无损地放入瓶子当中呢?硬压鸡蛋,使得它进入瓶内?这样会把鸡蛋压碎。打破瓶子,直接将鸡蛋放入瓶腹中?当然也不行。仔细想想,可以利用大气压强帮我们完成这项任务。

图 1-7　细脖瓶子吞鸡蛋

取一团棉花,蘸上适量酒精,点燃酒精棉球,将其置入细口瓶内,待瓶中的酒精棉球燃烧几秒钟之后,将去壳鸡蛋放在瓶口,封住瓶口。这时,会听到“砰”的一声响动,鸡蛋就掉进瓶内了。原来,当酒精棉球在瓶内燃烧时,消耗了瓶内的氧气,同时使得瓶内的空气受热膨胀,变得比外部的气体稀薄。当鸡蛋封住瓶口后,瓶内氧气消耗殆尽,火焰熄灭,瓶内空气温度开始下降。这时,瓶内较为稀薄的空气压强比瓶外空气压强小,所以在大气压强的作用下,鸡蛋就被推到了瓶内。

现在鸡蛋掉到瓶内了,如何在不打破瓶子的情况下,将鸡蛋完整地取出来呢?办法还是利用大气压强。让细脖瓶子瓶口朝下,使鸡蛋从瓶子的内侧将瓶口堵住。用酒精灯加热瓶子腹部,注意,一边加热一边均匀转动瓶子,使瓶子的腹部被热源均匀加热,以免瓶子爆裂。随着酒精灯不断加热,热量通过瓶壁传递给瓶子内部的气体,瓶内气体受热,压强增大,于是鸡蛋在瓶内气体的推动下,慢慢被挤出瓶颈,最终从瓶口掉出来。

鸡蛋在经历了进入瓶内和离开瓶子之后,被压扁了些,但是完好无损。看来大气压

---

① 1 kgf = 9.8 N。

强还真是有办法,像一只无形的大手,能让一个滑溜溜的鸡蛋如此听话。

五、拔书

如果将两本书像洗扑克牌一样,使书页均匀平整地交叠在一起,让两个人分别抓住两本书的边缘,试图将两本书分开。我们会发现,越是使用蛮力试图使书本分开,我们就越是难以让两本书分离。这是为什么呢?当然除书页和书页间的摩擦力之外,主要起作用的是大气压强。因为书页之间均匀平整地交叠在一起,它们之间的空气也几乎被排除干净,那么在书页相互交叠的面积上,大气压强将它们紧紧压在一起。我们可以估算一下书页交叠处所受的大气压力 F。为此,首先估算书页交叠处的面积。

$$S = 0.29 \times 0.15\ \mathrm{m}^2 = 0.0435\ \mathrm{m}^2 \quad (1-8)$$

所以,书页交叠处受到的大气压力

$$F = p \times S = 1.013 \times 10^5\ \mathrm{Pa} \times 0.0435\ \mathrm{m}^2 = 4406.55\ \mathrm{N} = 449.65\ \mathrm{kgf} \quad (1-9)$$

原来,小小的书本上受到的作用力竟然相当于450千克物体的重量,怪不得怎么使劲地拔也拔不开呢。

那要怎么样才能将两本书分开呢?实践表明,硬来是不行的,只能来软的。慢慢抖动书本,使空气进入书页之间,这样,书页内外受到的大气压力就一样了,书就很容易被分开了。

小贴士:马德堡半球实验

1654年5月8日,在德国马德堡市,由时任市长奥托·冯·格里克指挥进行了一项著名的科学实验,后来被人们称为马德堡半球实验。

格里克将两个直径约为40厘米的铜质半球壳紧贴在一起,并用抽气机抽出球内的空气。然后,他将16匹马分成两队,分别向相反的方向拉半球。两列马队拼尽全力也无法将两个半球壳分开。在场观看的市民惊叹:“是什么巨大的力量将球壳紧紧压在一起呢?”

当年进行实验的两个黄铜半球至今仍然保存在慕尼黑的德意志博物馆中。马德堡半球实验有力地证实了大气压强的存在,同时说明大气压具有巨大的超乎想象的力量。

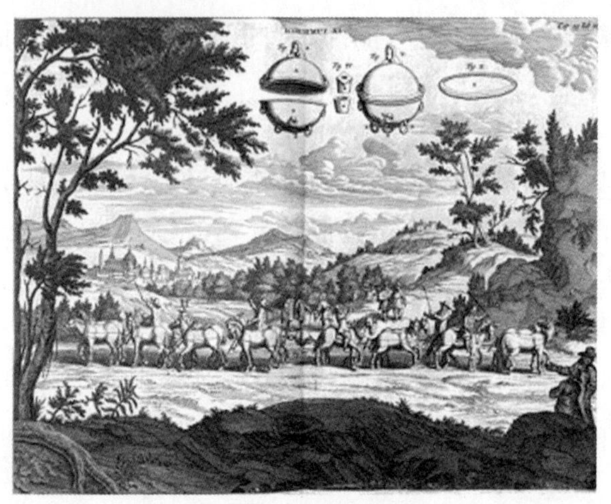

图 1-8　马德堡半球实验

六、打不飞的报纸

将一张报纸展开，平整地放在桌面上，在报纸下面放一根长直的尺子。尽量使报纸紧贴桌面，可以用手抚平报纸，将报纸和桌面之间的空气排干净。做好准备之后，用手快速向下击打直尺（可戴上手套保护双手），结果会怎样呢？报纸会高高地飞起来呢，还是会原地不动？虽然报纸是那么轻薄，我们也使了很大的力气向下击打直尺，感觉薄薄的报纸应该会被打得飞起来，但是事实并非如此，报纸好像被使了定身术一样，几乎纹丝不动。这又是怎么回事？大气压强和我们再次开了一个玩笑。

当报纸和桌面之间没有空气时，大气压强作用在整个报纸的表面，向下紧紧压住报纸，使得我们无法将报纸打飞。估算一下报纸表面受到的大气压力吧，报纸的表面积大约为

$$\begin{aligned} S &= 0.68 \times 0.55\ \mathrm{m}^2 \\ &= 0.374\ \mathrm{m}^2 \end{aligned} \tag{1-10}$$

报纸表面受到的大气压力约为

$$\begin{aligned} F &= p \times S \\ &= 1.013 \times 10^5\ \mathrm{Pa} \times 0.374\ \mathrm{m}^2 \\ &= 37886.2\ \mathrm{N} \\ &= 3865.9\ \mathrm{kgf} \end{aligned} \tag{1-11}$$

报纸表面的大气压力相当大，约为 3866 千克力，怪不得无法打飞报纸呢。当然，要想有好的实验效果，非常重要的一点就是将报纸和桌面之间的空气挤干净。如果报纸和桌面之间进了比较多的空气，报纸就会被轻松地打飞。

七、大气压强搬运玻璃

利用大气的压强可以帮助人类实现多种功能，例如，利用真空吸盘搬运玻璃，如图

1-9。玻璃的表面光溜溜的，在没有任何把手的情况下，如何能够将大面积的玻璃搬运到人们想要的地方呢？大气压力在这里大显神威。将吸盘中的空气排干净，那么大气压强就会把吸盘紧紧地压在玻璃上。同样，我们也可以估算一下每个吸盘上产生的压力。如图 1-9 所示，共有 8 个大小相同的吸盘，每个吸盘的直径约为 30 cm，所以吸盘的面积

$$S = \frac{1}{4}\pi d^2 = \frac{1}{4}\pi \times 0.3^2\ \text{m}^2 = 0.0707\ \text{m}^2 \tag{1-12}$$

图 1-9 利用真空吸盘搬运玻璃

大气在 8 个吸盘上产生的压力

$$F = p \times S = 1.013 \times 10^5\ \text{Pa} \times 0.0707\ \text{m}^2 \times 8 = 57283.8\ \text{N} = 5845.3\ \text{kgf} \tag{1-13}$$

从这个结果看，真空吸盘的搬运能力相当强，可以轻轻松松地搬起几千千克的东西。

生活中有很多类似图 1-10 所示的装饰挂件。将挂件的吸盘吸在光滑平整干净的玻璃或者瓷砖上，挤出吸盘中的空气，挂件就可以悬挂在墙上了。它们的道理和上面所讲的吸盘搬运玻璃的道理是一样的，都是利用大气所产生的压力来工作的。

图 1-10 猫咪挂件

八、倒立的水瓶为什么不漏水

有一个实验也许很多人都做过。实验需要一个瓶子、一张卡片和一些水。在瓶内灌上水(可以灌满,也可以灌一部分),用卡片盖住瓶口,并用手轻轻压住卡片使瓶中的水不要流出,反转瓶子使瓶口竖直朝下,慢慢松开扶住卡片的手,卡片不会掉落,瓶中的水也不会洒落。是什么样的神奇力量支撑住卡片和瓶内的水使它们不掉落呢?原来大气压强又一次发挥了作用。卡片将瓶内外分隔开。瓶外,大气压强对卡片产生一个竖直向上的压力,瓶内,水和少许空气对卡片产生一个向下的压力,瓶外的压强大于瓶内的压强,所以在大气压的支撑下,卡片不会掉落。

图 1-11　倒立的水瓶不漏水

其实,即使不用卡片,而是选用有网孔的窗纱等材料,同样也可以支撑倒立水瓶中的水不流出。在瓶口蒙一层纱布,向瓶内倒入水,用卡片盖住瓶口,翻转瓶身之后,抽掉卡片。瓶内的水仍然静止在瓶内,并不会洒落。纱网虽然有孔,能漏水,但是孔洞相对较小,此时,水和纱网接触,由于水的表面张力,使得每一个孔洞处好像形成了一层水膜,加上大气压向上的压力,就支撑住了水的重量,使水能够安稳地待在瓶中。如果侧一侧瓶身,水就会洒落出来,恢复瓶身竖直向下,水又停止流出。

第二节　水压的威力——海水深处的蛟龙号

一、潜水时耳膜的刺痛

游泳时,如果潜入水中,我们会非常明显地感觉到耳膜不舒服。如果潜入水下越深,耳膜就越难受。原来,像气体一样,液体也会对处于其中的物体产生压强。并且,液体产生的压强和深度成正比。潜入水中越深,压强就越大。液体产生的压强还和液体本身的密度成正比。密度大的液体在同一深度产生的压强也越大。综合起来,我们可以用一个公式来描写液体产生的压强,公式如下:

$$p = \rho g h \qquad (1-14)$$

其中,p 为压强,ρ 为液体密度,g 为重力加速度,h 为深度。

我们可以估计一下,潜入水下 1 米深时,耳膜受到的压力。近似认为耳膜为圆形,直径约为 8 mm,所以耳膜的面积约为

$$S = \frac{1}{4}\pi d^2$$
$$= \frac{1}{4}\pi \times 0.008^2\ \mathrm{m}^2$$
$$= 5.03 \times 10^{-5}\ \mathrm{m}^2 \qquad (1-15)$$

所以一个耳膜上受到的压力为

$$F = p \times S$$
$$= \rho gh \times S$$
$$= 1.0 \times 10^3\ \mathrm{kg/m^3} \times 9.8\ \mathrm{N/kg} \times 1\ \mathrm{m} \times 5.03 \times 10^{-5}\ \mathrm{m}^2$$
$$= 0.493\ \mathrm{N}$$
$$= 0.0503\ \mathrm{kgf}$$
$$= 50.3\ \mathrm{gf} \qquad (1-16)$$

相当于在耳膜上放了一个50克的重物,约为一个鸡蛋的分量,就会让我们的耳膜有明显的不适感。

小贴士:帕斯卡

帕斯卡(Blaise Pascal,法国,1623—1662,物理学家,数学家,哲学家)

帕斯卡在物理领域和数学领域都做出了卓著的贡献。1653年,他提出了帕斯卡定律,即对于密闭静止的流体,它的某一部分压强发生变化时,将瞬时大小不变地向各个方向传递。简言之就是,液体传递压强。帕斯卡定律在生产技术中具有重要的应用价值。液压机就是帕斯卡定律的实际应用,帕斯卡被称为"液压机之父"。千斤顶、水压机、液压驱动装置、液压制动装置都是日常生活生产经常使用的器械。

图1-12 布莱士·帕斯卡

国际制单位中压强的单位"帕"就是以帕斯卡的姓氏命名的。

二、深潜器的危情时刻

潜水到水下1 m深处,耳膜都会有明显的刺痛,我们可以想象一下潜水艇潜入水下几千米的深度时,将要受到多么巨大的压力。

"蛟龙号"载人深潜器是我国首台自主设计、自主集成研制的作业型深海载人潜水器,设计最大下潜深度为7000米级,也是目前世界上下潜能力最深的作业型载人潜水

图 1-13 深潜器外观

器。2010 年 5 月 31 日至 7 月 18 日,蛟龙号在南中国海 3000 米级的深海中共完成了 17 次下潜任务,其中 7 次穿越 2000 米深度,4 次突破 3000 米,最大下潜深度达到了 3759 米,共在水底作业 9 小时零 3 分,这使中国成为了继美国、法国、俄国、日本之后,第五个掌握 3500 米以上大深度载人深潜技术的国家。在其中一次下潜任务成功后,潜航员利用机械手在南中国海海底插上了一面中国国旗。2011 年 7 月 26 日,蛟龙号载人潜水器下潜深度达到 5057 米。2012 年 6 月 27 日,达到 7062.68 米。这也是世界同类型载人潜水器的最大下潜深度。而我国的无人潜水器,在 2016 年 6 月到 8 月的科考活动中,下潜达 10 767 米。

让我们估计一下潜水器下潜到 3000 米时受到的水的压强和压力。

$$\begin{aligned} p &= \rho g h \\ &= 1.03 \times 10^3\ \mathrm{kg/m^3} \times 9.8\ \mathrm{N/kg} \times 3000\ \mathrm{m} \\ &= 3.0282 \times 10^7\ \mathrm{Pa} \end{aligned} \tag{1-17}$$

水下 3000 米处的水压约为一个标准大气压强的 300 倍。不难看出,如果下潜到水下 4000 米处,水的压强约为一个标准大气压强的 400 倍,下潜到 5000 米处,水中的压强约为一个标准大气压强的 500 倍,下潜到 7000 米处,水中的压强约为一个标准大气压强的 700 倍。也就是说,在海水中,每下降 10 米,压强就增大约 1 个大气压。所以深潜器的外壁在水中作业时需要承受巨大的压强和压力。因此深潜器必须具有足够的承压能力。深潜器上即使微小的瑕疵,都有可能带来意想不到的后果,海水会像锋利的匕首一样,切开深潜器的外壳。

三、有知识才能自救——驶入水中的轿车

2013 年 5 月,广东省深圳市一位女司机在暴雨中不慎将轿车驶入了积满雨水的涵洞(事发地点见图 1-14),虽然女司机实施了自救,也在第一时间报了警,但是最终还是被积水夺去了生命。出事女司机年仅 31 岁,是家中独女,出事车辆才刚刚购买两个月。

图 1-14 灌水的涵洞

以下是出事女司机在事发之后的生命记录。

凌晨 4 时许 驾车从南山区大勘村的家出发去罗湖火车站。

4 时 40 分 打电话给丈夫,“不好了,车子进水里了,已经到膝盖了。”打电话前,她已打过 110 报警。

4 时 54 分 电话中告诉丈夫:“水已经淹到脖子了,但是砸不开窗玻璃。”

4 时 59 分 南山消防赶到现场,山洪很大,没法组织施救。

7 时 30 分 南海救助队赶到现场,水深不到 3 米,蛙人将人从车厢里拖出水面,被困者已经身亡。

从上面的时间记录来看,轿车进水之后,女司机显然实施了自救,她试图打开车门,砸开车窗,但是都没有成功。那么为什么驶入水中的轿车车门难以打开呢?我们不妨从物理的角度分析一下这个问题。

假设水深 3 米,车门近似看成一个宽为 60 cm、高为 90 cm 的长方形。那么,车门的面积约为

$$S = 0.6 \times 0.9\ \mathrm{m}^2 = 0.54\ \mathrm{m}^2 \tag{1-18}$$

车门的中心位置距离水面约为 2 m,水下 2 m 处的压强为

$$p = \rho g h = 1.0 \times 10^3\ \mathrm{kg/m^3} \times 9.8\ \mathrm{N/kg} \times 2\ \mathrm{m} = 1.96 \times 10^4\ \mathrm{Pa} \tag{1-19}$$

车门上受到来自水的压力约为

$$F = p \times S = 1.96 \times 10^4\ \mathrm{Pa} \times 0.54\ \mathrm{m}^2 = 10584\ \mathrm{N} = 1080\ \mathrm{kgf} \tag{1-20}$$

经过粗略的计算,我们吃惊地发现,浸入水中的轿车车门上受到的作用力居然这么大,约相当于1000千克物体的重量,按照一个人50 kg来计算,就相当于20个人的分量,怪不得女司机无法在水下打开车门呢,原来是由于水对车门产生了巨大的压力。在这种情况下,即使是一位男性司机,估计也没有足够的力气打开车门逃生。

附:对于车门上受到多大的水压,我们还可以用更加精确的方法来估算。因为车门是有一定大小,有一定几何形状的,所以我们可以使用微积分的方法来重新计算这个问题。水深依然为3米,车门依然近似看成宽为 $a=60$ cm、高为 $b=90$ cm 的长方形。假设车门最下端距离潭底约为0.5 m,那么此处水深2.5 m。车门最上端距离潭底约为1.4 m,此处水深1.6 m。按照微积分的思想,将车门划分成面积元 $\mathrm{d}s$,

$$\mathrm{d}s = a \cdot \mathrm{d}h \tag{1-21}$$

所以,面积元 $\mathrm{d}s$ 上受到的压力为

$$\begin{aligned}\mathrm{d}F &= p \times \mathrm{d}s \\ &= \rho g h \cdot a \cdot \mathrm{d}h\end{aligned} \tag{1-22}$$

整个车门上受到的压力为

$$\begin{aligned}F &= \int \mathrm{d}F \\ &= \int_{1.6}^{2.5} \rho g h \cdot a \cdot \mathrm{d}h \\ &= \rho g a \int_{1.6}^{2.5} h \mathrm{d}h \\ &= \rho g a \left.\frac{h^2}{2}\right|_{1.6}^{2.5} \\ &= 1.0 \times 10^3\ \mathrm{kg/m^3} \times 9.8\ \mathrm{N/kg} \times 0.6\ \mathrm{m} \times \left(\frac{2.5^2}{2} - \frac{1.6^2}{2}\right)\ \mathrm{m^2} \\ &= 10848.6\ \mathrm{N} \\ &= 1107\ \mathrm{kgf}\end{aligned} \tag{1-23}$$

利用微积分的方法估算出来的压力与简易方法估算出来的压力是一致的。如果,在利用微积分计算压力时,能够考虑车门的真实形状,计算结果将会更加精确。

机动车辆不慎驶入水中,由于水对车体产生巨大压力,导致车门和车窗无法打开,那么,在这种情况下,司机应该如何自救呢?

一种方法是利用尖锐物体击打车窗玻璃最薄弱处,将车窗击碎,从而逃生;还有一种方法,是静待车门上的压力逐渐减小,直到能够打开车门时逃生。从公式(1-22)可以看出,车门上受到的水压和车门的有效面积成正比。当水逐渐渗入车内时,随着车厢内水位的上升,车门的有效面积逐渐减小,作用在车门上的压力也逐渐减小。当水浸没

一半车厢后，车门的有效面积相当于减小了一半，作用在车门上的压力也减小一半，约为 500 kgf。此时，这个压力仍然不小，一般的女性朋友还是打不开。等水淹没车厢的90%时，因为车厢内车顶的位置高于车门上边缘，所以有一小部分空气会保留在车厢内，此时车门上的压力降至 100 kgf 以下，司机必须屏住呼吸，使劲全力，用力一推，如果车门能够打开，司机便能够逃生。当然这需要冷静的头脑、镇静的心理和巨大的勇气。为了能够挽救生命，司机朋友必须做最后一搏。

第三节 “上刀山”的民俗

一、挽救生命的小小安全锤

2009 年 6 月 5 日 8 时 02 分，在四川省成都市川陕立交桥处，发生了一起公交车燃烧事故。事故共导致 28 人遇难 73 人受伤。面对这样惨烈的后果，公共交通安全应急措施再次受到重视。公交车上必须配备一定数量的安全锤，并且安装在显著位置。在车窗玻璃上，也必须贴有明确的安全出口指示标志，以备在应急情况下逃生之用。

本章第二节中也提到，在紧急情况下，可以使用尖锐物体，如安全锤等，击碎车窗逃生。为什么小小的安全锤有这么大的用处，可以在危急时刻开出一条生路，挽救人们的生命呢？

原来，道理就隐藏在压强的概念中。一般情况下，普通男生的单手握力约为 50 kgf，如果直接用手掌击打车窗（手掌面积约为 128 cm^2），产生的压强约为

$$p = \frac{F}{S} = \frac{50 \times 9.8\ \text{N}}{0.0128\ \text{m}^2} = 3.83 \times 10^4\ \text{Pa} \tag{1-24}$$

若使用安全锤击打玻璃，由于安全锤敲击处的面积很小，约为 4 mm^2，因此产生的压强约为

$$p = \frac{F}{S} = \frac{50 \times 9.8\ \text{N}}{4 \times 10^{-6}\ \text{m}^2} = 1.225 \times 10^8\ \text{Pa} \tag{1-25}$$

由此可以看出，使用安全锤时产生的压强比直接使用手掌时产生的压强大了约 3200 倍，所以也就不难理解为什么安全锤更加容易将玻璃击碎了。

二、敢睡么？——钉床

图 1-15 所示为一布满铁钉的床，人类是否敢睡在这样的床上呢？铁钉尖锐锋利，会刺伤我们的皮肤、肌肉和脏器。睡在布满钉子的床上当然是危险的。如果只有一根铁钉，钉尖向上，我们肯定不敢直接躺在上面，否则后果不堪设想。如果有两根铁钉呢？依然不敢。四根呢？……当铁钉的数量增加到足够多时，情况就发生了变化。增加铁钉的个数或者说密度，相当于增加平躺于钉床上时，人的受力面积。当受力面积增大时，压强就会随之减小。压强减小到皮肤能够承受的范围，人就敢睡在这样的钉床上了，即使此时看起来床上布满可怕的钉子。

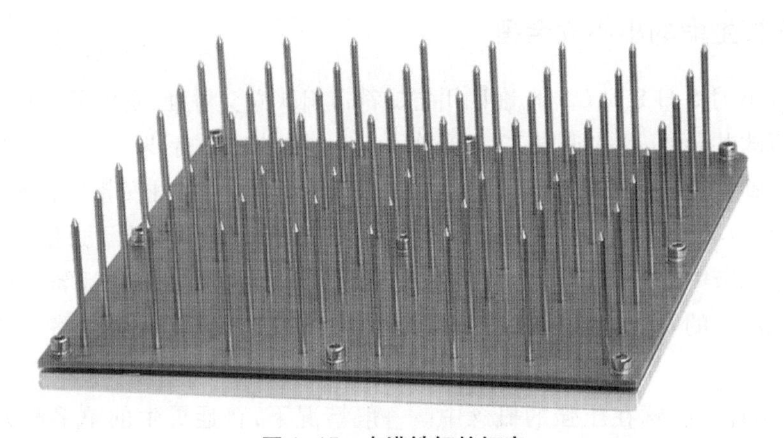

图 1-15　布满铁钉的钉床

三、民俗"上刀山，下火海"

很多少数民族有上刀山，下火海的习俗。如在傈僳族一年一度的刀杆节上，人们能够观看到惊心动魄的民间传统艺术"上刀山，下火海"的表演。上刀山淋漓尽致地展示了傈僳族人民英勇无畏、坚强团结的精神风貌。瑶族是民风较为强悍的民族，他们在祭祀、祈福、驱邪的仪式中，往往要展示一系列的绝技神功，以显示所向无敌的气概。赤足爬刀梯、下火海就是其中两项惊险的绝技。

"上刀山"表演中，表演者脚踩锋利的刀梯向上攀行，然而一双赤脚却毫发未损。观者惊叹表演者大胆绝伦的绝活之余，不禁会想难道他们不怕这锋利的刀刃么？其实，表演者非常善于利用物理力学原理。柱子上的刀在安装时，都会稍稍倾斜，和竖直方向大约有 10°至 20°的夹角。这样，当脚踩在刀刃上时，并不是垂直于刀刃，而是倾斜地落在刀刃上，从而增大了脚与刀之间的接触面积。在人对刀的压力（即人的重力）不变的情况下，增大作用面积，就相当于减小了压强。当然，表演者本身经过长期的训练，脚的耐受程度比常人高，所以能够忍受住这样的压强，使表演刺激人心，惊心动魄。普通人

图 1-16 “上刀山”的民俗

没有经过特殊训练,切勿盲目模仿。

【本章小结】

本章讨论了压强。压强是单位面积上所受到的作用力。无论是气体、液体还是固体,都会产生压强。我们所赖以生存的大气对浸在其中的物体产生超乎想象的巨大压力。一个标准大气压强是 1.013×10^5 Pa。液体同样对浸在其中的物体产生压强,液体产生的压强的大小与液体的密度成正比、与物体在液体中的深度成正比,比例系数是重力加速度。固体产生的压强可以利用作用力除以面积的方法计算出来。压强无处不在,它在人们的日常生活中、在工业生产中、在国家的航海潜水事业中、在民族的风俗中、在热点新闻事件中、在科技展览中等等。认识压强,理解压强,才能利用好压强。

【大事年纪】

1643 年　意大利科学家托里拆利做了著名的托里拆利实验。

1644 年　托里拆利发明了世界上第一个水银气压计。

1648 年　帕斯卡做了著名的帕斯卡桶裂实验。

1653 年　法国科学家帕斯卡提出帕斯卡定律,并利用这一原理制成水压机。所有的液压机械都是根据帕斯卡定律设计的,所以帕斯卡被称为“液压机之父”。

1654 年　格里克在德国马德堡做了著名的马德堡半球实验,有力地证明了大气压强的存在,这让人们对大气压有了深刻的认识。

【拓展阅读】

真　空

真空是人们日常生活中经常使用的一个词,每个人都不陌生。从物理学的角度看,什么是真空呢?真空指的就是压强远小于一个标准大气压(即 101.325 kPa)的稀薄气体空间。真空状态下的气体稀薄程度用气体的压强数值来表示,压强越小表示气体越稀薄。在日常生活中,人们通常用"真空度高"和"真空度低"来表示气体的稀薄程度。"真空度高"表示"真空度好",意味着气体压强小;"真空度低"表示"真空度差",意味着气体压强大。在真空技术中,除国际单位制的"帕(Pa)"之外,常以"托(Torr)"作为真空度的单位。1 托等于 1 毫米高的汞柱所产生的压强,即 1 Torr=133.3224 Pa。

真空可以划分成不同的等级。按照气体压强的大小,通常把真空划分为 5 类:低真空、中真空、高真空、超高真空和极高真空,如下表所示。

表 1-1　真空等级的划分

真空分类	压强范围(Pa)	压强范围(Torr)
低真空	1×10^{3}—1×10^{5}	10 —760
中真空	1×10^{-1}—1×10^{3}	10^{-3}—10
高真空	1×10^{-6}—1×10^{-1}	10^{-8}—10^{-3}
超高真空	1×10^{-12}—1×10^{-6}	10^{-14}—10^{-8}
极高真空	$<1\times10^{-12}$	$<10^{-14}$

在自然状态下,外太空是最接近绝对真空的空间。一般情况下,可以利用抽气泵得到真空。生活中有很多真空技术的应用。例如,食品的真空包装,它起到保鲜、防变质、延长保存时间的作用。真空灯泡,可以防止钨丝被氧化,延长灯泡的使用寿命。

【思考与讨论题】

1-1　气泡在液体中运动时,它的形态和大小是怎样的?仔细观察并思考。

1-2　深海鱼被打捞起来时,为什么内脏容易爆裂?

1-3　以下做法中,使得压强增大的措施是:(　　　)。

A. 在坦克的轮子上安装履带

B. 铁轨铺在枕木上而不是直接铺在地面上

C. 钉子帽做得又大又平整

D. 磨刀时将刀锋磨得锋利

1-4　生活中遇到如下一些情况,说法正确的是:(　　　)。

A. 房间里有一个凳面很小的板凳和一把宽阔的木椅，为了坐起来舒服一些，可选择坐木椅，原因是木椅对人的压力小一些

B. 钉子一头尖一头扁平，钉头尖的原因是增大压力，钉帽扁平的原因是减小压力

C. 溜冰时看到冰面上有裂缝应立即抬脚绕开，避免危险

D. 一杯水的质量为 0.5 kg，重量约为 5 N，它可以产生 10 000 Pa 的压强

1-5　水坝在建筑时，为什么坝的底部宽，而坝的顶部却窄？

【分析题】

1-6　人体在没有任何保护的情况下，在海水中最大下潜深度的世界纪录是多少？试分析此时人体所受到的海水压力的大小。

1-7　你认为 20 个气球可以支撑多少个人？试通过估算压力、受力面积等因素，结合实际压爆气球时的情况，分析得出结论。

1-8　依据实际情况估计厨房用具高压锅，在食材沸腾时，所受到的压强和压力的大小。

1-9　某天，墙壁上安装的气压表显示大气压强为 101.88 kPa，面积约为 80 平方米的房顶受到的大气压力约为多少千克力？

【生活应用题】

1-10　设计一个能够在青藏高原上使用的煮蛋器，描述其物理原理。

1-11　在气压逐渐减小直至接近真空的过程中，观察水、棉花糖、饼干等的变化。设计一个演示大气压强神奇作用的装置，并描述其物理原理。

1-12　气压和天气情况有什么样的联系？设计一个根据气压来预测天气状况的天气预报瓶，并描述其物理原理。

1-13　设计一个演示大气压存在的实验，描述其物理原理。（重点：创新性）

1-14　根据虹吸原理，利用简单的日常用具，制作一个方便根据用量取出食用油的小装置，并说明物理原理。

第2章　重心和多米诺骨牌的奥秘

我只知道专心读书，探索大自然，吸取渊博而浩瀚的知识宝泉。我的理想是为人类过上更幸福的生活而发挥自己的作用。

——阿尔弗雷德·贝恩哈德·诺贝尔

【学习目标】

1. 建立重心的概念。
2. 能够根据物体的几何形状和质量分布情况判断物体重心的位置。
3. 理解物体维持平衡的条件，并能充分利用平衡条件使物体在各种姿态下平衡。
4. 能够将调节重心的方法应用于作品设计中。
5. 会根据重心判断多米诺骨牌的倾倒临界状态和倾倒速度。

【教学提示】

1. 借助科技产品平衡车引入重心的话题，体现重心概念和生活结合之美。
2. 通过竞技比赛、杂技表演、音乐舞蹈、娱乐活动中的平衡等问题，进一步认识重心的应用价值，呈现重心与人类生活的密切关联之美。
3. 会利用重心原理设计看似难以平衡实则非常稳定的系统。
4. 会利用重心调节的方法设计作品，实现特定功能。
5. 会用重心的知识解释和判断多米诺骨牌的倾倒情况，将知识生活化和实用化。

近几年来，平衡车悄悄流行起来。电动平衡车，又叫体感车、摄位车。市场上主要有独轮和双轮两类。骑行者双脚站立在车上，向前倾斜自己的身体就可以让平衡车向前运动，看起来轻松自在，十分惬意。作为新的代步工具和休闲娱乐产品，平衡车的前景广阔。平衡车正是利用物理上的重心概念，通过判断人车系统的重心，使系统达到平衡，从而运行的。平衡车运作的原理主要是建立在“动态稳定”的基础上，即车辆具有自动平衡能力。平衡车内置精密的陀螺仪，实时判断车身的姿态，车身同时配备高速中央微处理器，基于数学模型的计算，能够快速给出适当的指令，精确地驱动马达进行相应的调整，实现系统的平衡效果。例如，当骑行者身体重心前倾时，为了保持平衡，车需要往前走；当骑行者身体重心后倾时，为了保持平衡，车需要减速或者往后走。重心作为物理学内的一个基本概念，在平衡车发挥得淋漓尽致，并因此创造了巨大的便利，甚至有可能改变未来人们出行的方式。在这一讲中，我们探讨的核心问题就是重心，让我们一起来揭开重心的神秘面纱，了解、认识和应用它吧。

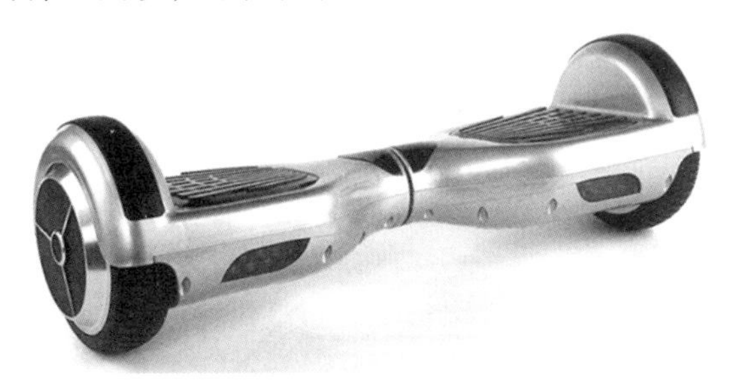

图 2-1　平衡车（又名体感车、摄位车）

第一节　探秘重心

一、重心是什么？

重心是我们生活当中经常讲到的一个名词，什么是重心呢？我们人体自身的重心在哪里呢？如图 2-2 所示，当身体处于不同姿态时，图中的实心圆点即表示人体重心的位置。可以看到，不管我们是走路，跳舞，还是下蹲，人体的重心基本在两胯之间。

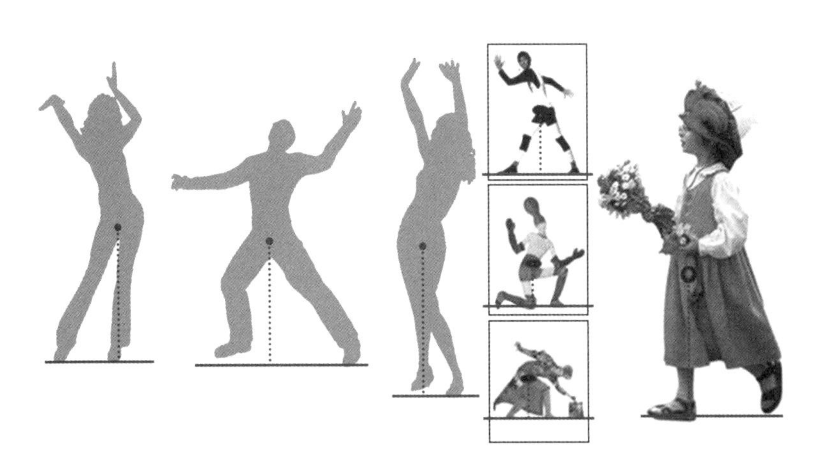

图 2-2　人体的重心

那么究竟什么是物理学中所指的重心呢？这就要从力的三要素说起了。以重力来说，它的三要素包括大小、方向和作用点。众所周知，重力的大小 G 和物体的质量 m 有关，同时还和地球表面的重力加速度 g 有关，用数学表达式可表示成

$$G = m \cdot g \tag{2-1}$$

重力的方向始终竖直向下，指向地心。那么重力的作用点在物体上哪个位置呢？

物体上各部分都受到重力的作用，各部分受到的重力方向都相同，即竖直向下，从效果上看，可认为各部分受到的重力集中作用于一点，这一点叫重心。所以重心是重力的等效作用点。

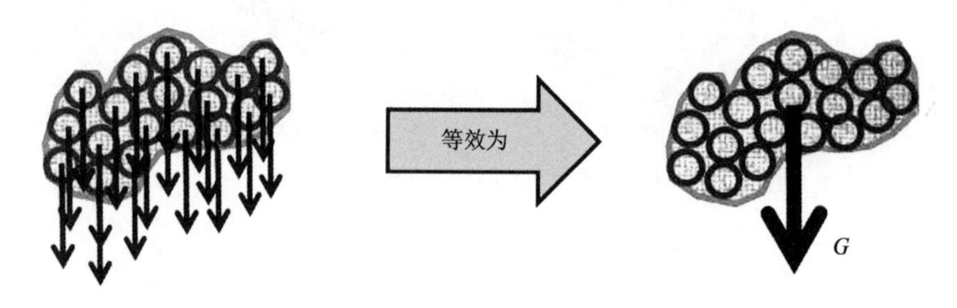

图 2-3　重心的等效示意图

物体上是不是只有重心那一点才受到重力作用？答案当然不是。物体上的每一点都受到重力的作用。重心只是重力的等效作用点而已。

二、重心在哪里？

重心在哪儿呢？让我们先来看看图 2-4 当中所示的物体。这些物体的共同点是，它们具有规则的形状，并且质量分布均匀。对于这一类物体，重心在其几何中心。

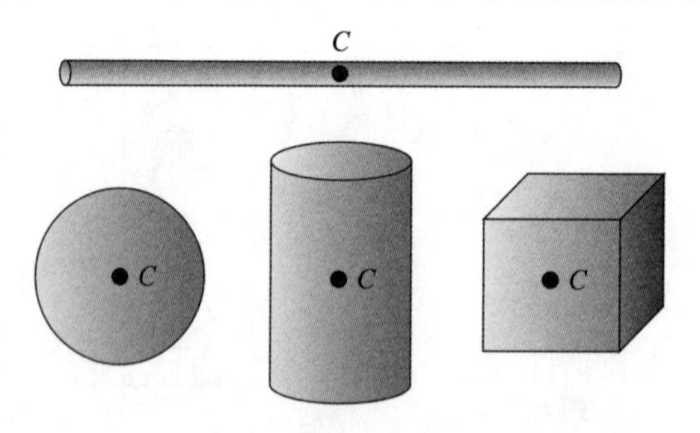

图 2-4　外形规则、质量分布均匀的物体的重心

从几何学上讲，线段的重心是它的中点；三角形的重心是它的三条中线的交点，且三角形的重心把它所在的中线分成了 2∶1 的两部分；平行四边形的重心是它对角线的交点；一个规则多边形的重心就是它的几何中心。

图2-5(a)和(b)中,卡车相同,油桶相同,不同的地方在于(a)中只有1桶油,且放置在货箱较前侧。(b)中有四桶油,均匀放置于货箱内。(a)图中,卡车和油桶构成的系统重心靠前侧,(b)图中系统的重心靠后侧,如图中实线所示。可以看出,系统的重心和物体的形状以及质量分布都有关。所以对于形状复杂、质量分布不均匀的物体,重心的位置不能一概而论,要具体问题具体分析。

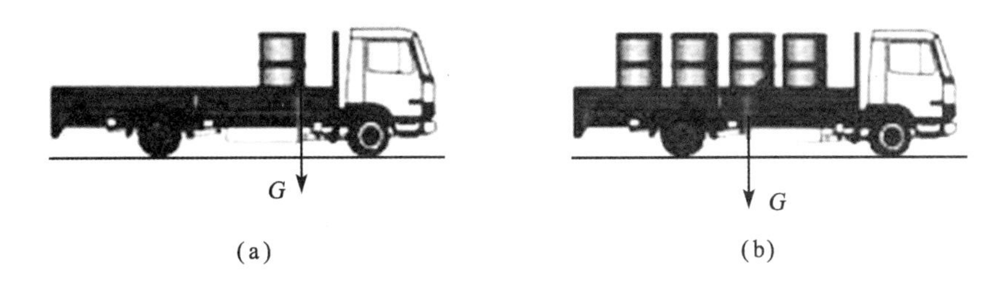

图2-5 重心与质量分布关系图

重心一定在物体的身上么?答案是不一定。图2-6给出了一些重心不在物体上的案例。圆环(如呼啦圈)的重心在它的圆心上,但是圆心不在圆环体上;空心的充满气的篮球,其重心在球心上,但不在篮球身上;空心的易拉罐,其重心在罐内某点,但不在罐体上;三角板和直角尺也是如此,重心并不在物体身上。重心在或者不在物体上要具体问题具体分析。有些物体的重心在物体上,有些物体的重心不在物体上,不能一概而论。

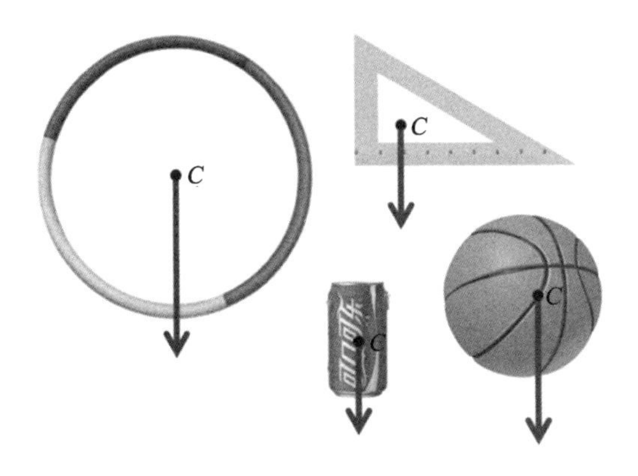

图2-6 重心不在物体上的案例

三、寻找重心的方法

有两种方法可以帮助我们找到物体的重心。一种是悬挂法,适合寻找平面物体(近似二维物体)的重心,另一种是支撑法。

图2-7给出了利用悬挂法寻找物体重心的步骤。在近似二维平面物体上,任意寻

找两个点 a 和 b。当以 a 点为悬挂点，将物体悬挂好之后，过 a 点做竖直向下的铅垂线；同样，当以 b 点为悬挂点，将物体悬挂好之后，过 b 点做竖直向下的铅垂线。先后两次做得的铅垂线的交点即是物体的重心。

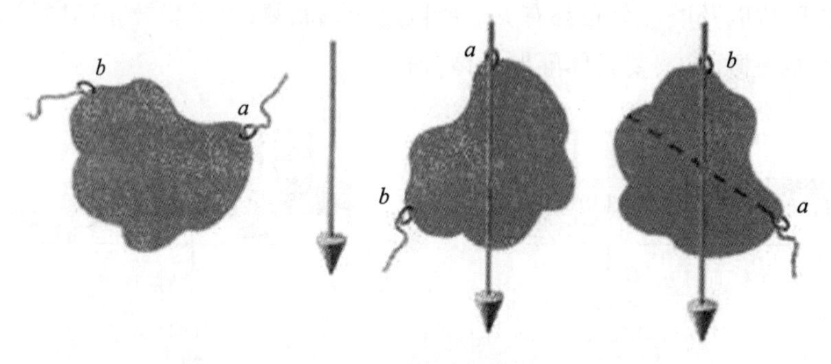

图 2-7　利用悬挂法寻找物体重心的示意图

如果用一个支撑物支撑在物体的重心下方，物体会成水平平衡状态，如图 2-8 所示。所以利用这个方法（支撑法）同样也可以找到物体的重心。

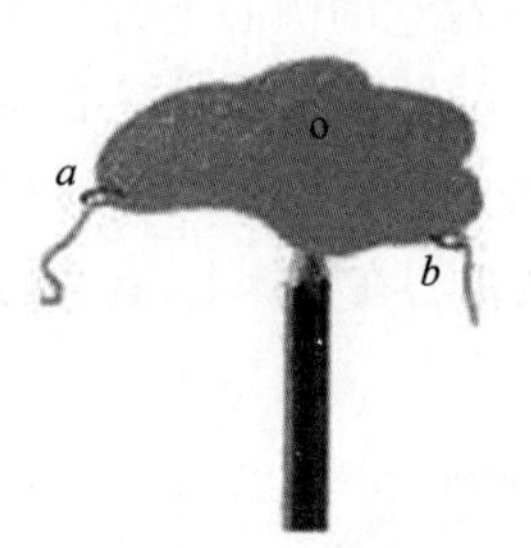

图 2-8　利用支撑法寻找物体重心示意图

对于一根细长的木棍（质量分布可能不均匀，如笤帚、拖把、教鞭等等），我们可以利用以下方法迅速找到它的重心。如图 2-9 所示，两手分开，把木条水平地架在左右手的食指上，把两食指相对交替靠拢，直到并在一起为止，此处即为重心。用一个食指支在此处，木条能呈水平平衡。

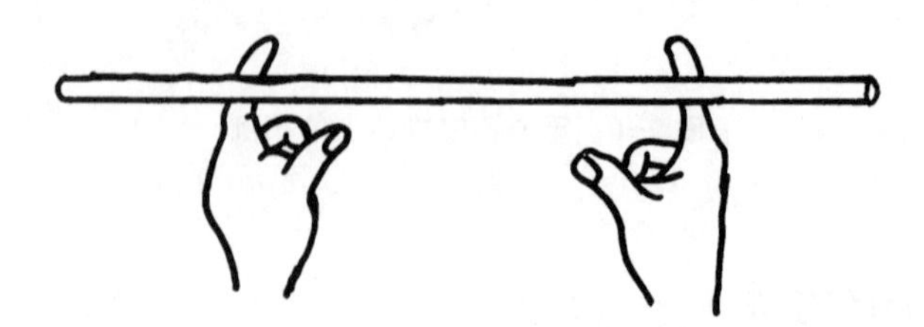

图 2-9　支撑法寻找棍子的重心示意图

小贴士:计算重心的数学方法

对于任意物体,怎样根据重心的定义确定出重心的位置呢?这就要用到微积分的方法了。设物体的质量为 m,重力为 G。假想将物体切割成 n 块,每一块的质量为 m_i,受到的重力为 G_i,坐标为(x_i, y_i, z_i)。那么,物体重心的坐标(x_C, y_C, z_C)可依据如下公式计算得出:

$$x_C = \frac{\sum_{i=1}^{n} x_i \cdot G_i}{\sum_{i=1}^{n} G_i} = \frac{\sum_{i=1}^{n} x_i \cdot G_i}{G} \quad (2-2)$$

$$y_C = \frac{\sum_{i=1}^{n} y_i \cdot G_i}{\sum_{i=1}^{n} G_i} = \frac{\sum_{i=1}^{n} y_i \cdot G_i}{G} \quad (2-3)$$

$$z_C = \frac{\sum_{i=1}^{n} z_i \cdot G_i}{\sum_{i=1}^{n} G_i} = \frac{\sum_{i=1}^{n} z_i \cdot G_i}{G} \quad (2-4)$$

这是物体重心坐标的一般计算公式,适用于任何物体,无论质量是否均匀,形状是否规则。如果认为在物体所处空间内地球表面的重力加速度处处相同的话,上面的一组公式也可写成:

$$x_C = \frac{\sum_{i=1}^{n} x_i \cdot m_i}{m} \quad (2-5)$$

$$y_C = \frac{\sum_{i=1}^{n} y_i \cdot m_i}{m} \quad (2-6)$$

$$z_C = \frac{\sum_{i=1}^{n} z_i \cdot m_i}{m} \quad (2-7)$$

四、怎样保持平衡

知道了物体的重心之后,我们会思考物体的重心和物体能够维持平衡状态之间有什么联系吗?当然有,仔细观察图 2-2 当中的人物,会发现他们的重心都是位于两脚之间的,而两只脚与地面接触,起到支撑整个身体的作用。也就是说,物体要想保持平衡，条件就是物体的重心得处于支撑面的垂直投影内。

要想在钢丝上稳稳地站着，炫技者必须具有非常好的平衡技能，他们根据实际天气状况和周围环境，通过调节身体的姿态维持平衡。也就是说，他们必须保证自己的重心正好能够落在细细的绳索之上，稍有偏差，就会掉落。

图 2-10 当中的奔跑者，在起跑预备式和奔跑过程中，都处于比较稳定的状态，原因是重心正好落在手和脚（或者脚和脚）形成的支撑面的垂直投影内。而在起跑的瞬间，重心处于双脚的前方，此时的姿态不稳定，起跑者需要利用身体的惯性尽快让自己进入奔跑状态，否则就要摔跤了。

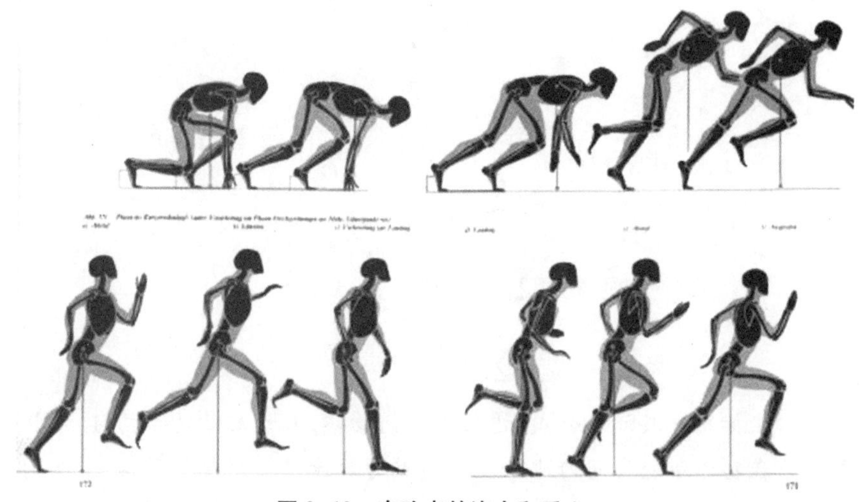

图 2-10　奔跑者的姿态和重心

在舞蹈艺术中，表演者常常利用重心的偏移来震撼观众的视觉，如图 2-11 中舞蹈演员展示的倾斜舞蹈。因为在倾斜 45°情况下，人体的重心已经远远超出脚面形成的支撑面的垂直投影，所以按照常理，斜着站会摔倒。在没有任何机关的情况下没有人能够斜着站。当然舞蹈演员脚下的机关是保证他们不倒的秘密武器。但正是这种违背常理的视觉展示，给观众留下了难忘的震撼。

图 2-11　舞蹈演员演绎倾斜 45°站立技巧

民间总是有各种牛人，他们能够非常精准地找到物体或者自身的重心，并让物体或者自身保持平衡。他们可以让手头能够找得到的物体竖起来，如茶壶、鸡蛋、手机、木桩、笔记本电脑、洗衣机、自行车、摩托车等等。

图 2-12 竖立起来的鸡蛋

有很多人喜欢在沙滩上玩石头。玩石头也有至高境界，如图 2-13 所示，利用支撑重心实现平衡的原理让大大小小的石头叠放在一起，形成一道独特的风景。下回去海边，自己也试试吧？

在很多运动和杂技项目中，平衡至关重要。正是依靠对重心的调节和平衡的掌握，才能够顺利完成各种特技，如自行车平衡表演、骑独轮车、走扁带、走钢丝等等项目。图 2-15 当中的表演更是将平衡技能展示得淋漓尽致。

图 2-13 叠石

图 2-14 独轮车

图 2-15 悬崖上的平衡技艺

第二节　重心的魔法世界

一、既会上滚又会下滚的圆筒

图 2-16 当中的圆筒,从外表上看起来是规则的圆柱形,如果将它置于斜坡的顶端,按照常理,圆柱体会咕噜咕噜沿着斜坡滚下去。可是当我们利用重心的原理在圆柱体内设置一个小小的机关,就会改变圆柱体的运动方式,使得放置在斜坡上的圆柱体既可以原地不动,又可以向斜坡上方滚动,还可以向斜坡下方滚动。奥秘就是改变圆筒的重心。当圆筒质量分布均匀时,它的重心在它的几何中心。那么放置在斜坡上之后,它只能向下滚动,随着圆筒向下滚动,圆筒的重心也一直在下降,重力势能越来越小。如果将一重物,如一袋沙子绑缚在圆筒内侧壁上,那么圆筒的重心就发生了偏移,移向靠近沙袋的位置,如图 2-17 所示。

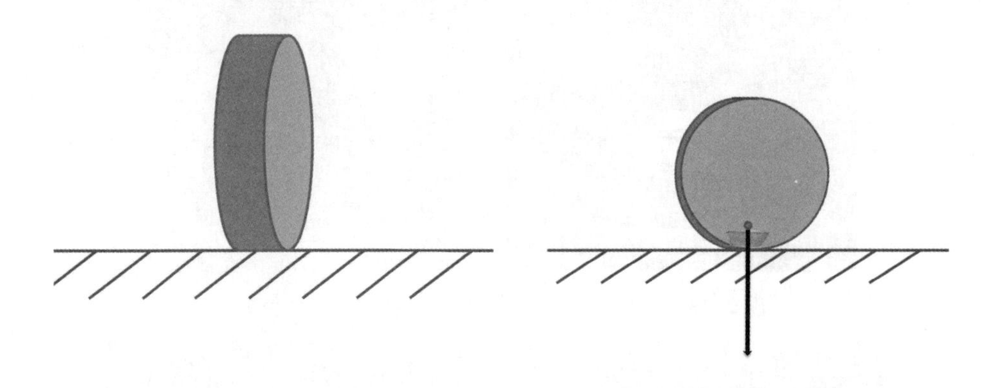

图 2-16　既会上滚又会下滚的圆筒　　　图 2-17　圆筒的重心示意图

将圆筒放置在斜坡上时,如果按照图 2-18(a)的方式来放置,圆筒就会向下滚动;如果按照图 2-18(b)的方式来放置,圆筒就会向上滚动;如果按照图 2-18(c)的方式来放置,圆筒就会原地不动。在图 2-18(b)中,虽然圆筒表面上看起来向上滚动,但是它的重心却是向下移动的,所以重力势能减小了,状态更稳定了。图 2-18(a)中,圆筒会快速地向下滚动,圆筒的重心随着滚动不断降低,重力势能不断减小。图 2-18(c)中,圆筒的重心已经处于最低点了,所以它不肯向上也不肯向下滚动。

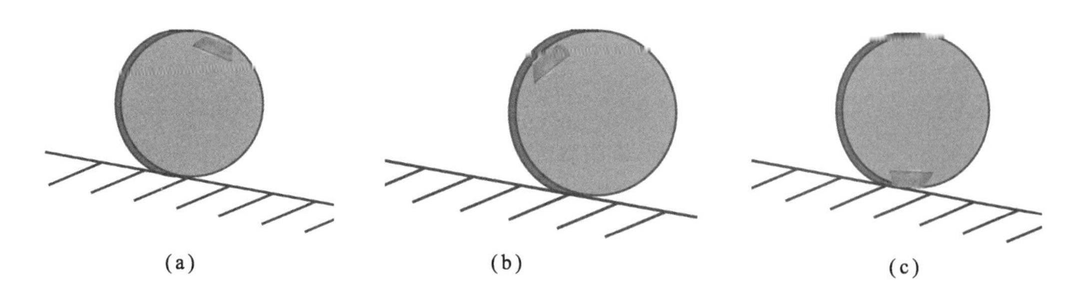

图 2-18　斜坡之上的圆筒如何运动

二、会爬坡的圆锥

在科技馆中，我们经常能看到一种会自己爬坡的圆锥，如图 2-19 所示。每次把圆锥体推到轨道低处，圆锥体都会自动由轨道低处滚向轨道高处。这是为什么呢？原来放置圆锥体的轨道大有讲究。轨道由两条相互不平行的金属杆构成，轨道一端低，另一端高。当圆锥体放置在这样的轨道上之后，轨道对圆锥体的支撑点随着轨道的上升而向两侧拉开。由于圆锥体的结构，支撑点靠近两侧，圆锥体的重心就降低了。当轨道的坡度调节恰当时，虽然表面上看起来圆锥体向坡上爬，但是它的重心却随着爬坡而降低了，重力势能减小了，所以状态更加稳定了，参见图2-20。所以当我们看到与生活经验不相符合的现象时，一定要多动动脑筋想想其中的原因，原因一旦找准，不可思议原来也在情理之中。

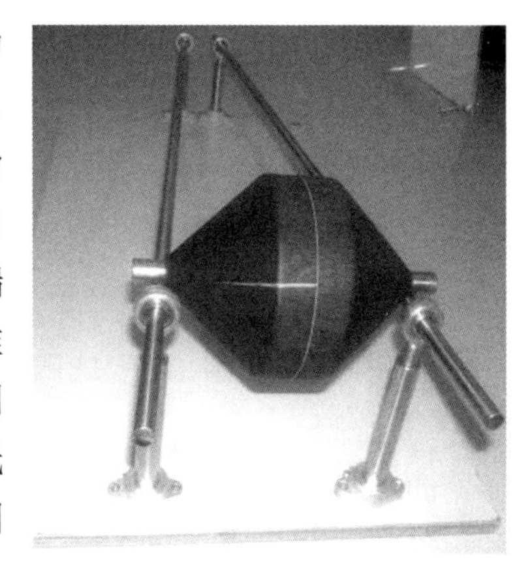

图 2-19　会爬坡的圆锥体

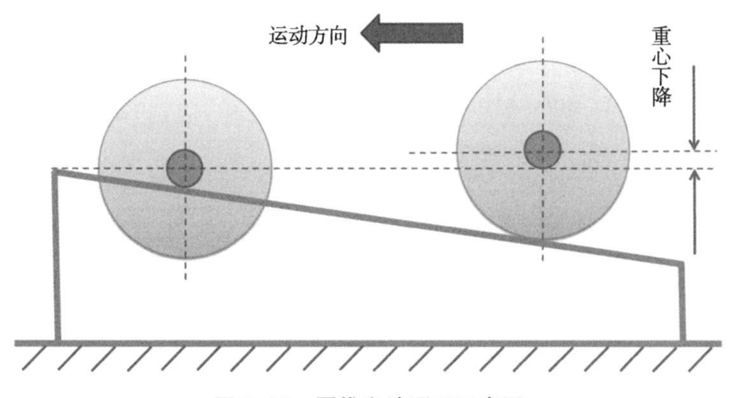

图 2-20　圆锥爬坡原理示意图

三、顽皮的纸盒

如图 2-21 所示,将纸盒放置在斜坡上,纸盒会翻着筋斗从高处向低处运动,像一个调皮的孩子,不停地翻着筋斗,非常有趣。这是怎么回事呢?如果打开纸盒看看,我们就明白其中的道理了。在纸盒当中装入一些体积约为纸盒 1/5 到 1/4 的重物,如钢球。当纸盒与斜坡平行时,钢球会滚动到纸盒较低的一侧,由于惯性,纸盒较高的一侧会被带动着旋转,直到转动 180°,降低到斜坡上为止,于是钢球又滚动到纸盒较低的一侧,如此循环往复,纸盒就像调皮的孩子翻起跟头来了。

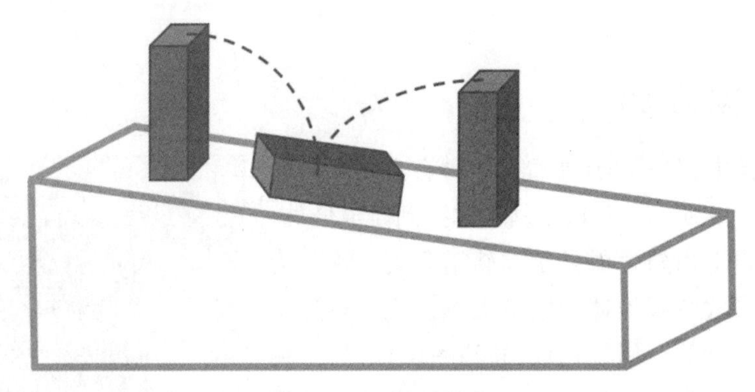

图 2-21　顽皮的纸盒

四、会倾斜站立的易拉罐

喝完啤酒或者饮料剩下的易拉罐也可以被我们利用来做重心小实验。平时易拉罐都是竖直放在桌上的,如何让易拉罐斜着站?方法还是改变重心的位置。在易拉罐内加入少许的水,然后将罐体倾斜放置于桌面,经过细心的调节,相信你一定能够让易拉罐倾斜着站起来。易拉罐内究竟需要加多少水才能完成这个任务呢?大家不妨具体试一试,实验都是可以成功的。

有网友不甘心只是简单地将易拉罐放置在桌面上,他们挑战的境界更高,如图 2-22,他们还能够将易拉罐放在杯沿上倾斜站立呢。

五、不倒翁

相信我们在童年时期,都玩过不倒翁。无论如何对着不倒翁拳打脚踢,甚至把它压翻在地,不倒翁都能够倔强地站起来。为什么不倒翁打不倒呢?相信大家都会有这样的疑问。不倒的奥秘就在于它的重心非常低,几乎在不倒翁的最下方。所以无论你怎么折磨不倒翁,它仍然能够屹立不倒。

图 2-22 斜着站立的易拉罐

图 2-23 不倒的不倒翁

第三节 多米诺骨牌的物理奥秘

一、高矮不同的骨牌

多米诺骨牌是大家常玩的一种游戏，受到世界各国人士的喜爱。现在请大家来猜一猜，如果有三列骨牌，如图 2-24 所示，同时推倒每列骨牌的第一块，哪一列骨牌倾倒得快？或者说哪一列骨牌全部倾倒所用的时间最短？三列骨牌数量相同，均匀等距排列，排列疏密程度相同，骨牌总长度相同。三列骨牌的厚度和宽度也是相同的，不同之处在于每列骨牌的高度，因此形成高、中、矮三列。

图 2-24 等长等密度排列的高、中、矮三列骨牌

通过实验,会发现结果是这样的:高的那一列倾倒得最快。那么为什么呢?如图2-25所示,骨牌是质量分布均匀、外形规则的几何体,它的重心在几何中心处。从骨牌的侧面看,它的侧切面是一个规则的长方形,骨牌的重心如图 2-25 中红点所示,重力作用方向如黑色箭头所示。很显然,高的骨牌重心高,低的骨牌重心低。图 2-25 右侧显示的是高低两块骨牌即将倾倒时的临界状态。若重心的垂直投影超过支撑点,骨牌就会倒下;反之,重心的垂直投影未超过支撑点,放手之后,骨牌不会倒下,在摇摆几次之后,恢复到初始的竖直位置。骨牌在倾倒的临界状态时,骨牌旋转过的角度记作临界倾斜角度,用 α 来表示。对于厚度相同、高矮不同的骨牌,显然,高的骨牌的临界倾斜角度小于矮的骨牌,即 $\alpha_1<\alpha_2$,也就是说,高的骨牌只需要转过较小的角度就能倒下,而矮的骨牌却需要转过较大的角度才能倒下。俗话说,重心高,站不稳;重心低,站得牢。在高矮两种骨牌的对比中体现得淋漓尽致。高的骨牌转过较小的角度所需要的时间自然就短,矮的骨牌转过较大的角度所需要的时间自然就长,所以,当同时推倒第一张骨牌时,高的那一列全部倾倒所需要的时间短,矮的那一列全部倾倒所需要的时间长。当然,以上是从重心的概念出发,对多米诺骨牌倾倒速度的定性分析,除此之外,我们完全可以通过建立精确的数学物理模型的方法来计算出不同尺寸的骨牌倾倒时所需的时间,具体建模方法大家可以尝试完成。

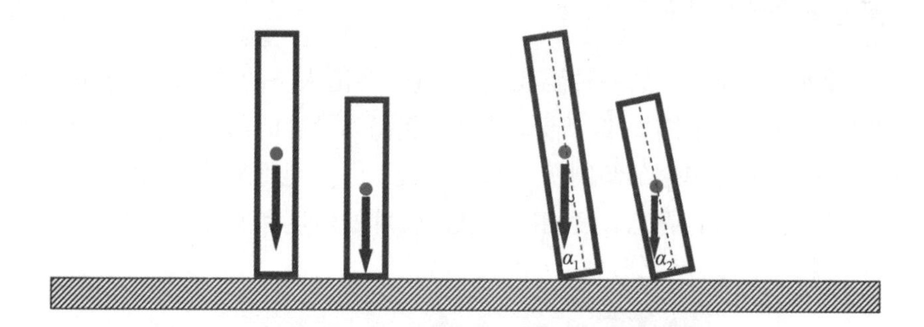

图 2-25　高矮不同的骨牌的重心示意图,以及骨牌倾倒时的临界状态示意图

二、重心不同的骨牌

根据上面的分析,似乎让我们有这样的认识,高的骨牌由于重心位置高,重心相对不稳定,所以更容易倾倒,倾倒时速度快于矮的骨牌。现在让我们再思考一种情况。如图2-26 所示,在骨牌上下对称的位置各开一个直径大小相同的圆孔,孔内正好可以放置直径为相同尺寸的钢球或者铜柱。现在用这种开孔的骨牌排列成两列多米诺骨牌序列,两列骨牌数量相同,总长度相同,骨牌等距均匀排列。不同之处在于,第一列骨牌中,钢球(铜柱)镶嵌放置在上方开孔中;第二列骨牌中,钢球(铜柱)镶嵌放置在下方开孔中,如图 2-27 所示。当同时推倒两列骨牌的第一张牌时,哪一列倾倒得更快?这个问题就留给同学们思考。

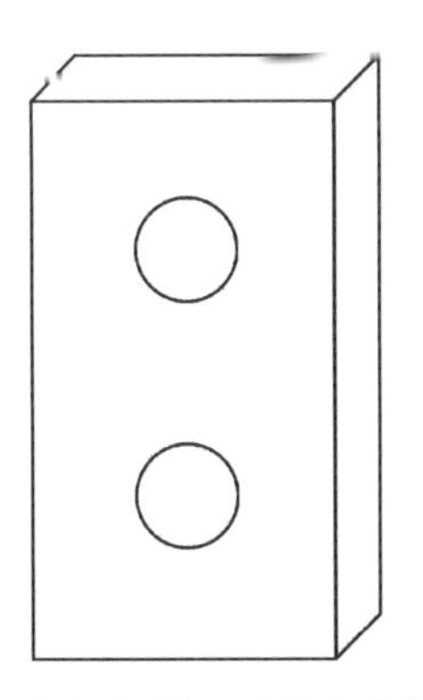

图 2-26　上下各开一孔的多米诺骨牌

图 2-27　开孔骨牌序列

小贴士:多米诺骨牌

多米诺骨牌既是一种游戏,又是一项体育运动,同时还代表一种文化。多米诺骨牌能够磨炼参与者的耐受力,开启参与者的心智,同时锻炼参与者之间的合作能力。尤其对团队精神的培养是一种非常好的方式。所有参与者必须在充分沟通协商之后确定方案,目标一致,服从统一安排,分工协作,互相帮助,互相鼓励才能够完成整体任务。看似简单的码放骨牌过程,实际上充满了随时倾倒的危险和随之而来的沮丧挫败情绪。尤其是图案较为庞大、组成元素多样、结构复杂的骨牌阵列,往往都要付出十二分的耐心和长时间的努力才能够完成。面对复杂骨牌阵列时,骨牌码放团队的首领必须意图十分明确,对大家的分工必须十分细致到位。每一个子团队负责在有限的时间内码放完成自己区域内的骨牌花色,由于场地限制,同时还要和相邻区域的选手协调好,在保护好自己的骨牌的情况下,还不能碰到别人的骨牌。就算是在自己负责的区域内,为了减低骨牌意外倾倒所带来的损失,还要采取必要的保护措施。

经过长时间辛苦的码牌，最后不同区域的骨牌还要连接到一起，形成一个整体。每一个环节都不能轻视，一秒钟的不慎重往往需要几个小时来弥补。所以多米诺骨牌绝对是锻炼人的意志力、耐力和耐心的绝佳活动。有机会，大家一定要亲自来一次高水平的骨牌码放游戏。没有码放过一万块骨牌的人是无法体会到那种劳动的艰辛和成功后的喜悦的。就像没有登临过泰山顶的人，永远也无法体会一览众山小的感觉一样。

图 2-28 多米诺骨牌图案

三、疏密不同的骨牌

如果把多米诺骨牌排列得密集一点或稀疏一点又会有什么不同呢？如图 2-29 所示，有三列多米诺骨牌序列，它们由相同尺寸的骨牌排列而成，不同之处在于第一列骨牌排列得很密集，第二列稍微稀疏一些，第三列非常稀疏，三列骨牌的长度是相同的。如果同时推倒第一块骨牌，哪一列会倾倒得最快？

图 2-29 疏密程度不同的四列骨牌

因为骨牌序列的长度相同，所以密集的那一列所用的骨牌数量就多，稀疏的那一列所用的骨牌数量少。我们可能会这样想，数量少的那一列应该倾倒得更快些，数量多的那一列应该相对慢一些，因为数量多在我们的感觉中需要的时间就多，数量少需要的时间就少。可是事实上，通过实验，会发现，密集的那一列，也就是骨牌数量更多的那一列在倾倒时，反倒更快，用时更少。似乎出乎我们的意料，这究竟是为什么呢？

这个问题还是和骨牌的重心以及重心的位置密切相关。我们知道骨牌的重心越高就越不稳定，越容易倒。一块骨牌之所以倾倒，是因为上一块骨牌击打了这块骨牌。那么，击打点只有在这一块骨牌的重心上方时，这块骨牌才会被打倒，反之，如果击打点在这块骨牌的重心下方，骨牌就倒不了了。图 2-30 显示了疏密不同的骨牌在倾倒时上一张骨牌击打下一张骨牌的情形。可以看出，当骨牌排列密集时，击打点靠近骨牌的上方，击打点的位置越高，受击打的骨牌就越容易倾倒。而在稀疏的骨牌序列中，击打点相对较低，如果击打点低于骨牌的重心位置，受击打的骨牌就不会倒，只有击打点在重心位置之上时，才会倒。由上述分析可知，虽然密集序列的骨牌数量多，但是因为击打点较高，击打的有效程度好，所以整列骨牌倾倒得更快。

图 2-30　疏密不同的骨牌在倾倒时的对比图

四、四两拨千金的骨牌

多米诺骨牌的玩法千变万化，骨牌可以制作成由小到大的序列。如图 2-31 所示，后一张骨牌的高度、宽度和厚度是前一张骨牌的 1.5 倍。第一张骨牌非常微小，仅有 5 mm高，1 mm 厚；而最后一张骨牌却有 100 多斤，1 米多高。轻轻推倒第一张骨牌，微小的骨牌撞击第二张骨牌，引起第二张骨牌的倾倒，第二张骨牌撞击第三张骨牌，又引起第三张骨牌的倾倒。最终，最大的一块骨牌轰然倒地，发出巨大的声响，引起地面的震动。让人震撼之余，不禁会想，为什么起初那么微小的一块骨牌会把最终这块巨大的骨牌推倒。如果没有中间环节，仅仅把第一块微小的骨牌和最后一块巨大的骨牌放置在一起，无论怎样推动微小的骨牌也没有办法让最后一块巨大的骨牌哪怕是摇晃一下。而有了中间十多块骨牌的接力，事情就完全不一样了。原来，当我们把每一块骨牌竖立排列起来时，由于提高了骨牌的重心位置，骨牌就具有了一定的重力势能（相比倾倒状态），每一张骨牌击打后一张骨牌时，后一张骨牌在倾倒过程中就释放出重力势能，当它又击打下一张骨牌时，下一张骨牌所具有的更大的重力势能又被激发和释放，这样，在一次一次的击打过程中，越来越多的能量被释放出来。这就是多米诺骨牌连锁效应。如果照着这个比例继续往下制作骨牌，很快骨牌的尺寸就会大得惊人，当制作到第 24 张骨牌时，骨牌的高度相当于一栋 19 层的大楼。可就是这么巨大的一栋“大楼”竟然能够被一块微小的多米诺骨牌轻松推倒，让人觉得不可思议，震惊不已。

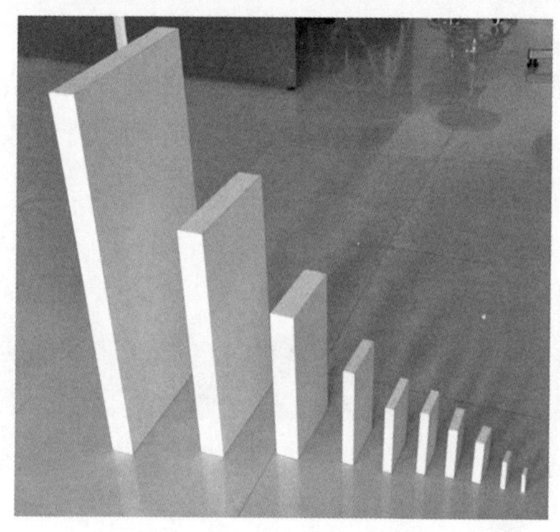

图 2-31　四两拨千金的骨牌

五、化学中的多米诺骨牌效应

有一种有趣的化学物质醋酸钠，当被温热后呈现如图 2-32（a）所示的状态。当溶液逐渐冷却，降到结晶温度以下，醋酸钠仍然无法结晶而会持续地融化。这时如果用镊子在容器中间点上一下，加点外界刺激，醋酸钠就会由刺激处开始结晶，结晶后旁边的分子也跟着结晶，这样由刺激处向外，就不断地结晶，直至扩散到整个容器为止，如图2-32(b)所示。这个特点好像多米诺骨牌的特性。在外界刺激之下，推倒第一张骨牌，后面的骨牌就接二连三地倒下，直到扩散到整个骨牌序列，造成所有骨牌全部倾倒为止。

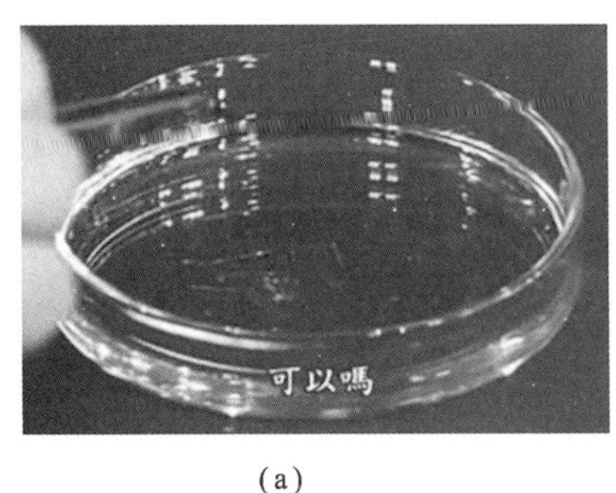

(a)

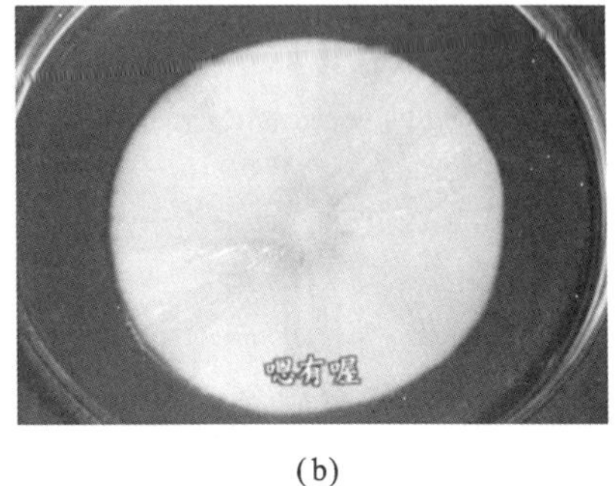

(b)

图 2-32 醋酸钠结晶过程

六、阶梯骨牌

骨牌不仅可以在平地上摆出各种花式,还可以在阶梯上排列。如图 2-33(a)和(b)所示,两列骨牌序列所用的骨牌尺寸都是相同的,不同之处在于,(a)中的阶梯高度高,(b)中的阶梯高度矮。如果推倒最下面的一张骨牌,骨牌序列是否能够顺利沿着阶梯上爬,最后全部倒下呢?

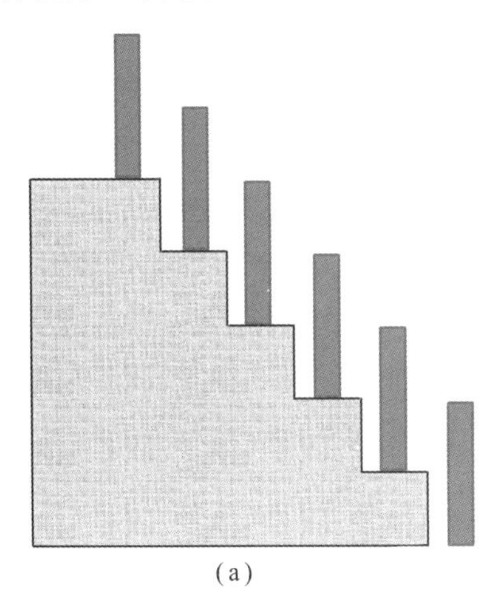

(a)

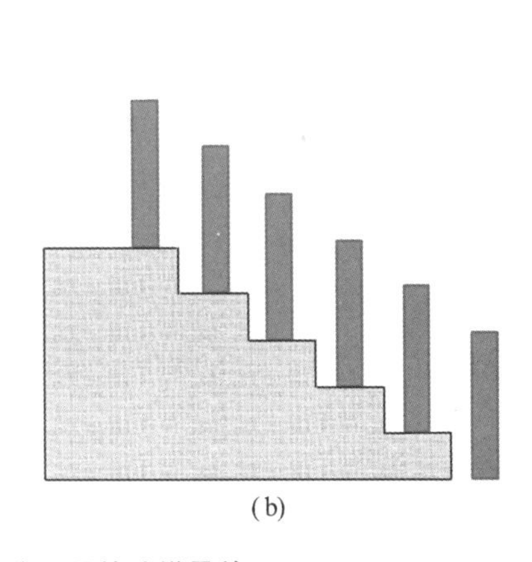

(b)

图 2-33 两组阶梯高度不同的阶梯骨牌

阶梯骨牌能否顺利沿着阶梯上爬取决于相邻骨牌的重心位置是否合适。在图 2-34 中,圆点表示质量分布均匀的骨牌的重心。在(a)图中,前一张骨牌撞击后一张骨牌时,撞击点低于后一张骨牌的重心位置,所以骨牌序列无法顺利倾倒。在(b)图中,前一张骨牌撞击后一张骨牌时,撞击点高于后一张骨牌的重心位置,所以骨牌序列可以顺利沿着阶梯上行,最后全部倾倒。

多米诺骨牌虽然是简单的游戏,但是其中却蕴含着深刻的物理奥秘。排列多米诺骨牌时,不仅应该从艺术的角度设计骨牌的花式,同时还应该用科学的观点和方法来指导骨牌的排列,提高骨牌推倒的成功率,让骨牌的艺术更加精彩。

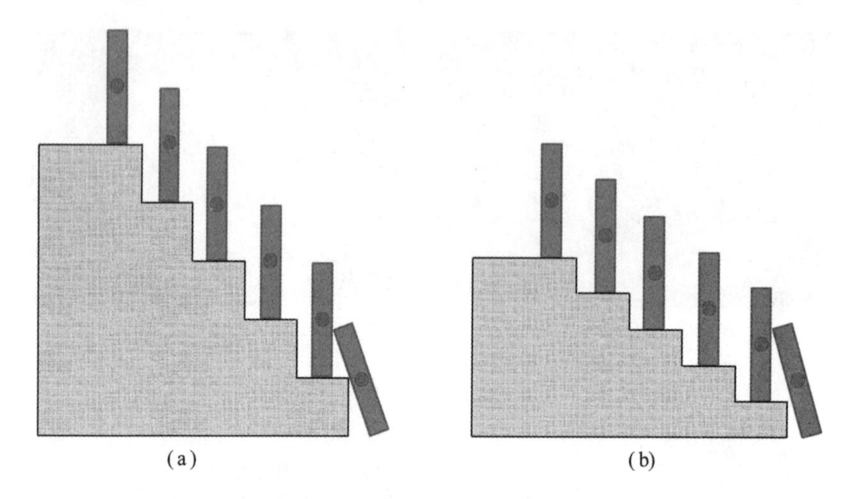

图 2-34　两组阶梯高度不同的阶梯骨牌在倾倒时的撞击点示意图,圆点表示骨牌的重心

【本章小结】

人类生存在地球上,地球上的万物都受到源自地球的引力。一个物体的各部分都要受到重力的作用,且方向竖直向下。从效果上看,可以认为各部分受到的重力集中作用于一点,这一点叫作物体的重心。重心是重力的等效作用点。可利用支撑法、悬挂法来确定物体的重心。物体的重心有可能在物体上,也有可能不在物体上。物体若要保持平衡,就必须使重心处于支撑面的垂直投影内。利用重心和改变重心的位置,可以实现物体向上滚动、倾斜站立、不倒翁效果、连续翻滚等表面上看起来有违常理实则妙理堪寻的现象。多米诺骨牌正是利用重心的原理进行游戏。高矮不同的骨牌、疏密程度不同的骨牌、重心位置不同的骨牌倾倒的速度均和重心有关。

【大事年纪】

1120 年　宋宣宗二年,我国民间出现了一种名叫“骨牌”的游戏,俗称“牌九”。

1589 年　伽利略撰写了《固体的重心》论文,第一次揭示了重力和重心的实质并给出了准确的数学表达式。

1849 年　意大利传教士多米诺制作出骨牌的雏形,发明了骨牌的玩法。后人为了感谢他给人们带来了如此好玩的游戏,便用他的名字命名了骨牌。

【拓展阅读】

利用重心的竹筒水钟

重心在实际生活中大有用武之地,巧妙利用重心的变化可以帮助人们实现许多奇妙的构想。图2-35所展示的竹筒水钟便是利用流水不断地改变竹筒的重心位置,使得竹筒形成周期性的倾倒翻转现象从而形成计时用的水钟。竹筒水钟的设计将时钟的计时功能与盆景的观赏价值融为一体,它利用竹筒这一自然元素,结合山水瀑布的设计,将物理制作与艺术设计,时钟功能与山水自然情怀有机地结合起来。竹筒水钟由计时系统、机械显示系统、循环导流系统和美观造型系统四部分组成,其中前两个系统是竹筒水钟的核心部分。计时系统是一节固定在支架上的普通竹筒。利用流水控制竹筒重心,随着水不断落入竹筒,重心位置发生变化,按照杠杆原理,当重心的位置超过支点,即到达临界状态时,竹筒发生翻转,筒内的水泄出,倾泄完毕后,竹筒恢复到初始位置。阀门控制滴入竹筒中的水流速度恒定不变,使竹筒做周期性摆动,形成水钟的基本单位时间。竹筒的摆动带动同轴的擒纵叉摆动,从而使擒纵齿轮转动,通过齿轮的啮合和换算,在齿轮上标示刻度,显示时间。整个机构正常运行所使用的水由循环导流系统控制。美观造型系统赋予整件作品以美的外观,增添了作品的视觉效果。

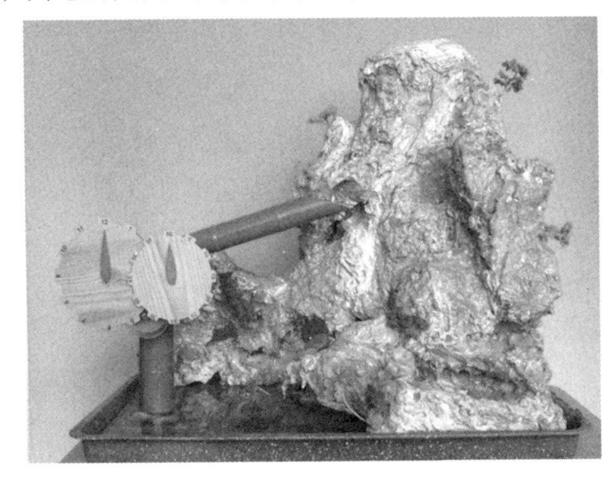

图2-35 竹筒水钟照片

1. 总体设计构思

竹筒水钟的核心部件是一节普通的竹筒,如图2-36所示,竹筒通过固定的支点安置在支架上,竹筒中盛装清水。当水位变化时,竹筒的重心随之变化。根据杠杆原理,当重心的位置超过支点时,竹筒发生翻转,并将竹筒内的清水倒出。清水倾泄完之后,在竹筒自身重力的作用下,竹筒又恢复到原来的位置。若通过阀门滴入竹筒中的水流速度恒定不变,那么竹筒每次翻转所用时间将恒定不变。正是利用这一点构成一个具有周期性摆动的装置。

竹筒每摆动一次,将带动擒纵叉摆动一次,使擒纵齿轮转过一齿,擒纵齿轮带动分钟齿轮转动(分钟齿轮上有分钟刻度),转换齿轮与分钟齿轮同轴,又带动时钟齿轮转动,时钟齿轮上方刻有时间刻度,这样通过时钟齿轮和分钟齿轮便可显示当前时间。为了维持整个系统的正常运行,将竹筒中倒出的水泻入水槽中,通过水泵抽送到蓄水池中,蓄水池给竹筒提供正常用水,多余的水从蓄水池的溢流装置中排出,用来营造瀑布效果。

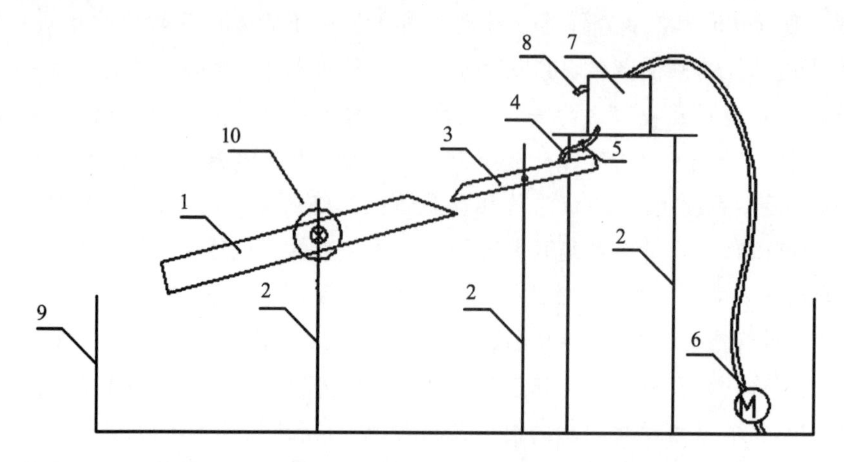

1.竹筒　2.支架,平台　3.导流装置　4.导流软管　5.流量控制阀
6.水泵　7.蓄水池　8 .溢流装置　9.水槽　10.齿轮结构

图 2-36　“竹筒水钟”结构示意图

为了使整个系统更加美观,利用假山、石头、假树、竹子来营造一个山水自然景观,将物理制作与艺术设计,时钟功能和山水情怀结合起来。在实现时钟功能的同时,给人以美的享受。

2. 核心结构及工作原理

竹筒水钟通过计时系统、机械显示系统、循环导流系统之间的结合来实现整套水钟的正常工作。计时系统来实现水钟基本单位时间的形成,机械显示系统来完成基本时间的累积计算和显示,而循环导流系统实现系统中水的自动循环以及多余水的疏导。美观造型系统给整件作品添加艺术气息,使作品更具观赏性。

机械显示系统如图 2-37 所示,由一组齿轮和时间显示盘组成。通过齿轮之间的换算完成时间的显示。分钟齿轮 C 每走 1 个齿为一分钟,转一圈为 1 个小时,时钟齿轮 F 每走 10 个齿为一个小时,转一圈为 12 小时。这样通过竹筒和齿轮的传动就实现了计时的功能。

3. 竹筒水钟的使用方法

(1)在蓄水池、水槽中添加适量的清水;

(2)开启水泵电源;

(3)调节水流控制阀门,使恒定的水流流入竹筒中,实现竹筒每分钟翻转一次;

(4)拨动机械显示系统的表盘,使表盘示数与当前时间一致;

(5)计时开始。

竹筒水钟不仅实现了现代时钟的基本计时功能,在外观上,它利用竹筒这一自然元素,结合山水瀑布设计,将物理制作与艺术设计,时钟功能和山水自然情怀有机地结合起来,使水钟具有计时功能的同时还具有观赏价值。而这一切都是基于物理中的重心

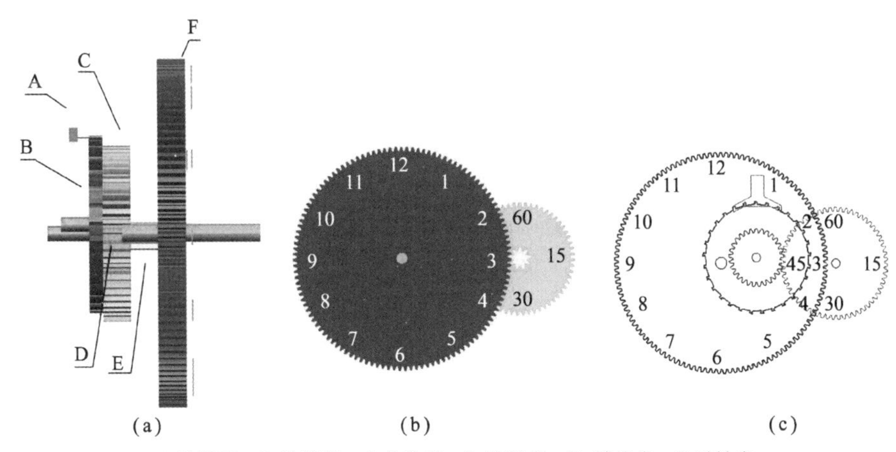

A.擒纵叉 B.擒纵齿 C.分钟齿 D.转换齿 E. 转换齿 F.时钟齿

图 2-37 擒纵装置与齿轮传动示意图

概念实现的。只要巧加应用,重心能够为我们带来意想不到的美好。

【思考与讨论题】

2-1 生活中、工作中、竞技比赛中,哪些是利用重心来完成的?试举例说明。

2-2 将一根外形规则、质量分布均匀的直木棒平放在水平桌面上,当它的中点被推出桌边时会发生什么情况?(　　)。

A.直木棒一定翻倒

B.直木棒一定不翻倒

C.直木棒的中点没有被推出桌边时,就有可能翻倒

D.以上说法均不正确

2-3 关于物体的重心,下列说法正确的是(　　)

A.物体的重心一定在物体上

B.用线竖直悬挂的物体静止时,线的方向不一定通过重心

C.一块砖平放、侧放或立放时,其重心在砖内的位置不变

D.舞蹈演员在做各种优美的动作时,其重心在体内位置不变

【分析题】

2-4 试总结各种几何形状和几何体的重心位置,如三角形、平行四边形、弓形、棱柱体、半球体、圆柱体、圆锥体、球体、正棱锥等的重心位置。

2-5 看图 2-38,试分析物体重心的高度和物体稳定性之间的关系。

2-6 用动漫、素描、连环画等艺术形式展现某一活动中人体重心的变化或者某一事件中物体的重心变化。

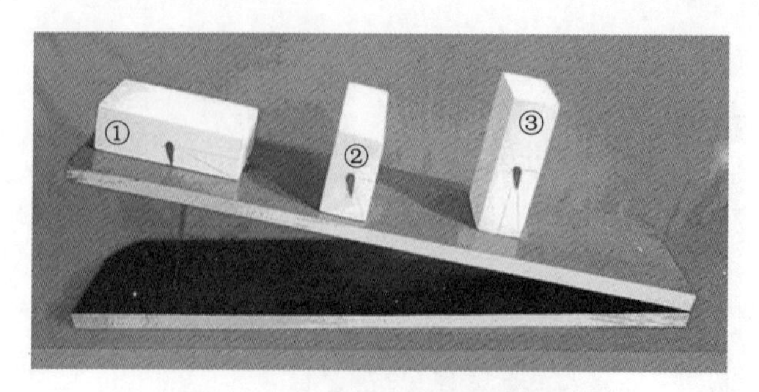

图 2-38　重心的高低和物体稳定性的演示

【生活应用题】

2-7　谈一谈确定物体重心的各种实用方法。

2-8　图 2-39 中,杂技演员在悬崖峭壁之间上演了一幕惊心动魄的走钢丝表演。试利用重心的概念分析杂技演员的风险和保障。

图 2-39　惊险的高空走钢丝表演

2-9　利用降低重心的方法制作一个平衡系统,可参考图 2-40。

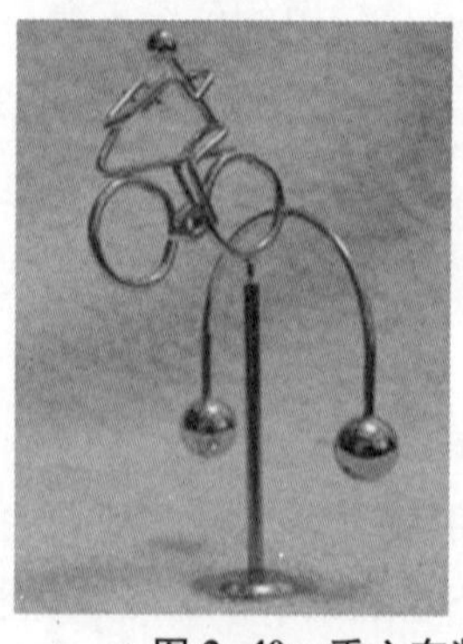

图 2-40　重心在装饰品和玩具中的应用

2-10 利用配重和重心调节的方法,制作一个演示物体重心连续变化的动态展示作品,可参考图2-41。

图2-41 重心连续变化的玩具

2-11 尝试建立一个数学模型,来计算骨牌的倾倒速度和时间。

第 3 章　威力无穷的惯性

> 智慧并不产生于学历，而是来自对于知识的终生不懈的追求，因此，只有全力以赴才能精通。
>
> ——阿尔伯特·爱因斯坦

【学习目标】

1. 建立静止惯性、平动惯性和转动惯性的概念。
2. 了解惯性力、外力、力矩的概念。
3. 了解动量、角动量的概念。
4. 明确动量守恒和动量变化的条件。
5. 明确角动量守恒和角动量变化的条件。
6. 能够在真实事件中判断动量的大小和物体具有的破坏性并有效预防。
7. 能够用角动量解释生活中的转动问题。

【教学提示】

1. 强化类比的思维，应用类比的方法讲授静止惯性、平动惯性和转动惯性的物理问题。
2. 与生活案例深度结合，明确静止、平动和转动物体的惯性的体现方式以及威力。
3. 进一步培养估算的能力，能够估算速度、动量、转动惯量、角速度和角动量。
4. 掌握动量定理和动量守恒定理，并具有依据物理原理解释和解决实际问题的能力。
5. 了解角动量定理和角动量守恒定理。
6. 能够列举生活中、自然中和宇宙中各种角动量守恒的实例。
7. 体会惯性与生活、惯性与人类文明，惯性与自然的关系，体会物理生活之美。

生活中我们常常谈到“惯性”这个词。有两条路可以回家，我们往往每天都沿着同一条路回家，因为我们习惯了；搬家之后，在某一天夜晚下班开车回家，未经思考就开回

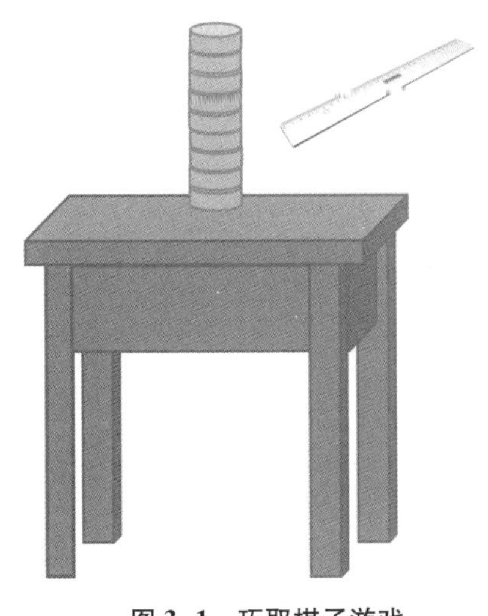
图3-1 巧取棋子游戏

原来的家,因为我们习惯开车走这条路;中午到食堂就餐,倾向于坐在某一个固定区域,因为习惯了固定的位置。这些都是生活中的惯性,即保持原有的习惯,原有的做事方式,原有的思维和行为模式等。惯性既是个生活用语,更是个物理名词。那什么是物理上的惯性呢?首先让我们来做一个小实验。如图3-1,光洁的桌面上摞着九颗象棋棋子,如何取走最下面的一颗而不影响其他的棋子?乍一想似乎不可能,仔细再一琢磨,发现有妙招。只需选用一把直尺就能达到目的。手握直尺,瞄准最下方的棋子,快速用力击打它,只见最下方的棋子从眼前一闪飞出,而其他的棋子"啪嗒"一声稳稳落在桌面上,仍然整整齐齐摞在一起。为什么?原来是惯性在帮忙。当直尺击打最下方棋子使其飞出时,由于时间非常短,在那一个瞬间,作用力还没来得及传递给上方的棋子,最下方的棋子就已经飞走了。上方的棋子仍然保持原来的静止状态,在重力的作用下就落在了桌面上。是不是非常巧妙?看来在这个有趣的实验中,象棋子有保持原来静止不动的趋势,这就是惯性。惯性的存在,可以给人类带来无穷的乐趣。惯性的存在可以让日月星辰稳定运行,对惯性的认识使得人类可以更加有效地保护自身,更加高效地运转机器。然而,惯性的身影随处可见,它不仅妙用无穷,而且威力无边,它的威力远非人类所能控制,在惯性的巨大威力面前,我们人类必须顺应自然,善用自然,在这一讲中,让我们来重新认识惯性这个老朋友吧。

第一节 静止物体的脾气

一、惯性是啥

惯性(inertia)就是指物体保持原有运动状态不变的属性,是万物的固有属性。在物理学里,惯性表征物体抵抗其运动状态被改变的难易程度。物体的惯性可以用其质量来衡量,质量越大,惯性也越大。牛顿在他的著作《自然哲学的数学原理》里将惯性定义为:惯性,是一切物体的固有属性,是一种抵抗的现象,它存在于每一个物体当中,无论是固体、液体或气体,无论物体是运动还是静止,都具有惯性。大小与该物体相当,并尽量使其保持现有的状态,不论是静止状态,还是匀速直线运动状态。

大家所熟知的牛顿第一定律表明,在惯性参考系中,不受外力影响的物体都保持静止或匀速直线运动状态。也就是说,在惯性参考系中,如果施加于物体的合外力为零,则物体运动速度的大小与方向保持不变。简言之,惯性定义为:物体保持原有运动状态不变的属性。惯性代表了物体运动状态被改变的难易程度。物体惯性的大小与其质量有关。质量大的物体运动状态相对难于改变,也就是惯性大;质量小的物体运动状态相对容易改变,也就是惯性小。

当你滚铁环时,铁环就开始运动,因为铁环自身具有惯性,它将不停地滚动,直到被外力所制止。任何物体都有惯性,并且在任何时候都有惯性。

细分起来,惯性可以分为三种,静止惯性、平动惯性和转动惯性。

二、惯性帮忙巧抽桌布

静止的物体,怎样才能让它的惯性展现出来呢?有些读者也许玩过“巧抽桌布”的游戏。在光滑的桌面上铺着桌布,桌布上放着一些重物,如书本、酒瓶、装满水的水杯等。如何能够在不移动桌面上的物件的前提下,取走桌布?乍听起来,似乎觉得不可能,但是细细一想,却有方法,而这个方法,就是静止惯性的展示。抽桌布的人需要胆大心细,并且动作利落,稍微的迟疑停顿就会导致失败。两手分别拽住桌布两边,快速向下抽出桌布,神奇的事情就会发生。桌面上的酒瓶、书本安然无恙地待在原地,而桌布却被拽了出来。要想达到惊人的效果,操作者必须动作迅速,对,就是手快。

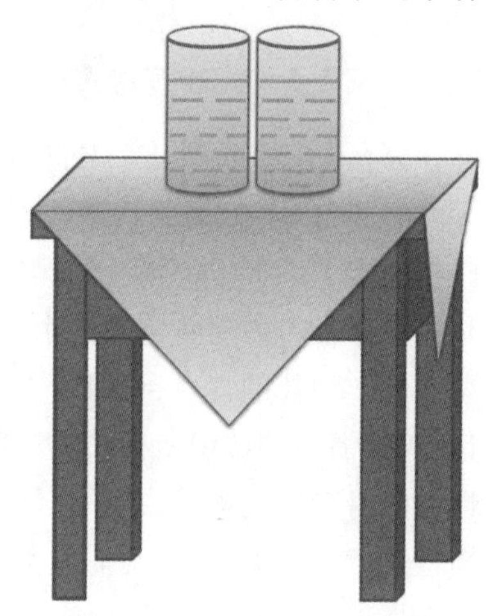

图 3-2　巧抽桌布游戏

在这个游戏中,桌面上的物体、书本和酒瓶由于具有惯性,所以依旧保持静止不动的特点,待在原地。那么什么时候这种静止物体所具有的惯性会展现出来呢?答案就是在参考系做加速运动的情况之下。将桌布看成参考系,相对于参考系而言,书本和酒瓶原先是静止的,所以它们具有静止惯性。突然,参考系做加速运动,原先相对参考系静止的书本和酒瓶的惯性就显露出来了。

有人还曾经建立过数学物理模型,来研究究竟要以多快的速度抽桌布,才能够成功。下面是这一物理模型,有兴趣的同学可以研究一下。

三、静止惯性的显露

当参考系做变速运动时,静止惯性就显露出来了。也就是说,参考系启动或者加速时、减速或者停止时、转弯时,参考系内的物体都会表现出静止惯性。因为运动是相对的,如果认为参考系不动,那么参考系内的物体相对参考系就是运动的,从效果上等价于它们受到一个惯性力,在惯性力的作用下,运动状态发生变化。所受惯性力的大小和参考系的加速度 a 成正比,方向相反,同时惯性力的大小还和物体的质量 m 成正比,即:

$$\boldsymbol{F}_{惯} = m\boldsymbol{a} \quad (3-1)$$

有报道称，有货车司机为了省去卸货的麻烦，利用货物的惯性来卸货。具体办法就是，在货车倒车的过程中，突然急刹，货物在巨大惯性的作用下冲出车厢，如此两三次，货物就从车厢上“掉落”下来。在卸货过程中，由于货物部分移位跌落，甚至把货车压得倾斜，场面甚是惊险。这位司机虽然利用了惯性的方法很快将货物卸了下来，但是操作方法实在危险，不可模仿。如果将货车看成是参考系，那么在卸货的过程中，相当于参考系急刹，做减速运动。参考系当中的物体、货物，原本相对于参考系是静止的，但是由于参考系做减速运动，所以它的静止惯性就显露了出来。

车辆在转弯时，由于车上的货物具有巨大的惯性，所以转弯速度必须足够低，以保证安全。若转弯速度快，就会造成车辆侧翻的悲剧。这同样也是静止惯性的体现。

我们平时乘坐公交车时，可以亲身体会到以上各种情况。选公交车作为参考系，发生在乘客身上的状况，就反映出来各种状况下的静止惯性。公交车起步或者突然加速时，乘客被向后甩；公交车急刹或者突然减速，乘客向前冲；公交车右转，乘客被向左侧抛出……这些都是静止惯性的体现。图 3-3 显示了公交车座位的安全等级。我们可以很清晰地看出，最不安全的座椅，正是静止惯性最容易显露的地方。

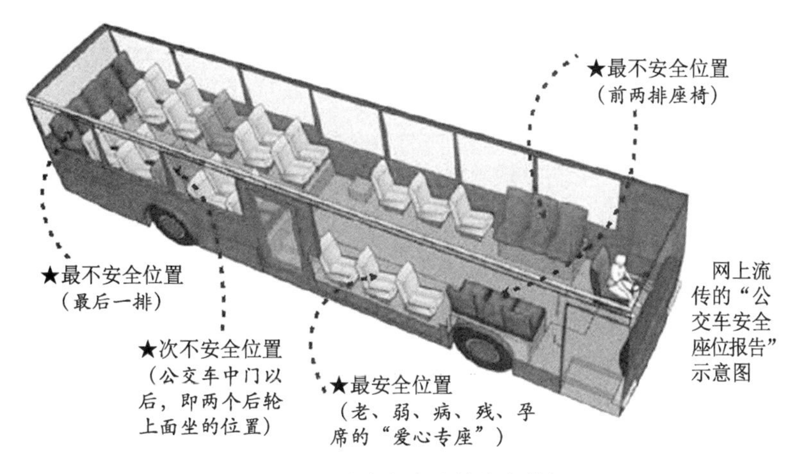

图 3-3 公交车座位的安全等级

静止惯性在游乐设备中体现得淋漓尽致，利用静止惯性可以带来巨大的刺激，游乐者正是被这种惯性的刺激所吸引，并乐此不疲。比如，图 3-4 中的大摆锤，通过上摆、下摆和旋转的结合，将各种静止惯性的体现情况糅合在一起，使得静止惯性在游戏过程中变幻莫测，乐趣无穷。在摆锤上摆过程中，由于摆锤做减速运动，游乐者感受到减速惯性力；在摆锤下摆过程中，由于摆锤做加速运动，游乐者感受到加速惯性力；在摆锤旋转过程中，由于摆锤做圆周运动，游乐者感受到离心惯性力；加速、减速运动和旋转运动混合在一起，使得惯性力变化无穷，给游乐者带来极大的刺激。和游乐者一样，大摆锤上的每一个物件都经受着同样的变化。有刺激自然就有危险，所以在感受游乐设备带

图 3-4　游乐场的大摆锤

来的乐趣时,游乐者务必记得系好安全带,保护好自己。同样,游乐场的工作人员一定要定期检查维护设备,拧紧每一颗看似普通、实则作用巨大的螺钉。

第二节　平动物体的脾气

一、平动惯性发威

平动的物体具有惯性,我们一般称为平动惯性。平动惯性的大小由什么物理量来描述呢?——正是动量。一般而言,一个物体的动量指的是这个物体在它运动方向上保持运动的趋势。在经典力学中,动量表示为物体的质量和速度的乘积,是与物体的质量和速度相关的物理量,指的是运动物体的作用效果。动量也是矢量,它的方向与速度的方向相同。

$$\boldsymbol{P} = m\boldsymbol{v} \tag{3 - 2}$$

其中,$\boldsymbol{P}$ 为动量,m 为质量,$\boldsymbol{v}$ 为速度。

如果迎面跑来两个人,快要撞上跑道上站立玩耍的小朋友。两名跑步者以相同的速度前进,其中一人高大,一人矮小。哪一个跑步者撞上小朋友后造成的伤害大?毋庸置疑,肯定是高大威猛的那一位。为什么?在速度相同的情况下,质量越大,具有的动量就越大,所具有的破坏性就越大。如果两位跑步者身高体重相当,一位跑得快,一位跑得慢,哪一位对小朋友造成的伤害大?当然是跑得快的那一位。为什么?在质量相同的情况下,速度越快,具有的动量就越大,破坏性自然也就越大。

在撞击的瞬间,物体所具有的动量越大,破坏能力就越大。如果一物体撞击人体,动量大到一定程度,后果就无法挽回。2012 年 5 月 29 日,杭州一大巴车司机驾车行驶在高速公路最内侧车道上。正常行驶的途中,突然隔离带对面的车道上飞来一物块,砸破大巴车的前挡风玻璃,击中了司机的腹部。司机受伤后,痛苦不堪,但是在危难关头,安全转移了大巴车上的几十名乘客。不幸的是,司机经抢救无效死亡。来估算一下物块的动量,是多大的动量带走了司机鲜活的生命。物块是一货车上脱落的铁块,质量大约为1 kg。高速公路最左侧车道的时速大约为100 km/h,大巴车行驶在最左侧车道,所以时速约为100 km/h。物块从对向车道(最左侧车道)飞来,时速也约为100 km/h。相对大巴车而言,飞来物块的速度约为200 km/h。所以,飞来物块的动量

$$\begin{aligned} \boldsymbol{P} &= m\boldsymbol{v} \\ &= 1\ \text{kg} \cdot 200\ \text{km/h} \\ &= 200\ \text{kg} \cdot \text{km/h} \\ &= 55.56\ \text{kg} \cdot \text{m/s} \end{aligned} \tag{3-3}$$

55.56 kg · m/s 的动量,看似不大,却能够带走鲜活的生命,让人肃然生畏。人类只有充分了解自然规律,才能够更好地保护自己。

二、是谁改变平动惯性

无论是速度发生变化还是质量发生变化,动量都随之变化。一般情况下,一个物体在平动过程中,如果本身质量不发生变化,那么它所具有的动量大小由速度决定。那么什么原因会改变物体的动量呢?那就是冲量。一个作用力 F 施加在物体上,作用了 Δt 时间,力与其作用时间的乘积 $\boldsymbol{F}\Delta t$ 就是冲量。力对物体的冲量,使物体的动量发生变化,而且冲量等于物体动量的变化量。

$$\boldsymbol{F}\Delta \text{t} = \boldsymbol{P}_2 - \boldsymbol{P}_1 = \Delta \boldsymbol{P} \tag{3-4}$$

上式即动量定理,其中 $\boldsymbol{P}_1$ 和 $\boldsymbol{P}_2$ 分别是力作用前后的动量,$\Delta\boldsymbol{P}$ 是动量的改变量。动量是一个状态量,冲量是一个过程量。冲量是力对时间的积累效应,是改变物体机械运动状态的原因。

建筑工地的塔吊在工作时,必须缓慢平稳地起吊货物。迅速升降货物是非常危险的事情。因为吊起货物时,钢丝对货物施加一个向上的拉力,当然拉力是随着时间变化的。如果拉力的作用时间短,瞬间的拉力必然大;作用时间长,瞬间拉力就小。而过大的拉力会破坏绳索,使绳索断裂,发生危险。读者可以利用普通的线绳和重物来模拟这个实验。将重物用线绳系住。缓慢地拉起线绳,可以平稳地将重物拉起;如果迅速拉动线绳,则会把线绳拉断。所以日常生活中,当我们提重物时,一定要注意轻拿轻放。一方面,可以保护物品不受损伤,另一方面,保护我们的身体不受过激力量的冲击。

图3-5 建筑工地的塔吊

跳高时,在杆下都要铺上厚厚的垫子,想必大家都

知道为什么。保护运动员的身体,减缓运动员落地时的冲击力,使运动员落地时的不会疼痛。从物理上来讲,因为垫子是软的,可以发生明显的形变,当运动员落在垫子上之后,垫子对运动员身体的冲击力作用时间长,所以冲击力就小了,因此运动员不会感觉疼痛。

图 3-6　攀岩运动

图 3-7　蹦极运动

人类乐于尝试各种极限活动,如挑战山高人为峰的攀岩运动,亲历自由落体式的蹦极运动。在这些极限活动中,救命的绳索是无比重要的。从物理学的角度考虑,这些绳索必须足够强韧结实,它不仅仅要承受人体的自重,它的承受能力必须是这些物体重量的几十倍甚至上百倍,才足够安全,才能够在危险时刻化险为夷。绳索所必须具备的最大承载能力可以通过动量定理来估算,有兴趣的同学可以自己算一算。

小贴士:动量守恒

如果一个系统不受外力作用或者所受外力的矢量和为零,那么这个系统的动量保持不变,这就是动量守恒定律。动量守恒定律是最早被发现的一条守恒定理。笛卡尔为动量守恒定律的发现做出了重要贡献。十六、十七世纪时,欧洲的哲学家通过对宇宙中天体运动的观察发现,宇宙的运动没有减少的迹象,因此他们认为只要能够找到一个合适的物理量来量度运动,就会看到运动的总量是不变的。那么这个合适的物理量究竟是什么呢?法国哲学家笛卡尔提出质量和速率的乘积应该是一个合适的物理量。但是很快,人们发现这样定义的物理量并不守恒。后来,科学巨匠牛顿在笛卡尔的基础上稍作修改,用质量和速度的乘积来定义这个量,牛顿称之为“运动量”,很快就发现“运动量”确实是寻找已久的那个合适的物理量。牛顿定义的“运动量”就是我们现在非常熟悉的动量。动量守恒定律、角动量守恒定律以及能量守恒定律是自然界中最重要最普遍的三大守恒定律,它们既适用于宏观物体,又适用于微观物体;既适用于低速运动的物体,又适用于高速运动的物体。

第三节 转动物体的脾气

一、转动惯性:维持星球轨道运行的隐形之手

浩瀚的宇宙常常使我们人类惊叹造物主的伟大和神奇,巨大的星球在宇宙中也只不过是沧海之一粟。每一颗星球都按照既定的轨道运转,是什么力量让这些质量庞大到我们难以想象的星球在空旷的宇宙中自如地运行?正是转动惯性。转动的物体也有维持原来转动状态不发生变化的特性,称之为转动惯性。比如,旋转着的电风扇,如果突然切断电源,扇叶并不会立刻停止下来,而是继续转动,在摩擦力的作用下持续减速直到停止下来。摩擦力越小,转动维持的时间就越长。设想,如果没有摩擦力,扇叶将会一直旋转下去。儿童喜欢玩的陀螺,在旋转起来之后,即使不用鞭子抽动,它也会稳定地旋转。而且地面越光滑,旋转的时间就越长。试想,如果地面无限光滑,陀螺将会一直旋转下去。这些都说明转动的物体在不受外界影响的情况下,会继续按照原来的方式转动下去。巨大的星球正是这样,它们自转的同时还在公转。在浩渺的宇宙中,它们可以不受摩擦力、阻力等的影响,所以无论是它们的自转状态还是公转状态都不会发生变化,自转和公转都将持续下去。

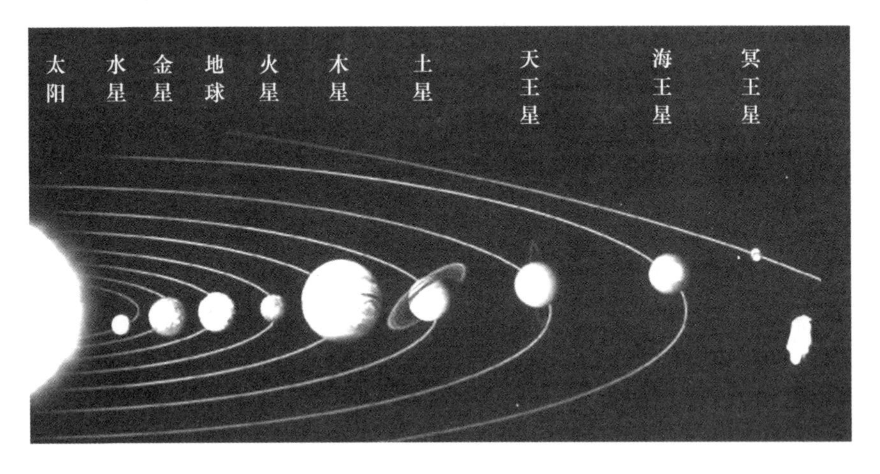

图 3-8 太阳系的星球及其轨道

理解转动惯性,可以和平动惯性相类比。平动物体所具有的惯性由动量来描述,动量 $\boldsymbol{P}$ 定义为物体的质量 m 和运动速度 $\boldsymbol{v}$ 的乘积。那么转动的物体所具有的惯性由什么物理量来描述呢?这个物理量能够和动量进行对比吗?角动量正是用来描述转动惯性大小的。角动量 $\boldsymbol{L}$ 的定义如下:

$$\boldsymbol{L} = J\boldsymbol{\omega} \tag{3-5}$$

其中，J 为转动惯量，可以和质量 m 进行对比；$\boldsymbol{\omega}$ 为转动角速度，可以和速度 $\boldsymbol{v}$ 进行对比；角动量 $\boldsymbol{L}$ 可以和动量 $\boldsymbol{P}$ 进行对比。表 3-1 列出了物理量之间的对比关系，有助于我们理解和记忆。

表 3-1　平动运动与转动运动的对比

平动运动	转动运动
质量 m	转动惯量 J
速度 $\boldsymbol{v}$	角速度 $\boldsymbol{\omega}$
动量 $\boldsymbol{P}$	角动量 $\boldsymbol{L}$
$\boldsymbol{P}=m\boldsymbol{v}$	$\boldsymbol{L}=J\boldsymbol{\omega}$

物体转动得慢，角速度 ω 就小；转动得快，角速度 ω 就大。想象一个巨大的陀螺，当陀螺转动得越快，它的惯性就越大。就好像平动的物体运动得越快，惯性就越大一样。那么除了转动速度之外，还有哪些因素决定了转动惯性的大小？而这所有的因素共同效果应该都归集在转动惯量 J 之中。我们会自然地想到，质量大的陀螺和质量小的陀螺相比较，质量大的那一个具有更大的惯性。其次，由于转动的物体围绕着转轴转动，如果转轴位置不同，转动情况就不同，惯性也就不一样。最后，即使转轴相同，如果质量的分布不同，情况也会不同，惯性自然也不同。比如，两个大小和质量都相同的球体，它们围绕球心的转轴转动，假如两球的转动速度相同，但是一个是空心球，一个是实心球，那么它们的惯性也是不同的。总结起来，转动惯量与物体的质量、转轴位置和质量相对于转轴的分布相关。

转动惯量 J 的定义如下：

$$J = \sum_i \Delta m_i r_i^2 \tag{3 - 6}$$

其中 Δm_i 为第 i 个质量元，r_i 为质量元到转轴的距离，求和遍历转动物体内所有的质量元。从转动惯量的定义式可以明显地认识到，质量越大的物体，转动惯量越大；质量分布离转轴越远，转动惯量越大。

小贴士：转动惯量

炎炎夏日里风扇的转动送来阵阵清风，城市广场中飞速旋转的陀螺带来片片欢笑，千百年来孜孜不倦的地球在轨道上夜以继日地旋转。风扇、陀螺和地球，看似完全不同的事物被共同的物理内涵联系在一起。它们都在做转动运动。在转动过程中，它们都可以被视作刚体。刚体是物理学中为了研究转动问题而引入的一个理想模型。简单说，如果一个物体的大小和形状在转动过程中始终保持不变，这样的物体就是刚体。所以上述风扇、陀螺和地球都是刚体。对于刚体，用转动惯量 J 来表征转动过程中的惯性。如同用质量来表征平动物体的惯性一样。那么同一个刚体的转动惯量是否是固定不变的,就像同一个物体的质量是不会变化的一样?看看下面的例子:一根普通的细棒,棒的质量为 m,棒的长度为 l,棒的横截面直径忽略不计。

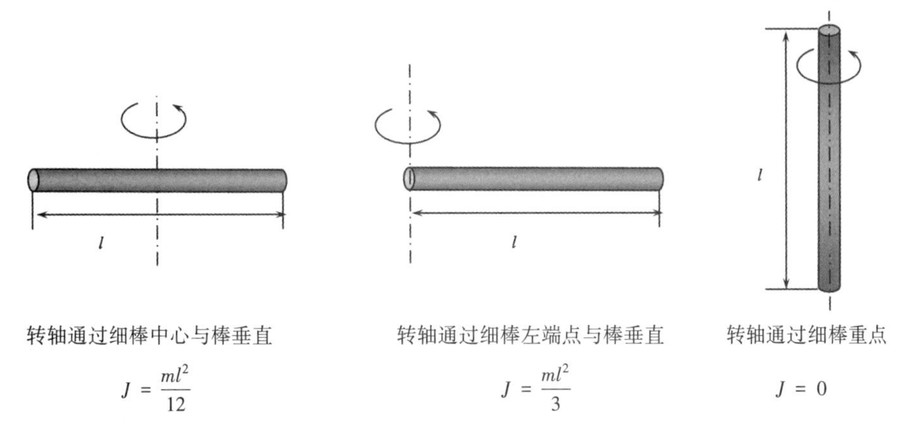

图 3-9 细棒绕不同转轴转动时的转动惯量

当细棒绕着不同的转轴转动时,它具有不同的转动惯量 J。看来即使是同一个物体,它的转动惯量也不是一成不变的。转动惯量 J 不仅和物体的质量有关,还和转轴的位置有关,同时与物体质量相对转轴的分布有关。这就是转动问题和平动问题的不同之处。

如图 3-10 所示,一个人绕着图示转轴转动,在姿态(a)下,旋转者伸展双手,在姿态(b)下,紧抱双手。在哪种情况下转动惯量大?定性分析便知,旋转者的质量始终是不变的,转轴的位置也没有发生变化,变化的只是他的姿态。姿态的变化使得质量相对转轴的分布发生了变化。在双手伸展的姿态下,手臂的质量距离转轴远,在双手紧抱的姿态下,手臂的质量距离转轴近,而质量越是远离转轴,转动惯量就越大,所以姿态(a)的转动惯量 J_a 大,姿态(b)的转动惯量 J_b 小,$J_a>J_b$。

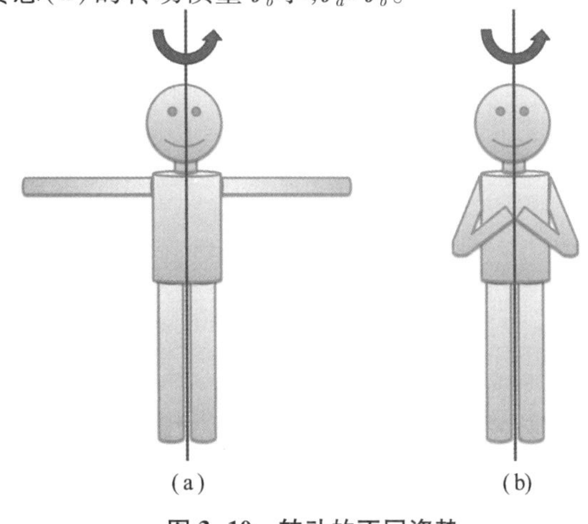

图 3-10 转动的不同姿势

二、大转盘

我们来做一个有趣的大转盘实验，转盘实物如图 3-11 所示。按照图 3-12 所示的方式，实验者双手握一对哑铃，站在大转盘上。一开始实验者伸展双臂，如图(a)所示，在他人的帮助下，慢慢转动起来，待转动匀速稳定之后，帮助者撤离。实验者慢慢收拢双臂，直到双手紧贴胸前，如图(b)所示。若无法收拢到胸前，实验者可做适量调整，收拢双臂到自己能够控制的程度。实验者反复伸展收拢双臂两至三次，在变化姿态的过程中，感受旋转速度的变化。比较，是双手伸展的姿态(a)的情况下转动得快，还是双手紧抱的姿态(b)转动得快？如果没有专门的器材，可以利用公园、小区内的健身器材的转盘来做。在实验过程中，一定要保持身体平稳，防止跌落。

图 3-11　大转盘

实验者可以非常明显地感受到，当双臂张开时，旋转的速度慢；当逐渐收拢双臂时，旋转得越来越快；当再次打开双臂，旋转速度又慢下来；再次收拢时，旋转速度又加快。

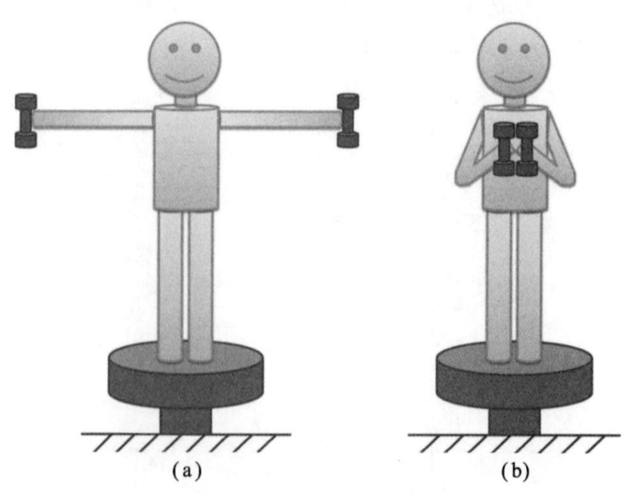

图 3-12　大转盘实验

为什么会这样呢？让我们做一个简单的估算，看看其中的道理。为了让问题简单，我们不妨假设转盘在转动过程中没有摩擦阻力，站在转盘上的实验者也不受空气阻力的影响，即将转动过程看成理想的情况。那么这时候，由转盘、人和哑铃组成的系统不受外界干扰，因此系统的角动量 L 是守恒的，即

$$L = \text{恒量}$$
$$J_a\omega_a = J_b\omega_b \tag{3-7}$$

其中 J_a 和 J_b 分别是姿态 a 和姿态 b 情况下的转动惯量；ω_a 和 ω_b 分别是姿态 a 和姿态 b 情况下的转动速度。首先，来估算一下 J_a 和 J_b。假设实验者体重 50 kg，身高1.6 m。单个哑铃质量为 4 磅，即 1.8 kg。人的手臂质量约为 2 kg。人的头部、脖子、身体和腿部可以简单看成左右两部分，质量各为 23 kg。左（右）侧身体的重心距离转轴约为 10 cm。当双臂打开时，双臂伸展时的宽度约和身高相当，即 1.6 m。因此，双臂伸展时，哑铃距转轴的距离约为 0.8 m，左（右）臂重心距转轴之间的距离约为 0.4 m。所以

$$\begin{aligned}
J_a &= \sum_i \Delta m_i r_i^2 \\
&= m_{\text{左侧身体}} r^2_{\text{左侧身体}} + m_{\text{右侧身体}} r^2_{\text{右侧身体}} + m_{\text{左臂}} r^2_{\text{左臂}} + m_{\text{右臂}} r^2_{\text{右臂}} + m_{\text{左哑铃}} r^2_{\text{左哑铃}} + m_{\text{右哑铃}} r^2_{\text{右哑铃}} \\
&= 23 \cdot 0.1^2 + 23 \cdot 0.1^2 + 2 \cdot 0.4^2 + 2 \cdot 0.4^2 + 1.8 \cdot 0.8^2 + 1.8 \cdot 0.8^2 \\
&= 3.404 \ \text{kg} \cdot \text{m}^2
\end{aligned} \tag{3-8}$$

当双臂抱拢时，和双臂伸展时的不同在于双臂的位置和哑铃的位置。此时，双臂紧贴胸前，双臂的重心距转轴的距离约为 10 cm，而哑铃几乎靠近转轴，可近似认为哑铃距转轴的距离为零，那么此时的转动惯量约为

$$\begin{aligned}
J_b &= \sum_i \Delta m_i r_i^2 \\
&= m_{\text{左侧身体}} r^2_{\text{左侧身体}} + m_{\text{右侧身体}} r^2_{\text{右侧身体}} + m_{\text{左臂}} r^2_{\text{左臂}} + m_{\text{右臂}} r^2_{\text{右臂}} + m_{\text{左哑铃}} r^2_{\text{左哑铃}} + m_{\text{右哑铃}} r^2_{\text{右哑铃}} \\
&= 23 \cdot 0.1^2 + 23 \cdot 0.1^2 + 2 \cdot 0.1^2 + 2 \cdot 0.1^2 + 1.8 \cdot 0^2 + 1.8 \cdot 0^2 \\
&= 0.5 \ \text{kg} \cdot \text{m}^2
\end{aligned} \tag{3-9}$$

通过粗略的计算，我们发现 $J_a > J_b$，J_a 约为 J_b 的 6.8 倍。根据公式(3-7)，那么转动速度 $\omega_b > \omega_a$，ω_b 约为 ω_a 的 6.8 倍。这就定量地说明了为什么在双手紧抱时的转动远比双手展开时快。

总结一下，当我们的身体舒展开来，转动惯量就大，转得就慢；当我们的身体蜷缩在一起，转动惯量就小，转得就快。因此，如果我们想转得快，就得把身体紧紧抱拢；反之，如果我们想停下来，就得把身体打开。

三、冰上旋转和空中旋转

花样滑冰和跳水是人们喜爱观看的体育项目，它们给人类带来美的感受和技巧的

震撼。无论是滑冰还是跳水,都讲究动作的难度和美观,旋转翻腾是这两项体育项目中不可或缺的因素,不仅能够提高整体动作的水平和难度,同时还可以造成视觉上的强烈冲击,博得观众和裁判的认可。

让我们用物理学的眼光来重新欣赏一下运动员的精彩表演。图 3-13 给出了花样滑冰选手的照片。图(a)和(b)有什么差别呢?在(a)图中,选手要么双臂紧抱,双腿收拢,要么单脚站立,手臂和另一条腿最大限度地聚拢在一起。显然(a)图中的选手身体尽可能地收紧,同时收紧的身体和转轴在同一直线上,因此这种姿态下,选手的转动惯量达到了人体能够做到的极小值,所以这种姿态有利于高速旋转,这正是选手要在冰面上快速旋转所采用的姿势。选手们也许并不知道何为转动惯量,何为角动量,何为角动量守恒,但是她们却能够将物理的原理在竞技比赛中运用得淋漓尽致。图(b)中的选手,双手和双腿舒展开来,让人觉得舒适而自然,这时,她们的手臂和腿距离转轴最远,身体的转动惯量达到最大值,因此最不利于旋转。这种姿态往往是选手在冰面上滑行时所采用的姿势。选手如果想从高速旋转的状态减速下来,就必须改变自己的身体姿态,从紧缩的姿态变化成为舒展的姿态,增大了身体的转动惯量,旋转的速度自然就降低下来。

(a) (b)

图 3-13 花样滑冰

无独有偶,跳水运动中,为了提高动作的难度系数,选手和教练都希望在空中尽可能多地翻腾几周,但是受到高度影响,所能翻腾的周数受到限制。在有限的高度和时间内,如何增加翻腾的周数呢?看看图 3-14 中选手的姿态,立刻就能明白其中的奥秘。

图 3-14(a)中的选手,紧抱双腿,将身体尽可能地缩成一团,此时,身体各部分都紧密围绕在转轴旁,转动惯量达到最小值,因此旋转速度最快。这种姿势有利于增加选手在空中翻腾的周数。入水时,为了减小水花,选手需要足够的时间来完成入水动作,同时压制水花溅起。因此,入水时,选手需要打开身体,如图 3-14(b)所示。改变了姿态

就改变了身体的转动惯量。此时由于手臂和腿距转轴距离增大，所以转动惯量增加。因此旋转的速度降低了，运动员便有足够的时间入水并控制水花。图3-14(b)显示选手在入水之前，身体完全拉伸开来，笔直入水。

(a)

(b)

图3-14　跳水运动

由此看来，深奥的物理原理不只是藏在书本中，它在生活中处处显露，只要我们用心发现，总能慧眼识珠。本节所涉及的关于转动、惯性和角动量守恒的知识在体育运动项目中有非常实用的参考价值和现实的指导意义。

四、是谁改变转动惯性

第二节中谈到，外力作用于平动物体上一段时间可改变平动物体的动量，即施加于物体上的外力可以改变平动物体的惯性。对于转动的物体，怎样才能改变它的角动量，即改变它的转动惯性呢？首先需要有外力 F 的作用，同时外力到转轴之间有一定距离

（力臂 r），即存在外力矩 $M(M=F\cdot r)$ 作用于转动物体之上，这时转动物体的角动量 L 就会发生变化。外力矩对时间的积累等于角动量的改变量，即

$$\int_{t_1}^{t_2} M\mathrm{d}t = L_2 - L_1 \tag{3-10}$$

此即角动量定理。L_1 和 L_2 分别为变化前后的角动量。t 是时间。

如自行车轮，怎样才能让它由静止状态开始旋转呢？在车轮的外沿沿着切线方向施加一个作用力，形成动力矩便可让车轮旋转起来。为什么车轮转动一段时间会停止下来呢？因为路面与车胎之间的摩擦力形成了阻力矩，在阻力矩的作用下，车轮转动得越来越慢。所以外力矩是改变转动物体惯性的原因。

【本章小结】

本章讨论了惯性。惯性指物体维持原有状态不变的性质。惯性可细分为静止惯性、平动惯性和转动惯性。静止物体所具有的惯性称为静止惯性。静止惯性在参考系做加速运动时方能显露。平动物体所具有的惯性称为平动惯性。平动惯性的大小由动量来描述。外力是改变动量的原因。转动物体所具有的惯性称为转动惯性。转动惯性的大小由角动量来描述。外力矩是改变角动量的原因。如果平动物体不受外力的作用，或者外力的合力为零，那么平动物体的动量将守恒。如果转动物体不受外力矩的作用，或者合外力矩为零，那么转动物体的角动量将守恒。

【大事年纪】

1618 年　开普勒在《哥白尼天文学概要》里，最先提出“惯性”这一术语。

1631 年　在《关于太阳黑子的书信》中，伽利略对惯性提出了这样的认识：“除非有外力作用，圆周路径上的物体将永远沿着该路径以恒定速度持续运动。”

1632 年　伽利略在《关于托勒密和哥白尼两大世界体系的对话》中提出惯性原理，它是作为捍卫日心说的基本论点而提出来的。

1638 年　在《两门新科学的对话》中，伽利略表达了这样的思想：“当一个物体在水平面上运动，没有碰到任何阻碍时……它的运动将是匀速的，并将无限继续进行下去，假如平面是在空间无限延伸的话。”

1687 年　艾萨克·牛顿在巨著《自然哲学的数学原理》中提出惯性定律，即牛顿第一运动定律，这也正是被现代社会普遍认知的惯性原理。

1905 年　阿尔伯特·爱因斯坦在论文《论动体的电动力学》里提出狭义相对论，该理论是建立在伽利略和牛顿研究出来的惯性与惯性参考系的基础上的。相对论中惯性与能量的关系是对于惯性认识的一个重要进展。

【拓展阅读】

角动量守恒

什么是角动量守恒呢？对于一个单一的质点而言，简单说就是，如果作用在质点上的外力对某给定点的力矩为零，那么相对该给定点，单一质点的角动量在运动过程中保持不变，即角动量守恒。角动量守恒定律是自然界中的一条最基本的定律。

图3-15中的舞者，在旋转过程中，受到重力和地面的支撑力，二力均沿着转轴的方向，对转轴上各点的力矩为零。当舞者从抱拢双臂的姿态转变成打开双臂双脚的姿态时，因为时间很短，在这个过程中，暂时可以忽略摩擦力，所以舞者的角动量守恒。由本讲3.3.1的内容可知，抱拢双臂时，舞者的转动惯量小，伸展双臂时，舞者的转动惯量大。所以在角动量守恒的情况下，抱拢双臂时转动得快，伸展双臂时转动得慢。

图3-15 旋转的芭蕾舞者

角动量守恒的例子在生活中随处可见。手持一根长直的刚性细棍，扔向天空，细棍会在空中翻腾，最后掉落在地面。在空中翻腾时，细棒只受到重力的作用（忽略空气阻力），所以相对于重心，重力产生的力矩为零，因此细棒相对重心的角动量是守恒的。一只猫咪从高空跌落时，在空中，猫咪的身体会发生转动，尽管猫咪的姿态不断变化，但是在忽略空气阻力的情况下，猫咪在跌落过程中，相对于重心它的角动量是守恒的。

我们居住的地球在不停地自转，相对于地心，地球自转的角动量是守恒的。如果某一天，地球赤道处发生了火山喷发，试问火山喷发对地球的自转速度会有影响吗？请同学们自己思考分析一下。火山喷发发生在不同的地点，效果一样么？思考这两个极端情况，火山喷发发生在赤道处和南北极点。

图 3-16　火山喷发

由于生产力的发展,人类掌握了建造水坝的技术。图 3-17 是我国的三峡大坝。水坝的建造,提高了上流水位。试问水坝的建造对地球的自转会产生影响么?如果产生影响,这种影响是怎样的?请同学们自己思考分析一下。

图 3-17　三峡大坝

放眼太阳系,八大行星围绕着太阳运行,在公转过程中,它们受到太阳的吸引,即万有引力。万有引力由行星的中心指向太阳的中心,对太阳的力矩为零,因此,在行星公转过程中,对太阳的角动量保持不变,即角动量守恒。行星的公转轨道为椭圆形,在轨道近日点处,行星运行速度快,在远日点处,行星运行速度慢,但是在相同的时间内,失径(太阳与行星的连线)扫过的面积相等。这正是角动量守恒的表现,即开普勒第二定律所述的内容。

当考虑质点系时,若相对于惯性系中某定点,质点系所受的合外力矩为零,那么该质点系相对于该定点的角动量将不随时间变化,即角动量守恒。

若放眼整个宇宙,宇宙中的天体可以认为是质点系,它们彼此孤立存在,且在有心力(万有引力)的支配下运行,所以可以认为是孤立体系。对于这种体系,角动量守恒。星系具有旋转盘状结构,正是角动量守恒的表现。

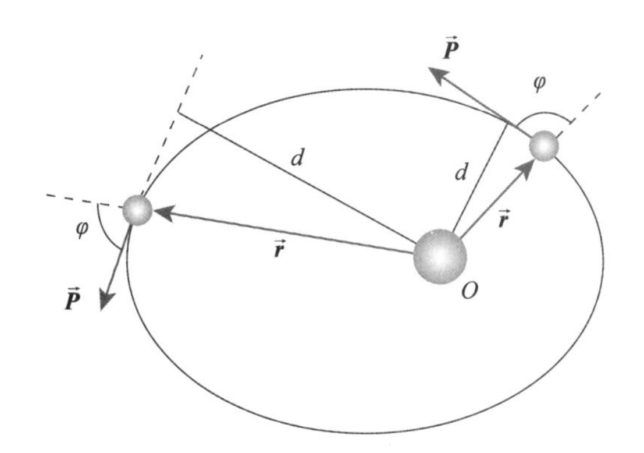

图 3-18　围绕太阳运行的行星

图 3-19　呈旋转盘状结构的星系

由此可见,从小件的物品,到动物个体,到人类自身,再到人类赖以生存和居住的地球,直至庞大的太阳系和宇宙星系,角动量守恒无处不在。所以角动量守恒是自然界普遍存在的一条定律。

【思考与讨论题】

3-1　将10颗象棋子竖直叠摞在一起,要取走最下面的一颗棋子,却不能影响其他9颗棋子,怎样才能办到?

3-2　陀螺仪为什么能够定向?

3-3　以下不能体现角动量守恒的例子是?(　　)。

A. 在光滑的冰面上旋转时,为了旋转得更快,滑冰人员收拢双手,紧缩身体;

B. 月亮围绕地球转动时,近地点运动速度快,远地点运动速度慢;

C. 跳水运动员在入水时为了有足够时间入水同时减小水花,需要将身体伸展开来;

D. 滚铁环时,铁环滚动过一段距离后就停下来了。

3-4 以下不能体现物理学中惯性概念的例子是?(　　)。

A. 小朋友玩扔沙包游戏时,沙包离开手之后会继续往前飞而不会立刻停下来;

B. 人在走路的过程中遇到岔路口,由于惯性很容易选择熟悉的道路继续前进;

C. 坐在摩托车后座上的人在摩托车突然启动时很容易跌落到车下;

D. 人在百米冲刺后很难立刻停下来,需要继续跑动一段距离才能够停下来。

3-5 举一举生活中、体育活动中和艺术表演中角动量守恒的例子。

【分析题】

3-6 在巧抽桌布实验中,试分析得以多大的速度抽动桌布才能保证实验成功。

3-7 火车内的桌子上放置了一杯水。由于火车的运动导致杯内的水发生了变化,如图 3-20 所示。试根据杯内水面的变化分析火车的运动情况。

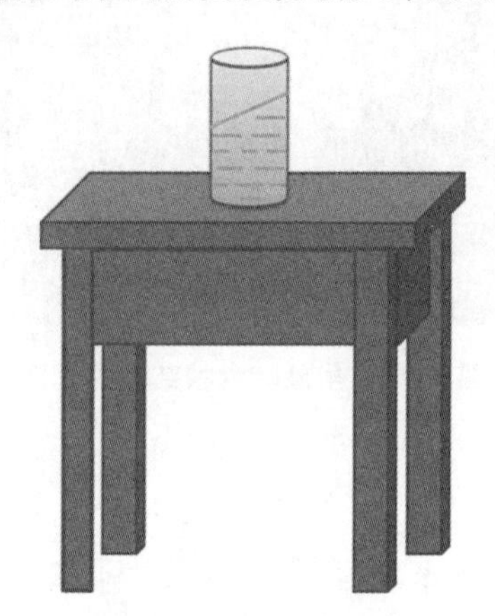

图 3-20　火车车厢中放置于桌面上的水杯内的水

3-8 地球赤道处发生了火山喷发,试分析火山喷发对地球自转速度的影响。若火山喷发发生在北极点,情况又如何?

3-9 估算自己在百米冲刺时候的动量。与第二节中高速公路上飞来铁块的动量比较,谁大谁小?解释为什么两者的杀伤力不同。

3-10 一个乒乓球能否打碎一个大西瓜?需要的条件是什么,分析并估算。

【生活应用题】

3-11 根据惯性,判断区分混装在一起的生鸡蛋和熟鸡蛋,并解释原因。

3-12 用漫画、动画、连环画等艺术形式,绘制某一事件的发生变化过程,要求在事件中能够反映出角动量守恒的物理概念。

3-13 十米跳台运动员在空中翻腾时,需要紧缩身体,才能够翻腾得更快。试分析估算运动员在各种姿态下的转动惯量,并比较各种姿态下的转动速度。估算在10米跳程内,翻腾周数的极限数值。依据物理原理对高难度系数的跳水姿态,提出一些建议。

3-14 观察直升飞机的构造和飞行情况,分析直升飞机能正常飞行时,机身螺旋桨的转速和尾翼螺旋桨转速之比。直升飞机的前行和转弯如何实现?

3-15 分析并估算从百米高空处蹦极时,为了保证参与人员的安全,保护绳索至少得能够承受多少作用力。

第4章　神奇的超导现象

> 实验物理与理论物理密切相关，搞实验没有理论不行，但只停留于理论而不去实验，科学是不会前进的。
>
> ——丁肇中

【学习目标】

1. 了解什么是超导现象。
2. 了解具有超导电性的材料。
3. 建立温区的理性认识。
4. 知道超导磁悬浮的应用。
5. 了解铜氧化合物高温超导体的结构、特点和发展状况。
6. 了解超导体的应用前景。

【教学提示】

1. 熟悉各种温标，有对温度的感知和判断能力。
2. 知道超导的概念和主要特点。
3. 了解超导磁悬浮的原理及其潜在的应用。
4. 体会物理大师在超导理论方面的思维智慧。
5. 了解铜氧化合物高温超导材料。

科幻电影《阿凡达》给人类带来了一场史无前例的3D视觉盛宴，同时也给人们构想了一个亦幻亦真美丽无比的潘多拉世界。在潘多拉世界中，一座座哈利路亚山悬浮在云端，哈利路亚山上爬满了粗壮的藤蔓，容纳着神秘的大鸟，山体的侧壁上悬挂着飞流直下的瀑布。哈利路亚山时常在空中移动，神秘莫测并且绚丽壮观，如图4-1所示。卡梅隆对科幻电影《阿凡达》中神奇的哈利路亚山给出了这样的解释——超导磁悬浮现象。这些山体含有大量的超导矿石，在神秘母树区域的强大磁场作用下，这些超导矿山得以悬浮在空中。

当然，要实现哈利路亚山这么庞大而又壮观的悬浮场景，就意味着山体内必须含有大量的超导材料，同时这些超导矿石还必须是室温超导体，母树区域的磁场也得足够强大。《阿凡达》里的潘多拉星球看起来和地球环境温度差不多，当然大气的成分是不同的。地球上已知的超导体都因为临界温度太低而难以大规模应用，所以人类才跑到外星球疯狂地掠夺室温超导矿石而不顾破坏那威人的生存环境，当然这一切都只是科幻。

图 4-1　电影《阿凡达》中潘多拉世界的哈利路亚悬浮山

实际上，在地球这样一个现实世界中，悬浮现象比比皆是，可以通过各种力的平衡方法来实现。如飞翔在天空的鸟类、风筝和飞机等，它们通过气流产生的升力与自身的重力相平衡而飞翔在空中；畅游在水中的鱼虾和潜水器，利用排开液体所产生的浮力与自身重力相平衡而自如地在水中悬浮；火箭推进器向下喷出气体也可以悬浮在空中；处于超导态的超导体由于具有完全抗磁性，可以把小磁铁悬浮起来；超声波是一种纵波，可以将微小的液滴悬浮在空中。所以人类可以利用气、液、声、磁、电磁等外界作用力抵御物体的重力，从而实现悬浮现象。科幻电影《阿凡达》选择了超导磁悬浮的科技概念，构造了神秘的潘多拉世界，说明如同潘多拉星球一样，超导磁悬浮在人们的脑海中也是如此的神奇。

第一节　消失的电阻和神秘的超导磁悬浮

一、简言超导现象

根据物体的导电性能，可将物体分为三类：导体、半导体和绝缘体。导体的导电性能最好，能够允许电流流过。但是，电流在导体中流动，或者说载流子在导体中定向运动，并非畅通无阻，晶格对载流子的散射形成了电阻。所以，即使采用导电性能非常优良的金银铜等金属制成的导线,也不可避免能量的消耗和电路的损耗。

那么什么是超导呢?所谓超导简单笼统地说就是同时具有零电阻特性和完全抗磁性的状态。

二、消失的电阻——超导的零电阻特性

1911 年,荷兰物理学家昂纳斯(Onnes)发现在4.2 K 的低温下(相当于零下268.95 ℃。若用 t 表示摄氏温标,T 表示开尔文温标,那么 $t=T-273.15$),汞的电阻突然消失。这一伟大的发现开辟了超导物理学。超导现象的发现离不开低温技术的发展。1908 年,昂纳斯首次将最难液化的气体——氦气成功液化,获得了 4 K 的低温,再通过减压蒸发又获得了 1 K 的低温。1911 年,当昂纳斯测量金属汞在低温下的电阻时,惊奇地发现当温度降低到 4.2 K 时,汞金属的电阻降到了仪器可测量的精度之下,如图 4-3 所示。电阻突然降为零,表明水银进入了一种以零电阻为特征的新物态,称为超导态。具有超导电性的材料称为超导体。昂纳斯由于"对低温下物质性质的研究,并使氦气液化"方面的成就,获 1913 年诺贝尔物理学奖。

如何证实超导态下的超导体的电阻为零?超导环中的永久电流实验是证明电阻完全消失的最灵敏实验。当超导体进入超导态时,利用电磁感应方法在超导体内产生一超导电流 i。此电流一经产生,就持续流动,在相当长时间内观测不到任何减弱。实验证明,这种电流的特征衰减时间下限约为 10^5年,而事实上,在绝大多数情况下,在小于 10^{10}年内,我们绝对观察不到这种电流的任何变化。因此,完全导电性是超导电性的标志之一。

小贴士:卡麦林·昂纳斯

昂纳斯(H. Kamerlingh Onnes,1853—1926),荷兰物理学家,超导发现之父。1853 年 9 月 21 日出生于格罗宁根,1926 年 2 月 21 日卒于莱顿。

图 4-2　昂纳斯

1882 年,29 岁的昂纳斯开始担任莱顿大学的实验物理和气象学教授,他在莱顿大学建了一个低温实验室,并在低温世界里做出了重大而卓越的贡献,从而使莱顿大学成为世界著名的低温研究中心。

物质在超低温的情况下会呈现出与常温截然不同的特点,比如,鸡蛋在液体空气中会发出荧光,红提等水果在液氦中浸泡后会变得异常脆,水银被冻得像一根大头针,一些材料会发生超导现象。所以低温世界是与我们熟悉的常温世界截然不同的,充满了奇妙的现象和无穷的乐趣。

当时,科学家已经成功地将除过氦气之外的其他气体

全部液化了。怎样才能将最后一种气体氦气液化呢？这成为昂纳斯感兴趣的研究课题，他希望创造一个前所未有的超低温世界。这个超低温世界的创造是一个漫长而艰辛的过程，昂纳斯最终于 1908 年成功将氦气液化，并获得了 -269 ℃ 的超低温。昂纳斯在他的冰雪世界里不断奋斗，1911 年又发现水银、铅和锡的超导现象，开辟了超导物理学新领域。由于他在低温物理和超导物理方面的卓越贡献获得了 1913 年的诺贝尔物理学奖。

昂纳斯是物理学界的幸运儿，从发现超导电性到获得诺贝尔物理学奖仅用了两年时间，即使从成功液化氦气算起，到获得诺奖也不过五年时间。昂纳斯是幸运的，因为发现超导现象具有非常大的偶然性。假如昂纳斯选用其他材料作为研究对象（很多元素不具有超导电性，有些元素的超导转变温度在 1 K 以下），而没有选用金属汞的话，他有可能发现不了零电阻现象，超导物理的历史将会是另外一番模样。但是另外一方面，昂纳斯发现超导现象又具有必然性的一面。因为他是第一个将人们认为的永恒气体"氦气"液化的人，他掌握了当时世界上最领先的低温技术，能够实现当时世界上人为控制的最低温度，因此他是最有可能在这个领域内实现突破的人。所以，从这里我们可以看到，偶然性和必然性往往是交织在一起的，没有分界线，没有绝对的必然，也没有绝对的偶然。遇上机遇固然重要，但是有眼力看清机遇，有能力抓住机遇，有实力实现机遇更加重要。

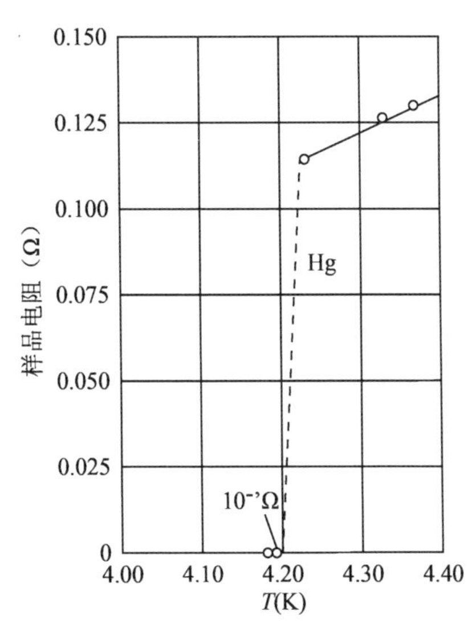

图 4-3　昂纳斯观测到的 Hg 的电阻随着温度的变化而变化

图 4-3 中，温度 T=4.2 K 时，汞的电阻发生了跃变，从有限数值跃变为零，我们称电阻跃变为零所对应的温度为超导临界温度，或称超导转变温度，记作 T_C。我们也可以这样简单定义超导转变温度：某些元素和化合物在特定的温度下电阻突然消失，我们称电阻突然消失时的温度为临界温度。

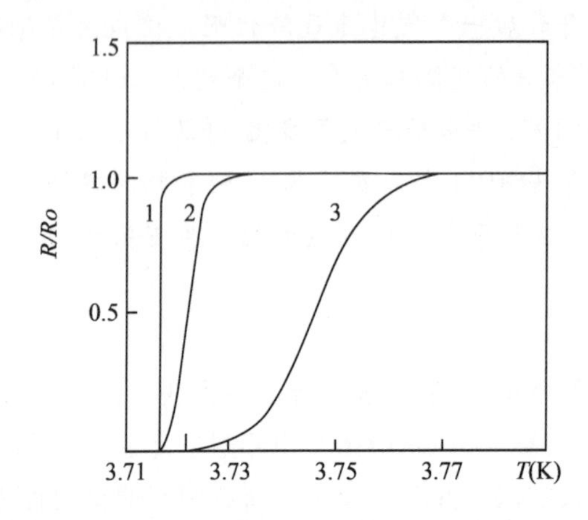

图 4-4　超导转变温度的宽度随样品性质不同而不同。曲线 1,2,3 分别代表纯锡单晶，纯锡多晶和不纯的锡多晶的情况

图 4-4 给出了纯锡单晶、纯锡多晶和不纯的锡多晶的电阻随着温度的变化而发生的变化。显然，即使是同一种元素，但是结晶不同时，在由正常态转变为超导态时的情况也完全不同。不纯的锡多晶在转变时，超导转变温度的宽度显著大于纯锡单晶和纯锡多晶。对于这种情况，超导转变温度可以这样定义：正常态到超导态的转变，即电阻下降到零的过程是在有限的温度间隔内完成的，如果转变之前样品的电阻为 R_n，那么我们将样品电阻下降至 $R_n/2$ 时的温度定义为 T_C。

超导现象被发现后，科学家们就开始寻找自然界中可能具有超导电性的材料，首先进入人们脑海的当然就是元素周期表当中的所有元素。图 4-5 显示了元素周期表当中的超导元素。在研究超导的历史上，人们曾经试图通过超导元素在元素周期表中的位置分布规律来寻找超导材料。但是后来人们发现，超导元素在周期表当中的分布是没有规律的，这给寻找新的超导材料带来了不小的麻烦。后来人们还发现，越是导电性能良好的导体，反倒不具有超导电性，如金、银、铜和铁等至今未发现超导电性。具有磁性的铁磁材料也不具有超导电性。这和人们的想法恰恰相反，导电性能越好，电阻越接近零的材料，其电阻越难到达零。人们感叹："距离越近，越不可及。"从哲学的角度来看，这一现象也是极具启发性的。

表 4-1 列出了 26 种常压下的超导元素的临界温度，可以看出，元素的超导转变温度都非常低，最高的铌元素的 T_C 为 9.26 K，相当于-263.89 ℃，这正是妨碍超导大规模应用的最大瓶颈。有些元素在常压下不具有超导电性，但是当施加一定的高压时，可以转变为超导态。表 4-2 列出了 13 种高压下的超导元素及其临界温度。Bi 元素在 80 kbar(1 bar = 10^5 Pa)的压强下超导转变温度 T_C 可达 8.3 K，即-264.85 ℃。一些常压下的超导材料在加压之后也可以转变成为超导态，如表 4-3 所列，施加高压大部分情况下可以提高元素的超导临界转变温度，但有时候效果却恰恰相反，如铅元素 Pb 在

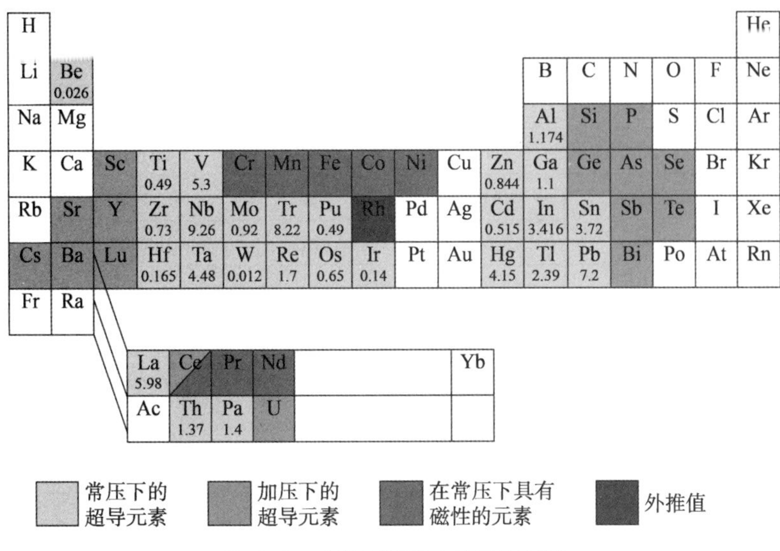

图 4-5　元素周期表中的超导元素

160 kbar 的高压下，T_C反而降到 3.55 K。表 4-4 列出了一些合金材料的超导临界转变温度，可以看出，和单一元素相比，合金材料的临界转变温度有了大幅度的提高。截至 1986 年，人们寻找到的具有最高超导临界转变温度的材料是铌三锗 Nb_3Ge，其 T_C 为 23.2 K（该记录为 1973 年所创，保持了 13 年）。

表 4-1　26 种超导元素的临界温度

元素	T_C（K）	元素	T_C（K）
W	0.012	Th	1.37
Be	0.026	Pa	1.4
Ir	0.14	Re	1.7
Hf	0.165	Tl	2.39
Ti	0.49	In	3.416
Ru	0.49	Sn	3.72
Cd	0.515	Hg	4.15
Os	0.65	Ta	4.48
Zr	0.73	V	5.3
Zn	0.844	La	5.98
Mo	0.92	Pb	7.201
Ga	1.1	Tc	8.22
Al	1.174	Nb	9.26

表 4-2　13 种高压下的超导元素及其临界温度

元素	压强(kbar)	T_C (K)	元素	压强(kbar)	T_C (K)
Cs	75	1.6	As	100	0.2
Ba	55	1.3		130	0.5
	96	3.1	Sb	85	3.6
	100	5	Bi	25	3.91
Y	150	2.5		27	7.1
Ce	50	1.7		80	8.3
Si	120	7.1	Sc	130	6.8
Ge	120	5.4	Te	56	3.3
P	170	5.8	Lu	100	0.5
	200	5.4			

表 4-3　超导元素的高压相及其相应的临界转变温度

元素	压强(kbar)	T_C (K)
La	150	12
Zr	50-60	1.1
Th	35	1.45
Ga	35	6.4
Tl	45	3.3
Sn	113	5.3
Pb	160	3.55

从 1911 年发现超导现象开始，人类经过不断的探索，到 1986 年止，已经发现或制造出上千种超导材料，但是超导临界转变温度仅从汞 Hg 的 4.2 K 提高到了铌三锗 Nb_3Ge的 23.2 K，如图 4-6 所示。可以说，虽然人们付出了巨大的努力，但是超导临界转变温度的提升却进展缓慢。平均来算，T_C 每年提高约 0.253K：

$$\Delta T_C = \frac{23.2 - 4.2}{1986 - 1911} = 0.253(\mathrm{K/year})$$

这个极其缓慢的进展速度无法令人满意。要实现超导态的转变需要进入液氦温区，必须使用昂贵的液氦才能实现，所以在相当一段时间内，人们对超导的实际应用失去了信心。因此不难理解，当 1986 年，铜氧化物超导体被发现后，T_C 在短短的时间内猛然上升到 90 K，进入液氮温区时，全世界为之兴奋的激动场景。

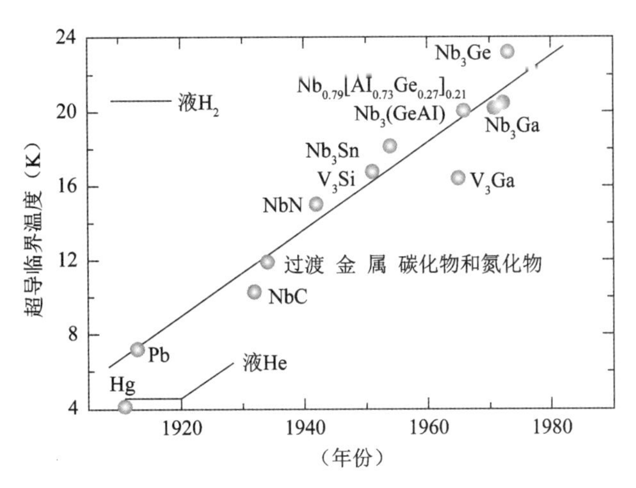

图 4-6　提高超导临界温度的进展

表 4-4　一些合金材料的超导临界转变温度

超导材料	T_C（K）	超导材料	T_C（K）
Nb_3Ge	23.2	NbN	16.1
$(Nb_3Al)_4Nb_3Ge$	20.05	$Mo_{0.95}Hf_{0.05}C_{0.75}$	14.2
Nb_3Sn	18.0	$Mo_{0.57}Re_{0.43}$	14.0
$NbN_{0.72}C_{0.28}$	17.9	$Mo_{0.56}C_{0.44}$	13.0
Nb_3Al	17.5	Nb_3Au	11.5
V_3Si	17.1	$Nb_3Au_{0.95}Rh_{0.05}$	11.0
V_3Ga	16.5	$Mo_{0.61}Ru_{0.39}$	7.2

简单总结一下，零电阻现象就是当温度 $T \leqslant T_C$ 时，超导体电阻率为零的现象，是超导的特性之一。

三、超导磁悬浮世界——迈斯纳(Meissner)效应

超导的第二个特性是迈斯纳效应，或者说完全抗磁性。1933 年，物理学家迈斯纳(Msissner)和奥森菲尔德(Ochsenfeld)共同发现了超导体的另一个极为重要的性质，即当材料处在超导状态时，这一超导体内的磁感应强度为 0，磁场无法进入超导体中。如果材料处在正常态时，磁场可以进入其中，当温度降低到 T_C 以下时，转变为超导态的超导体就会把原来存在于体内的磁场完全排挤出去，如图 4-7 所示。这种超导体内磁感应强度为 0 的现象被称为迈斯纳效应，即完全抗磁性。

迈斯纳效应有着重要的意义，它可以用来判别物质是否具有超导电性。人们通过进一步的实验发现，完全抗磁性是由于超导体表面的表面超导电流引起的。由于超导体的完全抗磁性，使得超导态下的样品和磁场之间存在着相互排斥的作用力，利用这一

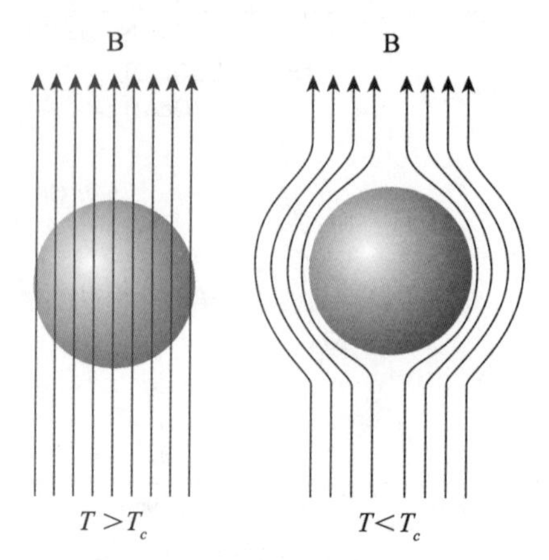

图 4-7　超导体的“迈斯纳效应”

点,可以实现有趣的超导磁悬浮现象。如图 4-8 所示,在超导材料的上方放置一永久磁铁。当温度 $T > T_C$,超导材料处于正常态时,由于小磁铁的重力,小磁铁与超导材料相互接触,通过接触面,超导材料对小磁铁产生一竖直向上的支撑力,与小磁铁重力相平衡。当使用液氮(或者液氦) 冷却超导材料,使温度 $T < T_C$,超导材料转变为超导态时,小磁铁就漂浮起来,稳定地悬浮于超导材料上方。此时,由于迈斯纳效应,超导态下的超导体和小磁铁周围的磁场之间产生相互排斥的作用力,正是这个作用力与小磁铁的重力相互平衡,产生了神奇的磁悬浮现象。当温度再次上升到 T_C 以上时,超导材料由超导态转变为正常态,小磁铁就落了下来,重新回到超导材料表面,与超导材料相互接触。所以维持超导磁悬浮的前提就是要让超导材料处于临界转变温度 T_C 以下, 进入超导态。超导磁悬浮是一种非常稳定的磁悬浮现象,它与两个常规同性磁极之间的不稳定排斥力全然不同。

图 4-8　超导体与磁体之间的磁悬浮效果

上面的实验还可以反过来做。如图 4-9 所示,将永久磁铁置于下方,超导材料置于永久磁铁上方。常温时,超导材料与永久磁铁相互接触,磁铁对超导材料的支撑力与材料本身的重力相平衡。当超导材料被冷却至 T_C 以下时,由于迈斯纳效应,材料便稳定地悬浮在空中了。拿一支笔或者一根木棍,轻轻松松穿越磁铁和超导材料之间的空隙,完全不会影响悬浮着的超导材料。如果所使用的超导材料是诸如 $YBa_2Cu_3O_{7-\delta}$这类高温超导体,还有更加神奇的现象呢。实现磁悬浮时,超导材料似乎被锁定在空间,把它放到哪个位置他就老老实实待在那里,将它倾斜一个角度放置,它绝对不会自己随便翻身,给一个初始角速度使它旋转,它就听话地以这个角速度旋转下去。更加神奇的是,还可以把它倒挂起来,如图 4-10 所示,手持永久磁铁端,慢慢转动磁铁,使原本面朝上方的磁铁缓慢转动到下方,悬浮在磁铁上方的超导材料像是被一只无形的手控制住了一般,随着磁铁的转动而转动,当磁铁面朝下方时,超导材料看上去就像是被倒挂在磁铁下方。然而这一切发生时,磁铁和超导材料之间没有任何接触,超导材料完全处于悬空状态。

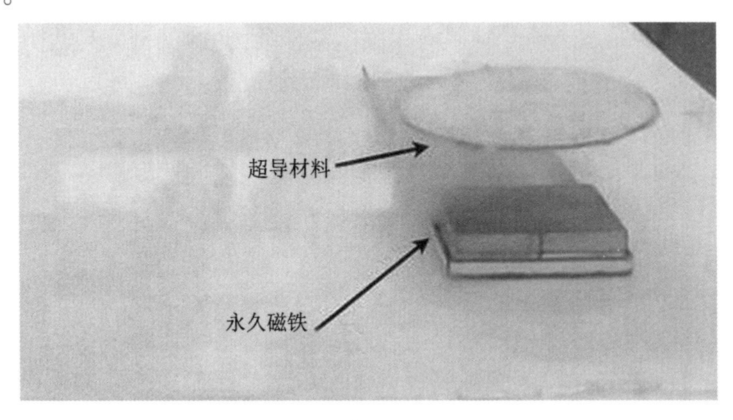

图 4-9 神奇的超导磁悬浮

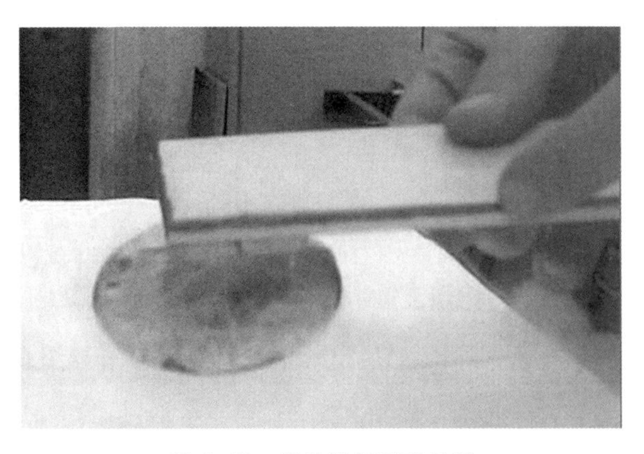

图 4-10 倒挂的超导磁悬浮

完全抗磁性和零电阻特性一样，是超导体的重要特征，只有同时具有零电阻特性和完全抗磁性的材料，才是真正的超导体。

图 4-7 所描述的迈斯纳效应是第一类超导体的抗磁性行为，即超导体转变为超导态之后，体内完全没有磁场。后来人们又发现了第二类超导体，即这一类超导体在从正常态转变到超导态的过程中，存在一个过渡的中间状态，处在中间状态时，材料虽然保持零电阻特性，但是其内部磁场并非完全为零，许多磁力线束排列成相互平行的点阵结构穿越超导材料，如图 4-11 所示。图 4-11(a)显示在正常态下，磁力线可以自由地穿越超导体，图 4-11(b)显示，在中间过渡态下，形成了一束一束的磁力线束，磁力线束相互平行并且有规律地排列着，每一束容纳了多条磁力线，磁场正是通过磁力线束穿越超导材料的。在磁力线束内部为正常态。当外磁场增加时，磁力线束的数目随之增加，然而每束磁力线束内的磁通量却不增加，即磁通量子化。因此，我们又称图 4-11(b)中的磁力线束为量子磁通涡旋。图 4-12 显示了超导体中的量子磁通涡旋阵列。实验证实，每束磁力线束均被超导电流环绕，正是这些环绕电流屏蔽了磁力线束中的磁场对外面超导区域的影响。第二类超导体具有很强的载流能力，载流密度高达 10^5 安培/毫米^2 以上，因此在强电应用方面很有价值。

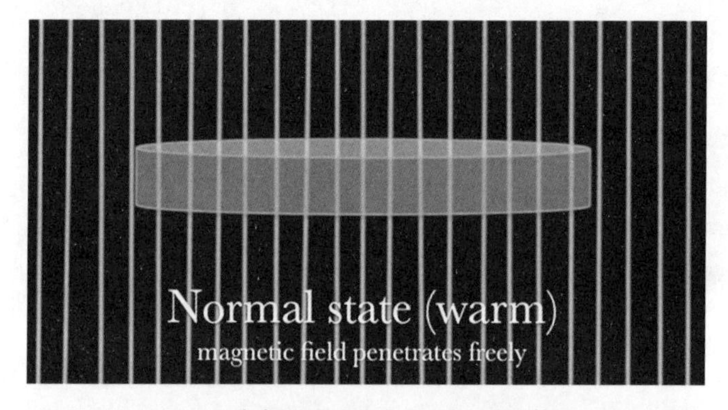

(a)正常态下，磁力线自由地穿越超导体

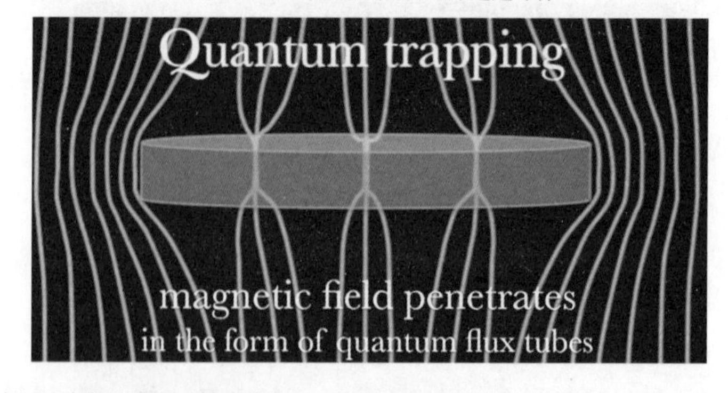

(b)中间过渡态下，即量子陷阱状态下，磁力线以量子化的形式形成磁力线束穿越超导体

图 4-11　第二类超导体的迈斯纳效应

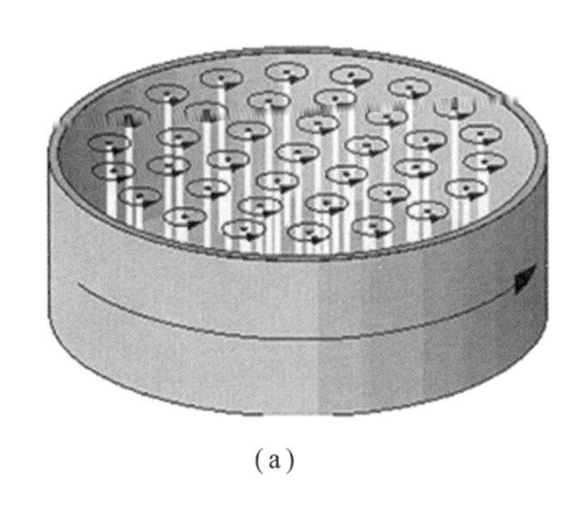

(a)

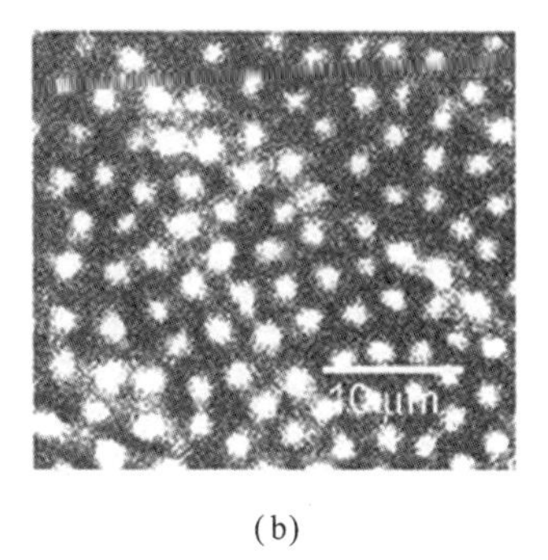

(b)

图 4-12　量子磁通涡旋阵列示意图(a)和实验观测图(b)

利用超导体的磁悬浮现象可以实现很多富有创意和实用价值的展示和应用。正如我们在本讲开篇所谈到的《阿凡达》中悬浮的哈利路亚山一样,磁悬浮现象给我们开辟了一片物理领域中的梦幻世界。如果真的存在室温下的超导材料,谁说美妙的潘多拉世界当中悬浮的哈利路亚山不可能成为现实呢?因此对超导临界转变温度不断提升的追求成为物理学家不懈努力的目标。

利用永久性磁铁按照一定规律排列成磁铁道路,可以给超导体提供悬浮的轨道。如图 4-13 所示,将磁铁排列在玻璃圆桌的边缘,形成圆周,再将处于超导态下的超导体置于磁体轨道上方,那么超导体将会悬浮在空中。给超导体一个初速度,使它运动起来,那么超导体就会沿着磁体轨道做无摩擦的匀速圆周运动。为什么运动着的超导体像是被一只看不到的手掌限制在圆形轨道的上方,而不会脱离轨道呢?原来磁体轨道的铺设大有讲究。如图 4-14(a)所示,在铺设磁体轨道时,要注意磁极的分布,使得轨道两侧具有相同的磁极,轨道中部则是另一种磁极。在这种排列情况下,磁力线的分布如图 4-14(a)所示。当超导体置于轨道上方时,由于磁场不能进入超导体,磁力线被挤压变形,从图 4-14(b)中可以看出,在轨道中部像是有一个势阱,而在轨道两侧则像是有两列壁垒,因此超导体被限制在轨道上方,无法脱离轨道。

图 4-13　磁体轨道和悬浮超导体

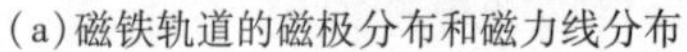

(a)磁铁轨道的磁极分布和磁力线分布

(b)置入超导体后磁力线的变化

图 4-14　利用永久磁铁铺设轨道时的排列示意图

如果在图 4-13 中的磁体轨道上某处放置两块磁铁,如图 4-15 所示,就相当于在平滑的轨道上添加了障碍,那么当悬浮高度高于磁铁厚度的超导体运动到时会有什么情况发生？当超导体的运动速度较快,动能足以克服势垒能量时,超导体就像爬了一座小山一样,翻越势垒,跨过此处障碍,继续它的圆周之旅;如果超导体的运动速度较慢,动能不足以克服势垒能量时,超导体就会被该障碍挡住,无法越过此处。

图 4-15　在磁体轨道某处,添置磁体形成势垒

如果在磁体轨道上方放置两个一模一样的超导体,但是将它们置于不同高度,依次给它们一个初速度,让它们运动起来,情况又会怎样呢？非常神奇的是,两个超导体互不影响,依次在自己的高度运行,如图 4-16 所示。

当然,利用磁体轨道可以实现倒挂磁悬浮现象,如图 4-17 所示。将磁体轨道翻转,使其正面朝下,将超导体置于轨道下方,超导体就悬挂在空中了。给超导体一个初速度,超导体便环绕轨道开始圆周之旅。

利用超导磁悬浮现象,可以制造超导磁悬浮列车。将图 4-13 中的超导体隐藏在车身中,如图 4-18 所示,就可以构造一个磁悬浮演示列车。列车运行时,需要将超导

图 4-16 磁体轨道上方处于不同高度的两个超导体

图 4-17 磁体轨道下方倒挂悬浮的超导体

材料冷却至临界转变温度之下,使得超导体进入超导态。再给列车一个初速度,列车就可以沿着轨道运行了。当然实现商业化的超导磁悬浮列车远比演示模型要复杂得多。

图 4-18 磁体轨道上的磁悬浮演示列车

超导磁悬浮现象还可以帮助人们实现很多创意。如图 4-19 所示,有人就想到了超导磁悬浮滑板。利用永久磁铁铺设成轨道,将超导材料镶嵌在滑板内部,就制成了超导磁悬浮滑板。滑行时,将液氮倒入滑板内的冷却室,使超导材料转变为超导态,随着阵阵白色的雾气,滑板就悬浮在轨道上了。玩者站在滑板上,保持平衡,他人推一下,给个初速度,滑板载着玩者就沿着轨道滑动起来了。

图 4-19 超导磁悬浮滑板

人类还可以设想出更加大胆多样的应用。如果超导体的转变温度能够提高到室温,我们的世界将会发生不可思议的变化。瑜伽爱好者可以身着由超导材料制成的练习服,铺上具有磁性的瑜伽练习垫,就能够悬浮在空中练习瑜伽了,何等的惬意!人类也可以利用超导材料制成会悬浮的白云沙发,超导材料隐身在白云沙发之中,在沙发的下面是电磁铁,通上电之后,白云沙发就飘浮起来,躺在这样的沙发上何等悠闲!歌手在舞台上演唱时,一只手时刻握着话筒,十分不方便,如果能够利用超导材料制成话筒,舞台相应区域铺设磁体,做成能够悬浮的麦克风,那么歌手在演唱时,不但双手解放出来,可以任意挥洒,而且还可以酷劲十足地随意控制话筒位置,给舞台效果添色,一定十分炫酷!随着我国多所大学的改扩建,一个大学拥有多个校区的现象已经非常普遍。但是各个校区之间的交通往返给教师和学生带来困扰。如果在各个校区之间铺设代步专用的磁性轨道,教师和学生只需要一块超导材料制成的滑板或者鞋子,就可以轻松快速地往返各个校区了……让我们共同期待超导磁悬浮改变生活的那一天。

第二节 超导理论大师的风采

自从 1911 年昂纳斯发现了超导现象后,世界各国的许多理论物理学家都试图对超导现象的机制进行理论上的描述。然而,超导微观机制的建立却经历了一个漫长曲折而艰巨的过程。20 世纪初期,世界顶尖的许多理论物理学家,包括爱因斯坦、玻尔、海

(a)悬浮瑜伽练习者

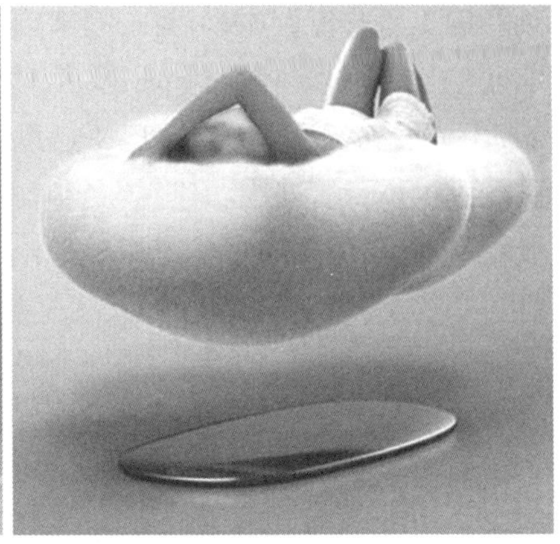

(b)悬浮云概念沙发

图 4-20 关于磁悬浮应用的畅想

森伯、费曼等,都尝试用量子力学来解释超导现象,但都没有获得成功。直到超导现象被发现 46 年后,即 1957 年,常规超导体的微观理论才被巴丁(J. Bardeen)、库珀(L. N. Cooper)和施里弗(J. R. Schrieffer)建立,并且经过了 15 年的检验,才最终获得世人的公认。后世称他们的理论为 BCS 理论,BCS 是三个人名字的缩写。1972 年,巴丁、库珀和施里弗由于"对超导理论的贡献"荣获诺贝尔物理学奖。

图 4-21 BCS 理论的创始人,巴丁、库珀和施里弗

早期的超导微观理论之所以没有成功,是因为这些理论沿用了固有的思维,都是建立在单电子模型的基础之上的。随着研究的深入,人们认识到两点:一是超导转变温度 T_C 和晶格热振动(振动的量子为声子)有关,二是必须有能隙的存在维护超导态的稳定。因此超导现象很可能起源于电子和声子之间不同于经典情况的特殊形式的相互作用。基于这些研究背景,1957 年美国科学家巴丁在刚刚获得诺贝尔物理学奖之后,并不满足现有的成就,立刻敏锐地选择了超导微观理论作为新的研究课题,决心解决这个困扰物理学界几十年的难题。巴丁作为 BCS 理论中的优秀组织者,用锐利独到的眼光

发掘出库珀和施里弗两位人才，与他一起来攻克难关。当时，库珀来巴丁这里做访问学者。巴丁询问他是否有兴趣做超导理论，年轻气盛的库珀需要养家糊口同时需要证明自己的才能，于是很快就答应下来。巴丁这里还有个正在读博士一年级的学生施里弗。因为超导微观理论是否能够成功建立在当时并不能打包票，巴丁考虑到施里弗刚刚开始读一年级，花上一年的时间来研究超导理论，如果没有任何研究结果的话，他再转换研究课题也还来得及，不耽误博士毕业，于是就决定让施里弗试一试共同攻克超导理论这一难题。

这一次合作堪称历史上一次老、中、青三代科学家合作成功的典范。巴丁充分展露出了他的大家风范，在发明了晶体管、创立了半导体理论之后，在已有的卓有建树的固体物理的工作基础之上，对前人所做的超导实验和超导理论进行了系统的归纳总结，运用他敏锐的洞察力，策划了建立超导微观理论的“路线图”。巴丁负责组建了老中青结合的三人研究团队。BCS 理论的突破就在于库珀。库珀施展了自己的思维天分。在大家百思不解的时候，库珀打破常规，大胆提问电子之间有没有可能相互吸引？如果有可能的话，会有什么样的情况发生？经过量子力学上的计算，库珀得出结论：由于晶格的热振动，振动的量子声子可以和电子相互作用，使得电子与电子之间通过互换声子而形成了弱吸引。库珀从电子—声子相互作用模型出发，指出只要费米面附近的电子存在净吸引作用，哪怕这种作用非常微弱，就可以配对，形成一个具有能隙的稳定态。尽管我们熟悉电子由于带同种电荷，相互之间是排斥的，但是由于晶格的畸变，它们之间也可能间接地通过交换虚声子形成配对，表现出相互吸引的效果来。如图 4-22 所示，当一个自由电子在整齐排列的晶格中运动时，由于库仑相互作用会导致局域晶格畸变，这样，当另外一个电子通过时，就会感受到第一个电子通过时导致的晶格畸变的影响，从而在两个电子之间产生间接吸引的相互作用，相当于交换了虚声子。就像两个坐在沙发上的人，由于沙发的凹陷，两人越靠越近，最终碰到一起。也像足球场上的运动员，通过相互传球关联在一起。配对形成的电子对又称作库珀对。我们可以用超导两步走的方式形象地理解超导转变时的情景。第一步，当温度降低时，晶格振动减弱，由原子所组成的路面变得平坦光滑，电子在上面运动，就像溜冰一样畅通无阻；第二步，由两个电子吸收一个声子，组成一个大轮子，对小轮子而言，稍有凹凸的路面是粗糙的；但是对大轮子而言，却是光滑的，所以电阻消失了。图 4-23 是李政道先生提议的关于 BCS 超导机理的漫画。蜜蜂代表单个电子，蜂窝状的球体代表 C60 系列超导体中整齐排列的晶格。漫画上题诗：“单行苦奔遇阻力，双结生翅成超导”，非常形象地表现出库珀对这个 BCS 理论的灵魂。库珀对有多大呢？库珀对是由一对动量和自旋都相反的电子形成的束缚电子对。那么，它是不是只有两个电子尺度那么大？完全不是的。库珀对的尺寸约在 $10^{-5} \sim 10^{-4}$ cm，即 $10^{2} \sim 10^{3}$ nm 范围，大约是晶格常数的一千至一万倍，如图 4-24 所示。即在库珀对尺度内，存在许多电子对，它们的运动是相互关联的，超导问题是一个多体问题，超导电性是一种宏观量子现象。

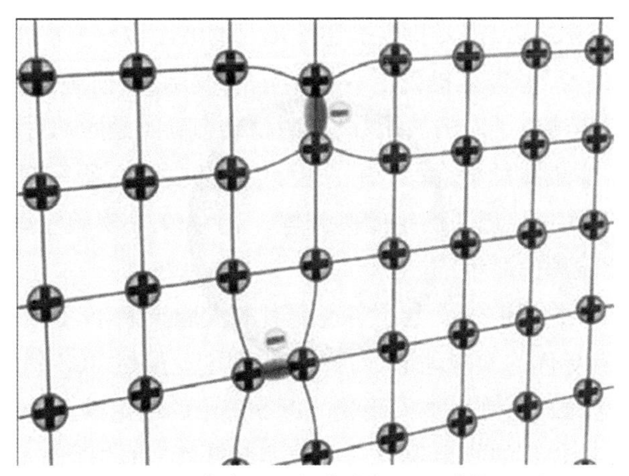

图 4-22 两个电子之间产生相互吸引的原理图

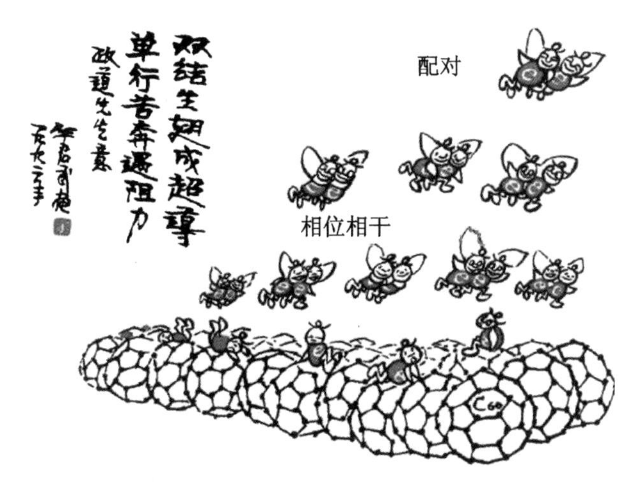

图 4-23 李政道先生构思的关于 BCS 超导机理的漫画:单翅蜜蜂代表单个电子,题曰:“单行苦奔遇阻力,双结生翅成超导”,下面为蜂窝状的 C60 系列超导体

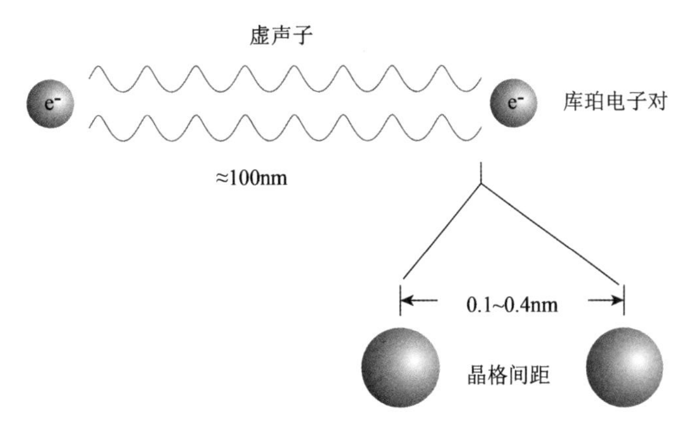

图 4-24 库珀电子对的尺寸和晶格尺寸对比图

有了库珀对的概念之后,需要找出描述库珀对的波函数。一次,施里弗听了一场粒子物理方面的学术报告,报告里提到了一个简单的波函数,使施里弗深受启发。回去后,施里弗就凑出了描述电子对的波函数,说明超导态确实是库珀对的量子凝聚态。有了巴丁的选题,有了库珀对的概念,又有了电子对的波函数,研究组的成员异常兴奋。看起来万事俱备只欠东风。巴丁决定闭关修炼,三个人关在实验室里苦心研究,若干天之后,他们的超导微观理论诞生了。

在电子—电子通过交换“虚”声子实现配对的大胆推断下,巴丁、库珀和施里弗成功建立了常规金属超导体的微观理论,简称 BCS 理论。虽然 BCS 理论于 1957 年建立,但是其突破传统的思维一直难以被人接受。BCS 理论的结论以及它的预测经过了长期的检验,直到后来它所预言的物理现象一一被实验证实,BCS 理论才被人们普遍接受,最终得到人们的认可。诺贝尔物理学奖在 BCS 理论诞生 15 年之后姗姗来迟。实验是检验真理的唯一标准,对 BCS 理论也不例外。图 4-25 为 BCS 三人组在 1972 年获得诺贝尔物理学奖时的照片。

图 4-25　BCS 三人组在 1972 年获得诺贝尔物理学奖的照片

小贴士:约翰·巴丁

约翰·巴丁(John Bardeen,1908—1991),美国物理学家,电气工程师,历史上唯一一个两次获得诺贝尔物理学奖的科学家。1956 年,巴丁同布拉顿和肖克利因发明晶体管获得诺贝尔物理学奖;1972 年,巴丁同库珀和施里弗因提出低温超导理论(即 BCS 理论)第二次获得诺贝尔物理学奖。

巴丁 22 岁时做过地球磁场及重力场勘测方法的研究;25 岁时在普林斯顿大学做过固态理论的研究;37 岁时在贝尔实验室研究半导体及金属的导电机制、半导体表面性能等基本问题;39 岁时,与布拉顿共同发明了第一个半导体三极管,一个月之后肖克利发明了晶体管,这一发明使得他们获得了 1956 年的诺贝尔物理学奖;49 岁时,巴丁在已经获得过一次诺贝尔物理学奖之后，高屋建瓴地选择了新的难题“常规超导体的微观机制”继续攻关，他作为研究项目的总指挥与库珀和施里弗合作，仅用了数月时间就建立了颠破常规思维的超导理论，并因此获得1972年的诺贝尔物理学奖；54岁时，巴丁的博士生Nick Holonyak发明了人类第一个LED。在物理学领域中，一个人两次获得诺贝尔物理学奖，巴丁还是第一人。

BCS理论的成功，不仅表现在它可以解释已经观察到的实验现象，而且在于它可以预言许多新的实验现象并被后来的实验一一证实。例如，1962年，22岁的英国剑桥大学研究生约瑟夫森根据BCS理论预言，电子可以穿越超导体与超导体之间的绝缘体薄层形成隧穿电流，即隧道效应；同时还产生一些特殊的现象，如电流通过薄绝缘层无须加电压，倘若加电压，电流反而停止而产生高频振荡。这一系列超导物理现象称为“约瑟夫森效应”。约瑟夫森的预言很快就被实验观测所证实，并很快得到了应用，后来还发展形成了超导电子学。约瑟夫森效应在美国的贝尔实验室得到证实，它有力地支持了“BCS理论”。1973年，约瑟夫森由于“对固体中隧道效应的发现，从理论上预言了超导电流能够通过隧道阻挡层”而荣获诺贝尔物理学奖。根据BCS理论，可以推导出库珀对的空间关联长度、上下临界磁场、磁场在超导体表面的穿透深度、临界电流密度等一系列表征超导体特征的物理量。根据BCS理论，还可以得到超导体的超导临界转变温度T_C的表达式，BCS理论预言常规超导体T_C的上限为40 K。BCS理论在解释常规金属超导体的各种物理性质时获得了巨大的成功，并且BCS理论的物理概念和物理思想在后续的超导研究中影响深远。

尽管1986年之后，由于新的高温超导材料被发现，颠破了BCS理论关于T_C的预言，后来的研究进一步发现形成库珀对的电子未必是自旋相反的电子，导致电子配对的媒介也未必是声子，但BCS理论突破传统的电子配对的思想仍然一直沿用至今。

第三节　超导物理的新篇章

一、神奇的发现——铜氧化合物高温超导体

BCS理论预言超导转变温度不可能超过40 K。截至1986年，人们寻找到的具有最高超导临界转变温度的材料是铌三锗Nb_3Ge，它的T_C为23.2 K。从1911年发现超导现象起，人们探寻了上千种材料，经过了75年不懈的努力，T_C仅仅提高了19.1 K，进展十分缓慢，正是由于这一点，很多物理学家对超导的实际应用已经失去了兴趣，对超导物理的研究也进入了低谷。1986年，似乎山穷水尽的超导材料研究出现了柳暗花明又一村的局面。设在瑞士苏黎世的美国IBM公司研究中心的研究人员缪勒（Müller）和柏诺兹（Bednorz）宣布$Ba_xLa_{5-x}Cu_5O_{5(3-y)}$（$x=1$ 或 0.75，$y>0$）的超导转变温度大于30 K。这

一消息使得沉寂许久的超导领域一下子火热起来，全世界的物理学家为之兴奋不已。继缪勒和柏诺兹之后，世界各地的物理学家对超导体的研究热情空前高涨，人们不断探寻新的高温超导材料，先后在 Y-Ba-Cu-O、Bi-Sr-Ca-Cu-O、Tl-Ba-Ca-Cu-O、Hg-Ba-Ca-Cu-O 等诸多铜氧化物材料中发现了超导电性，超导材料层出不穷，超导转变温度不断地被刷新，在短短的十年时间把 T_C记录提高了 100 K 以上，达到最高的 164 K，如图 4-26 和表 4-5 所示。缪勒和柏诺兹的发现得到公认，1987 年，缪勒和柏诺兹由于“发现新的超导材料”而获得诺贝尔物理学奖。

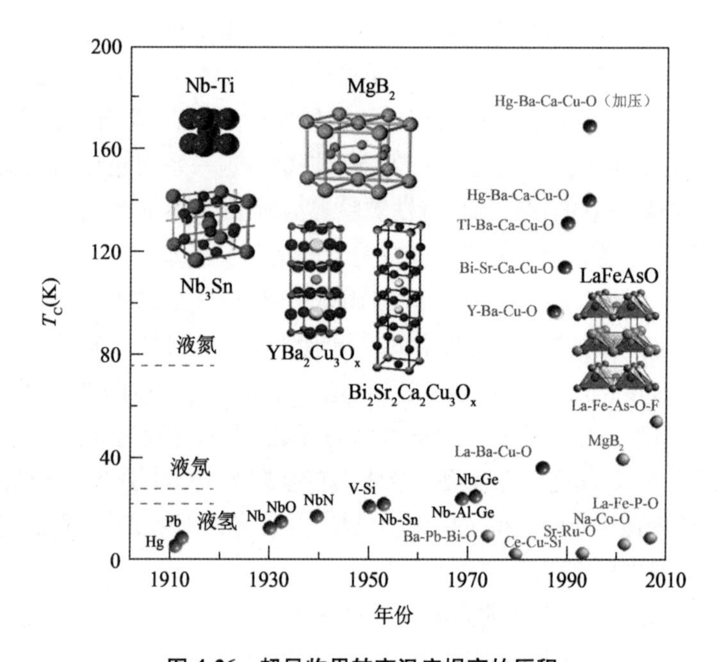

图 4-26　超导临界转变温度提高的历程

Ba-La-Cu-O、Y-Ba-Cu-O、Bi-Sr-Ca-Cu-O、Tl-Ba-Ca-Cu-O、Hg-Ba-Ca-Cu-O 这类超导体被称为铜氧化合物高温超导体。所谓高温，指的是和传统的金属、合金超导体相比，这一类超导体的超导临界转变温度 T_C明显提高。即便如此，最高记录 164 K 也仍然是 −109 ℃，和人类生存环境的温度相比，绝对算得上超低温。所以要想实现超导转变，需要在极低的温度下，甚至极高的压强下才能够实现，这也正是超导应用的最大瓶颈。在高温超导体的发现过程中，诸多海内外华人科学家都做出了重要而卓越的贡献，如朱经武、吴茂昆、赵忠贤、盛正直等。如此激动人心的发现引起超导界乃至整个凝聚态物理领域的一轮前所未有的壮大研究热潮。当然，除了铜氧化合物超导体外，人们还在其他许多材料中发现了超导电性，诸如重费米子超导体、超晶格超导体、有机超导体、磁性超导体、多带超导体等，在其他金属氧化物如钛氧化物、铌氧化物、钌氧化物、钴氧化物等材料中同样发现了超导电性，只是这些超导体的 T_C不如铜氧化合物高，但是在这些超导体中发现丰富而奇异的物理性质同样引起许多科学家的兴趣。在铜氧化合物高温超导体发现初期,人们对它的应用前景充满厚望。尤其是液氮温区以上的高温超导体,因为这就可以不再依靠昂贵的液氦提供低温,大大降低了使用成本而使广泛推广成为可能。

表 4-5 自 1986 年发现铜氧化合物高温超导体以来,新的超导材料和相应的 T_C 的快速进展

时 间	发现者或单位	材料	T_C(K)
1986/1	缪勒和柏诺兹	$Ba_xLa_{5-x}Cu_5O_{5(3-y)}$	>30
1987 初	中科院物理所	LaSrCuO	>48.6
1987/2/6	美国朱经武小组		80~93
1987/2/24	中科院物理所赵忠贤、陈立泉	YBaCuO	92.8
1987/3/4	北京大学	YBaCuO	91
1987		$ReBa_2Cu_3O_{7-x}$(Re=La, Nd,Sm,Eu,Gd,Dy,Ho,Er,Tm,Yb,Lu,Th)	90 左右
1987/6	法国 Caen 大学	BiSrCuO	7~22
1988 初	日本 Maeda	BiSrCaCuO	~100
1988	美国阿肯色州立大学	TlBaCaCuO	123

目前已经发现 50 多种晶体结构不同的铜氧化合物高温超导材料,表 4-6 列出了其中的一部分。

表 4-6 目前已经发现的多种晶体结构不同的铜氧化合物高温超导材料及其 T_C

系	分子式	T_C(K)
La	$(La,Sr)_2CuO_{4+\delta}$	40
	$(La,Sr,Ca)_3Cu_2O_6$	58
Y	$YBa_2Cu_3O_{7-\delta}$	92
	$Y_2Ba_4Cu_7O_{15}$	95
Bi	$Ba_2Sr_2CaCu_2O_8$	90
	$(Bi,Pb)_2Sr_2Ca_2Cu_3O_{10}$	110
Tl	$TlBa_2CaCu_2O_{7-\delta}$	103
	$Tl_2Ba_2Ca_2Cu_3O_{10}$	125
Hg	$HgBa_2CuO_{4+\delta}$	98
	$HgBa_2CaCu_2O_6$	126
Pb	$Pb_2Sr_2YCu_3O_8$	70
	$PbBaYSrCu_3O_8$	50

二、铜氧化合物晶体结构

铜氧化合物高温超导体都含有 CuO_2面,并都具有层状结构,如图 4-27 所示。沿垂直 CuO_2面方向,CuO_2面与不同类型“隔离层”的排列组合形成众多不同结构的铜氧化合物高温超导体。CuO_2面之间的隔离层,可作为载流子库对 CuO_2面提供载流子。目前,物理学家普遍认为铜氧化合物高温超导体具有低维(二维)导电性。

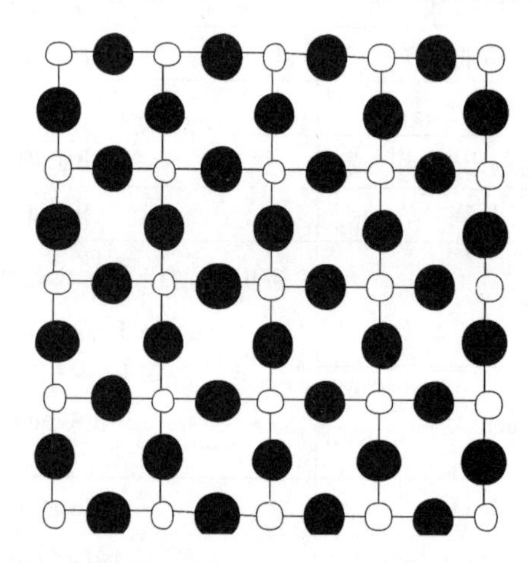

图 4-27 铜氧化物高温超导体中的 CuO_2面,其中,白点代表铜(Cu),而黑点代表氧(O)

三、铜氧化合物电子相图

和常规超导体不一样的是,铜氧化合物超导体除了具有较高的临界转变温度之外,还有许多令人感到非常困惑、难以理解的物理性质。比如,它们的母体材料是完全不导电的反铁磁陶瓷绝缘体;只有在掺入杂质后才具有超导电性,并且超导临界转变温度随着掺杂浓度而变化。图 4-29 给出了铜氧化合物高温超导体的典型相图。图 4-29 显示铜氧化合物高温超导体的物理性质与温度和掺杂浓度相关。在不掺杂时,它是反铁磁绝缘体,掺入杂质并达到一定浓度范围后,铜氧化合物具有了超导电性。超导临界转变温度的高低与掺杂浓度有关。在某一掺杂浓度时,超导临界转变温度最高,此时为最佳掺杂点。当掺杂浓度高于或者低于该最佳掺杂浓度时,超导临界转变温度都

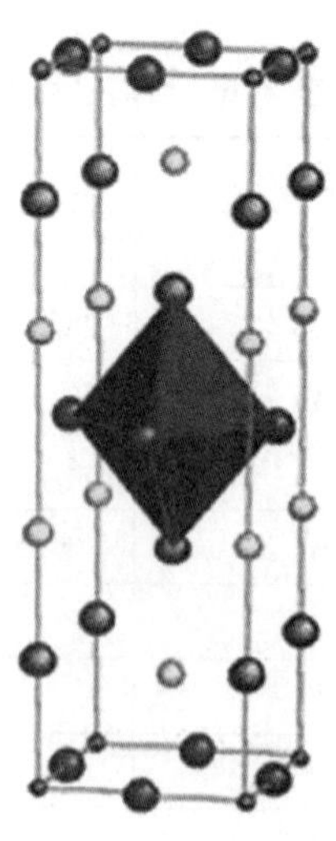

图 4-28 铜氧化物高温超导体 La-Sr-Cu-O 的晶体结构,可以看到明显的层状结构

相应降低。掺杂浓度高于最佳掺杂浓度的情况称为过掺杂,低于最佳掺杂浓度的情况称为欠掺杂。在电子态相图中,超导态形如一个倒扣的钟形。铜氧化合物高温超导体的相图如此复杂,正说明它具有非常复杂的物理性质。

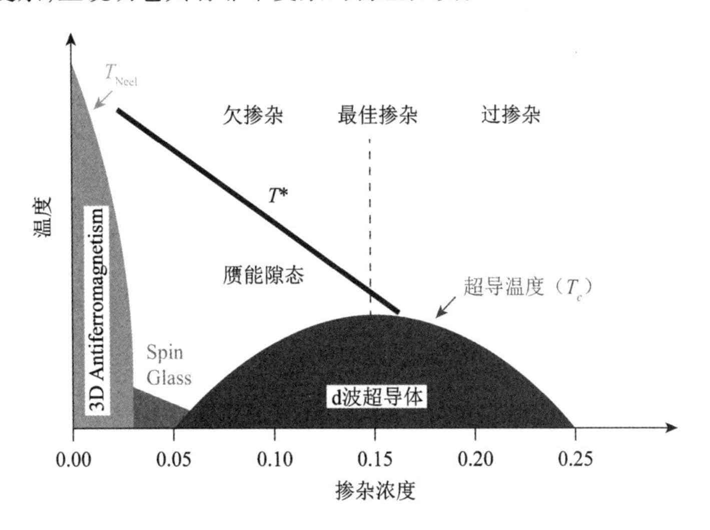

图 4-29　铜氧化合物高温超导体的电子态相图

从1986年铜氧化合物高温超导体被发现,经过30年的努力,无论在理论上还是实验上高温超导电性的研究都取得了重大进展,但是到目前为止,还没能建立一个完备的理论来解释铜氧化合物高温超导体的超导机制。虽然在这个过程中理论物理学家们提出了许多物理模型,但没有一个理论模型能够像BCS理论解释常规超导体的超导机理那样成功。无论是什么样的高温超导理论,都要面临一个重要问题,那就是,在传统超导体中电子和电子之间是通过交换声子这个媒介而导致配对的,那么,在高温超导体中,电子和电子需不需要配对呢?如果需要,促成配对的媒介又是什么呢?关于这个问题,有一幅有趣的图画形象地反映出电子配对的过程,即图4-30。图中的文字写道:“我们已有一个猛犸(意指电子间电荷相互作用很强)和一个大象(意指电子间自旋相互作用很强)在冰箱(即低温环境下)里,难道还在乎里面再有一只小老鼠(即电子配对媒介“胶水”)么?”(P. W. Anderson, *Science* 317, 1705~1707[2007])从图4-30中我们可以深刻体会到,配对时的中间媒介是多么微弱,虽然这个促成配对的因素是如此微弱,但是只要它存在,就会导致奇特的超导电性。

铜氧化合物高温超导体具有很多反常的性质,它的超导机制有别于常规超导体。有关铜氧化合物高温超导体的理论解释还有待人们进一步的努力。

"We have a mammoth and an elephant in our refrigerator—
do we care much if there is also a mouse?"

图 4-30 铜氧化合物高温超导体电子配对是否需要"胶水"(中间媒介)

第四节 超导物理中的殊荣

自 1911 年超导现象发现以来,在超导研究的百年历史上共有十人获得了五次诺贝尔物理学奖:1913 年昂纳斯因氦气的成功液化和超导的发现获奖;1972 年巴丁、库珀、施里弗因常规金属的超导微观理论——BCS 理论获奖;1973 年约瑟夫森和贾埃弗因超导隧道结中的约瑟夫森效应理论预言及实验研究与江崎(L. Esaki)分享诺贝尔奖;1987 年柏诺兹和缪勒因铜氧化合物高温超导材料的发现而获奖;2003 年阿布里科索夫和金茨堡因超导唯象理论和预言量子磁通涡旋与莱格特(A. J. Leggett)分享诺贝尔奖(图 4-31)。其中巴丁是历史上唯一获得两次诺贝尔物理学奖的科学家(除他以外仅有居里夫人分别获诺贝尔物理学奖和化学奖各一次),前一次是因为半导体晶体管的发明。图 4-31 中十位超导领域的大家形成一个圆环,在圆环的中心,写着一个大大的 S,正是"超导电性"(Superconductivity)一词的首字母,在字母 S 上有两颗带着同种电荷的电子,它们自旋方向相反(图中的箭头方向),配成库珀对,这正是超导电性的核心内容。我们完全可以乐观地预言,在未来的超导研究中还会有更多的诺贝尔奖获得者诞生,这也说明超导研究是凝聚态物理中长盛不衰的热门领域。

图 4-32 有趣地显示了诺贝尔奖获得者的研究领域之间的关联。昂纳斯因为第一个发现超导现象获奖,他当时是在汞当中发现的该现象,属于传统的金属超导体;柏诺兹和缪勒另辟蹊径在掺杂的反铁磁材料中首次发现具有更高超导转变温度的铜氧化合物高温超导体,并因此获奖;下一个具有更高临界转变温度的超导体会是什么类型的材料? 是否能够找到室温超导体? 这也正是超导研究始终焕发魅力的原因所在。美国科

图 4-31 超导研究史上获得诺贝尔奖的十位物理学家

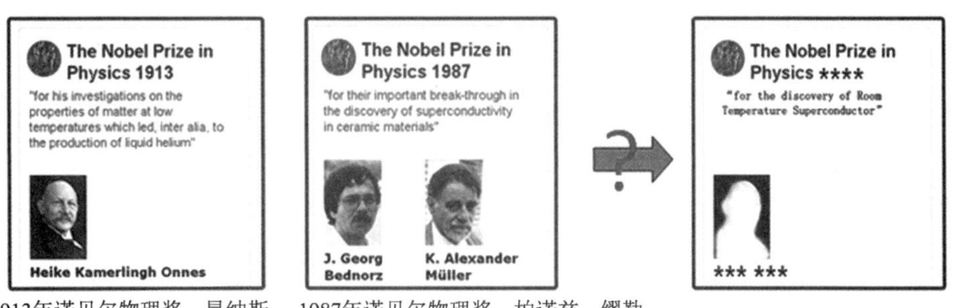

1913年诺贝尔物理奖 昂纳斯 1987年诺贝尔物理奖 柏诺兹、缪勒.

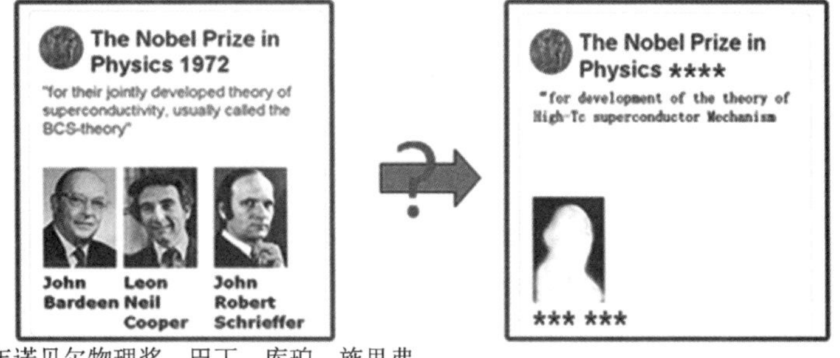

1972年诺贝尔物理奖 巴丁、库珀、施里弗.

图 4-32 超导研究领域内下一位诺贝尔物理学奖的获得者将会是谁

学家巴丁、库珀和施里弗建立的 BCS 超导理论由于能够成功地解释传统金属合金超导体系中的超导电性,他们因此获得诺奖。但是铜氧化合物超导体表现出的许多奇异特性,难以用传统的 BCS 理论来解释,新理论的建立势在必行。自 1986 年高温超导发现至今将近30年，对高温超导的研究取得了许多进展，但机理问题仍没有解决，如果谁在这方面做出理论上的突破，也极有可能成为诺奖的有力争夺者。

第五节　走进人类生活的超导

超导现象如此神奇，它所展现出来的零电阻特性、完全抗磁性等物理特性，可以被人类加以利用，服务社会，造福人类。就像70年前，半导体晶体管的发现让人类社会和人类生活发生翻天覆地的变化一样，我们完全有理由预见超导现象的发现和超导材料的发展也必将对我们的生活产生巨大的改变，带给我们人类无尽的福祉。当然，目前和已经成熟的半导体工业相比，超导的应用才刚刚起步，但是它的应用前景和经济潜力不容小视，需要我们深入探索和发掘。现在，超导的应用主要分为强电和弱电两个方面。在强电应用领域，主要用于无损耗输电、磁悬浮运输、强稳恒磁场方面；在弱电应用领域，主要用于微弱磁场探测、超导量子比特器件等方面。

最直接也是最容易被人想到的超导应用当数无损耗输电。超导体在临界转变温度以下失去电阻，意味着当有电流流经超导体时，不会产生焦耳热，电流一经产生可以没有阻碍地在超导体中流动，不会有任何能量损失。如果采用超导材料制成输电线，并用其进行远距离的输电，那么可以大大降低输电环节的电能损失，节约大量的电能。目前输电线路多为铜质或者铝制材料，输电过程中的损耗大约为15%，如果采用超导材料输电，节省的电能就相当于数十个发电厂的年发电量。由于超导体导线具有更高的电流密度承载能力，发电机、电动机和变压器的体积将可以大大减小，输电的稳定性大大提高。利用高电流密度承载能力，还可以产生强磁场。如果给闭合超导线圈通上电流，大的电流就可以产生强的磁场，从而获得比普通电磁铁强数万倍的稳恒磁场。常规的电磁线圈要产生强磁场就必须采用非常粗的铜导线，以便能够承受更大的电流。通入电流后，发热剧烈，还得通过一定的方式冷却，这些都使得常规电磁体体积特别庞大，重量特别重，同时还耗费材料。在产生磁场的过程中还必须持续不断地通入电流，消耗更多的电能。相比之下，超导磁体具有体积小、质量轻、节约材料、能耗低、稳定度高等多种优势。正因如此，在需要产生强磁场的地方，往往能够看到超导体的身影。比如，临床医学上使用的高分辨核磁共振成像技术大多是采用超导磁体；核电站磁约束受控反应池中使用超导磁体；欧洲大型强子加速器LHC的加速磁体和探测器都采用了超导磁体等等。

超导磁悬浮是超导的重要用途之一。目前已经有常导磁悬浮的商业运用了，比如我国上海的磁悬浮列车，是世界上第一条商业运营的磁悬浮专线，西起龙阳路，东至浦东机场，全长29.86千米，单程运行时间8分钟，2003年1月4日开始运营。跟常导磁悬浮技术相比，超导磁悬浮具有显著的优点。因为超导磁悬浮是一种非常稳定的悬浮，超导体内的杂质和缺陷对进入体内的磁感应线具有钉扎的作用，因此在由于迈斯纳效应而产生磁悬浮效果的同时，还能够锁定悬浮体（磁体或者超导体）的空间方位，一旦磁体和超导体之间发生空间上的移动，量子钉扎效果还会将悬浮体“拉住”，具有钉扎在原来方位的趋势，这就是超导磁悬浮十分稳定的原因。网上常有一些视频，演示的超导磁悬浮小车能够侧贴，甚或倒挂在磁体导轨上沿着轨道运行。无疑采用超导磁悬浮技术的磁悬浮列车将更为高速、稳定和安全。当然超导磁悬浮列车目前仍处于研制阶段，还无法大规模商业化，让我们期待那一天早点到来。

让我们大胆设想，如果将超导磁悬浮技术应用到日常家居和生活中，我们的生活将会产生天翻地覆的变化。未来世界中，我们的鞋子采用超导材料制成，道路上铺设磁性轨道，人们都沿着轨道悬浮在空中穿梭来往各处；舞台上各种乐器内置超导材料，不需要支架就稳稳地悬浮在空中，演员们自如地演奏着各种乐器；回到家中，床是浮在空中的，沙发是浮在空中的，甚至衣柜也可以浮在空中，打扫卫生时完全没有死角……未来的世界超乎我们的想象，但愿我们能够看到那一天。

1962 年，22 岁的英国剑桥大学研究生约瑟夫森利用 BCS 理论证明了超导隧道结中存在隧穿效应，即超导电子对可以隧穿两个超导体之间很薄的绝缘层的现象，现在我们称这个效应为约瑟夫森效应。约瑟夫森效应中，隧穿电压敏感依赖于外加磁场。利用约瑟夫森效应可以制备超导量子干涉仪（SQUID），它能够精准地探测微弱磁场，最高精度甚至能达到 10^{-17} T 数量级。利用 SQUID，对地磁场进行探测，能够检测出地球磁场极微弱的变化，从而判断周围环境的变化以及敌情的变化等。利用 SQUID，对生物磁场进行测量，能够探测 10^{-9}T 到 10^{-6}T 之间的生物磁场。未来，在医院里，心磁图和脑磁图也许会像心电图和脑电图一样成为医学诊断的重要手段。人们还可以利用 SQUID 做很多事情，比如研究生物磁、设计制造超导量子比特器件等等。

超导技术必将发挥出不可替代的作用，目前对超导的应用还很有限。随着人类对超导现象认知水平的提高和新的超导材料的发现，人类的生活方式会发生极大的变化，就像半导体的发现和应用彻底改变了人类社会一样。超导的应用前景十分乐观，人类仍需努力探索。

【本章小结】

1911 年，昂纳斯首次发现超导电性。零电阻现象就是当温度 $T \leq T_C$ 时，超导体电阻率为零的现象，是超导的特性之一。迈斯纳效应指超导体在超导态下体内磁感应强度为零，即完全抗磁性的特点。完全抗磁性和零电阻特性一样，是超导体的重要特征，只有同时具有零电阻特性和完全抗磁性的材料，才是真正的超导体。元素周期表中，Hg 等 26 种元素在常压下具有超导电性，Cs 等 16 种元素在高压下具有超导电性。单一元素超导体和简单的化合物超导体的临界转变温度 T_C 相对较低。1986 年之前的最高纪录是铌三锗 Nb_3Ge 的 23.2 K。1986 年之后发现的铜氧化物超导体，称之为高温超导体，和传统的超导体相比，具有较高的 T_C，目前 T_C 的最高纪录是 164 K。铁基材料超导体等也是近年来研究的具有较高 T_C 的材料之一。利用超导材料的抗磁性可以实现超导磁悬浮，超导磁悬浮可以改变人类的交通方式，实现从接触式的运输模式到非接触式的运输模式的转变。超导现象发现以来，关于超导的理论也在不断发展。对于传统的超导体，BCS 理论引入电子配对（通过交换虚声子）的概念，可以很好地解释临界转变温度等问题。但是对于高温超导体，BCS 理论不再适用，需要发展新的理论。从 1911 年超导现象被发现至今，已有 10 人次因超导研究获得诺贝尔物理学奖。超导电性的应用也在不断深入和扩展，不论强电领域还是在弱电领域都正在走入人类的生活，未来，超导电性的应用会越来越广泛。

【大事年纪】

1911 年　昂纳斯（H. K. Onnes）发现当温度降低到 4.2K 时，汞金属的电阻突然消失，新的领域超导物理由此揭开。

1913 年　昂纳斯由于"对低温下物质性质的研究，并使氦气液化"方面的成就，获 1913 年诺贝尔物理学奖。

1933 年　迈斯纳（Msissner）和奥森菲尔德（Ochsenfeld）共同发现了超导体的另外一个特性——完全抗磁性，即迈斯纳效应。

1957 年　美国科学家巴丁（J. Bardeen）、库珀（L. N. Cooper）和施里弗（J. R. Schrieffer）成功建立了常规金属超导体的微观理论，简称 BCS 理论。

1972 年　巴丁、库珀和施里弗由于建立了 BCS 理论成功解释了超导现象并因此获得诺贝尔物理学奖。

1973 年　约瑟夫森和贾埃弗因超导隧道结中的约瑟夫森效应理论预言及实验研究获得诺贝尔物理学奖；

1986 年　设在瑞世苏黎世的美国 IBM 公司研究中心的研究人员缪勒（Müller）和柏诺兹（Bednorz）宣布 $Ba_xLa_{5-x}Cu_5O_{5(3-y)}$（$x=1$ 或 0.75，$y>0$）的超导转变温度大于 30K。

1987 年　缪勒和柏诺兹由于"发现新的超导材料"而荣获诺贝尔物理学奖。

【拓展阅读】

铁基高温超导材料

2008 年之前，人们发现的超导材料主要可以分为四大家族：常规的金属和合金超导体、铜氧化合物超导体、重费米子超导体和有机超导体。其中铜氧化合物超导体是 1986 年被发现的，因其具有 40 K 以上的超导临界转变温度，相对常规的金属和合金超导体，超导临界转变温度提高了一大截，所以又称为高温超导体。但是它的超导机理至今仍是凝聚态物理中的谜团。为了揭开高温超导的面纱，科学家不断寻找着新的高温超导家族,以开辟更多的研究路径。2008年,日本科学家在铁砷化物中发现了26 K的超导电性,由此拉开了铁基高温超导材料的序幕,继1986年之后再一次掀起了超导研究的热潮,因为这是除1986年发现的铜氧化合物之外发现的第二个新的高温超导体系。这些新的超导材料的研究将带来新的物理和应用。在这次热潮中,我国科学家表现出色,多个研究组分别独立制备出铁基高温超导材料,在短时间内连续刷新铁基超导体的超导转变温度,使得铁基超导体在短时间内迅速聚焦了全球科学家的目光。目前已经发现,和铜氧化合物高温超导体一样,铁基超导体也具有层状结构。我们国家的科学家在铁基超导体研究方面取得了令人瞩目的成绩,2008年3月份,连续制备出多种铁基超导体,超导转变温度不断被刷新。表4-7列出了一些新型超导材料和它们对应的临界转变温度。铁基超导材料的研究还在进行中,也许新的物理会在这里诞生,请大家共同关注铁基超导体的进展。

表4-7 新型超导材料及其临界转变温度

超导体	T_C(K)
$Ba_{0.6}K_{0.4}BiO_3$	30
$BaPb_{0.75}Sb_{0.25}O_3$	3.5
YPd_2B_2C	23
$(Sr,Ca)_{14}Cu_{24}O_{41}$	12(高压)
β-HfNCl	25.5
MgB_2	39
RFeAs[O1-xFx] (R=La、Ce、Pr、Nd等)	26~55

【思考与讨论题】

4-1 超导现象的两个基本特点是什么?

4-2 在传统的低温超导材料中,超导临界转变温度最高的材料是什么? T_c是多大? 它是哪一年被发现的? 该记录维持了多少年?

4-3 除了传统的低温超导体和铜氧化合物高温超导体之外,近年来还有哪些新型的超导材料问世?

4-4 超导现象是何时由谁发现的?( )。

A.1911年 昂纳斯　　B.1933年 迈斯纳

C.1986年 缪勒　　D.1957年 巴丁

4-5 以下关于超导电性叙述正确的是:( )。

A.当温度降低实现超导转变后,具有同种电荷的电子之间可以产生吸引作用;

B.温度降低到一定程度电阻突然消失的现象就是超导现象；

C.所有超导体从常态转变至超导态后，都会将磁场完全从体内排挤出来；

D.BCS 理论成功解释了所有超导体的超导机制。

【分析题】

4-6　分析第一类超导体和第二类超导体的异同。

4-7　分析第二类超导体的量子陷阱现象，讨论在磁场中第二类超导体是如何被磁场锁定在空间的。

4-8 如果存在超导转变温度为室温的超导体，你最想用它实现什么样的功能？请图文并茂地陈述和绘制设计方案。

【生活应用题】

4-9　探讨超导磁悬浮列车的机理和大规模商业运行的可行性。

4-10　利用超导体的迈斯纳效应设计一个生活中实用的小物品。

4-11　探讨超导体在远程输电方面的应用前景，分析利弊和可行性。

4-12　设想一下家中的家具、各类摆设和生活用品如何与超导材料的抗磁性结合，会出现什么样的奇妙效果，描绘你设想中的这种超导应用场景。

4-13　谈一谈你以前对超导的认识和现在对超导的认识。在你看来，超导最具有前景的或者最有价值的应用是什么，并具体叙述理由。

第二篇
物理实验之美

在物理学发展的过程中，人们做过许多实验或观测，作过各种解释，也提出过种种理论，还制造出不少仪器。古巴比伦人用“日晷”和水钟计时，并发明了天平；古希腊人阿里斯托芬有过用玻璃点火熔化石蜡的叙述；欧几里得记载过用凹面镜聚焦太阳光的试验。

公元前3世纪，阿基米德除了做杠杆、滑轮等实验以外，还做了浮力实验，提出了著名的浮力定律。这是一个从实验总结出理论的定量实验，总结出的理论即为迄今为止还被普遍使用的“阿基米德原理”。

希腊人埃拉托斯特尼第一次测出了地球的大小。他计算得出的地球两极的直径与现在的数据很相近。罗马人克里奥梅德斯做过光的折射实验。托勒密还系统地测量了光的入射角和反射角。阿拉伯人阿勒·哈增做过圆柱面镜、球面镜、锥面镜的反射和折射实验等。

我国古代也有许多关于物理实验的记载。例如《墨经》上有关于小孔成像的记载，湖北随县曾侯乙墓中出土的编钟、编磬，说明在战国初期，我国的声学及乐器制造已有非常高的造诣。从汉代开始就有许多关于杠杆、滑轮应用的记载。《淮南子》中记述了用凹面镜、阳燧等取火。宋朝的沈括造过浑仪、玉壶、浮漏、铜表等天文观测及计时仪器，并最早发现了地磁偏角，这些均记载于《梦溪笔谈》等著作中。元代的陈椿曾用莲子、鸡蛋和桃仁测量盐水的浓度。清代首次把长度单位与地球经线联系起来，定1800尺为1里，200里合地球经线1度。

不论是在外国还是在中国，已经做过大量的实验工作。但是，这些实验毕竟还是零星的，定量的实验较少，而定性的实验较多，大多数实验没有提升概括出理论，而大多只限于现象的描述，或者只作了一般的解释而没有形成系统的理论，即使形成了一些理论，也没有再用实验去检验它。

物理是来自于实验的自然科学，实验对于物理学的前进与发展起着至关重要的作用。可能很多人认为物理实验是枯燥、烦琐、无聊的，但事实上，真正优秀的实验必须首先是美丽的。所有的实验都“抓”住了物理学家眼中最美的科学之魂,这种美是一种经典概念:使用最简单的仪器和设备,发现了最根本、最单纯的科学概念,就像是一座座历史丰碑,人们长久的困惑和含糊顷刻间一扫而空,对自然界的认识更加清晰。物理实验之美共同体现了一种“最美丽”、“最经典”的科学概念,即最简单的仪器和设备,最根本和最单纯的科学结论。

第5章　重量大的物体下落得更快吗？
——伽利略的自由落体实验

> 伽利略的发现以及他所应用的科学推理方法是人类思想史上最伟大的成就之一。
>
> ——阿尔伯特·爱因斯坦

【学习目标】

1. 了解重力研究的发展历史和重力与生活的密切关系。
2. 了解科学发展的曲折历程与坚持真理的艰辛。
3. 了解敢于质疑的科学精神的重要意义。
4. 掌握自由落体实验的操作方法和思维过程。
5. 掌握理想化设计实验、观察实验和思维分析的方法。
6. 学会用科学的思维和方法简单分析生活中与重力相关的物理现象。
7. 初步学会掌握设计与重力相关的简单物理实验的方法。

【教学提示】

1. 从观察生活中有关重力的现象入手，分析重力的作用。
2. 注重自由落体实验的设计思想，领略实验之美。
3. 课堂小实验提升学习兴趣，培养利用简单器材的实验动手能力。
4. 课后"实验设计"题，分小组进行团队学习设计。

在海滩上把形状各异的石块，以一种不可思议的角度和形态，层层垒叠起来一动不动，是加拿大艺术家迈克尔·格莱布(Michael Grab)引以为荣的"石头平衡艺术"。在不使用任何额外工具的情况下，仅利用石块的自然重力就能将形状各异的石头层层垒叠起来，让人叹为观止，其实就是巧妙利用重力平衡堆叠的效果(见图5-1，图5-2)。

可以说，格莱布的"石头平衡艺术"就是"垒东西"，就是把一块大石头堆上另一块

图 5-1　柱形石

图 5-2　悬空石(一)

图 5-3　悬空石(二)

图 5-4　桥形石

大石头,并让它们保持平衡。平衡石头原理虽然简单,但要真正做到并不是件容易的事。正如格莱布说:“最关键的是要从奇形怪状的石块表面上找到三个合适的支撑点”(见图 5-5)。一次,格莱布在科罗拉多州的湖边看到很多有趣的石块,发现自己可以巧妙地将许多石头垒起,而旁人却难以做到,格莱布认为自己在这方面独特天赋,一发不可收拾地爱上了“石头平衡艺术”。

图 5-5　人形石(一)

图 5-6　人形石(二)

第一节　偷窥上帝秘密的人

图 5-7　伽利略

在16世纪末,人人都认为重量大的物体比重量小的物体下落得快,因为伟大的亚里士多德是这么说的。伽利略,当时在比萨大学数学系任职,他大胆地向亚里士多德的观点挑战,他从斜塔上同时扔下一轻一重的两个物体,让大家看到两个物体同时落地。他向世人展示了尊重科学而不畏惧权威的可贵精神。这个实验在最美丽的十大物理实验中排名第二,按实验的时间先后顺序来说,也是排在第二。

一、伽利略生平介绍

伽利略·伽利雷(Galileo Galilei,1564—1642,见图5-7),意大利文艺复兴后期伟大的天文学家、力学家、哲学家、物理学家、数学家。他也是近代实验物理学的开拓者,被誉为"近代科学之父"。他继承了哥白尼的传统,同教会展开了反复的斗争,对亚里士多德的运动理论进行检验和批判,成为经典力学的先驱,是近代实验物理学的奠基人。人们常说:"哥伦布发现了新大陆,伽利略发现了新宇宙。"

图 5-8　伽利略:手持偷窥上帝的工具

伽利略出生于意大利比萨一个没落贵族家庭,他父亲擅长音乐和数学。童年时代的伽利略就显示出非凡的制作和观察能力,17岁时伽利略考入比萨大学,遵从他父亲的意愿学医。然而,善于思考的伽利略对医学并无兴趣。一个偶然的机会,他的兴趣转向了数学和物理,由于他对数学表现出非凡的理解能力和过人的逻辑思维能力,并热衷于研究欧几里得、阿基米德等人的数学著作,使他在数学上有了很深的造诣,这对他以后创立实验自然科学起了巨大的作用。1589—1592年他受聘为比萨大学的数学教授,在此期间他进行了不少力学实验。由于他的新观点遭到敌视和排挤,1593年他又到威尼斯公国任教,直到1610年,在这段时间里伽利略的科学研究工作进入了成熟的阶段。

1609年伽利略自制了一架望远镜(见图5-8),进行天文观测,文章发表在当年出版的一本名为《星界信使》的书中。

二、宣传哥白尼与"天体运行论"

1. 地心说与日心说的主要观点。

地心说:地球是绝对静止的。地心说受到宗教的吹捧与肯定。

日心说:如果是地心说,这样的观点来描述行星的运动时,行星有无法解释的忽快、忽慢、逆行及停留的现象。地动日心说可以对天体的运动给予完满的解释。“天穹的周转是一种可视运动,实际是地球运动的反映。”

2.《天体运行论》于 1543 年写成,它被誉为“自然科学独立宣言”。

由于伽利略热心宣传哥白尼(见图 5-9)的宇宙学说,引起了天主教会的不满。1616 年他受到宗教裁判所的警告,不准他宣传“日心说”(见图 5-10),但他并不在乎,继续进行力学和天文学的研究(见图 5-11,图 5-12)。1632 年伽利略出版了轰动一时的巨著《关于托勒密和哥白尼两大世界体系的对话》(简称《两大世界体系的对话》)(见图 5-13),尖锐地批判了旧宇宙体系观。

图 5-9　哥白尼

图 5-10　日心图

图 5-11　伽利略试图窥视上帝的秘密

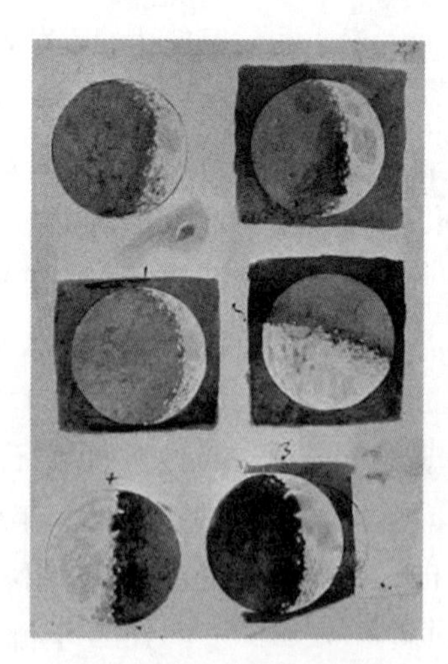

图 5-12　伽利略月球观测手稿:满脸豆豆的月球

三、逆境中完成巨著《两门新科学的对话》

然而,偷窥太多上帝的秘密,必然要触怒某些人。在 1633 年,被伽利略拧疼鼻子的主教大人们,把他押到宗教法庭受审,最终把伽利略送进了宗教监狱,并被判终身监禁

(见图5-14)。1637年他双目失明,1642年1月8日伽利略因患寒热病逝世。伽利略最后的人生旅程在囚禁和潦倒中度过,尽管他试图安慰自己:"教会的任务并不是描绘天堂是什么样了,而是应告诉人们如何升入天堂。"同时代的布鲁诺早被活活烧死,伽利略算是捡了条命,终老至1642年。同年,另一个物理学伟人诞生了,他就是艾萨克·牛顿。

图5-13 《两大世界体系的对话》封面

图5-14 伽利略在教廷上辩论

这是保存在佛罗伦萨博物馆中伽利略的右手食指(见图5-15),它似乎仍然在提醒着我们不要忘记那场学术自由和思想专制的冲突!

伽利略在受到监禁后并未停止工作,他完成了另一部论述力学问题的巨著《关于力学和局部运动的两门新科学的对话和数学证明》(简称《两门新科学的对话》)(见图5-16)。此书被人私下带到荷兰,于1638年出版。晚年,伽利略由学生维维安尼(Viviani)和托里拆利(Torricelli)陪伴照料,在佛罗伦萨附近的阿切特里村度过了他最后的时光。

图5-15 伽利略右手食指

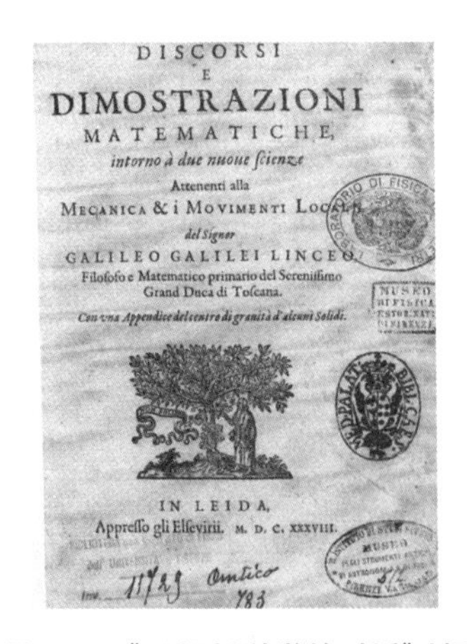

DISCORSI
E
DIMOSTRAZIONI
MATEMATICHE,
intorno à due nuoue scienze
Attenenti alla
MECANICA & i MOVIMENTI LOCALI,
del Signor
GALILEO GALILEI LINCEO,
Filosofo e Matematico primario del Serenissimo
Grand Duca di Toscana.
Con una Appendice del centro di grauità d'alcuni Solidi.
IN LEIDA,
Appresso gli Elsevirii. M. D. C. XXXVIII.

图5-16《两门新科学的对话》封面

伽利略的一生是为科学真理战斗的一生。伽利略挑战亚里士多德的代价使他失去了工作,但他展示的是自然界的本质,而不是人类的权威,科学做出了最公正的裁决。

时隔三个半世纪,1979 年 11 月 10 日,教皇约翰·保罗二世宣布给伽利略平反昭雪。

小贴士:教皇约翰·保罗二世的道歉

1979 年 11 月 10 日,罗马教皇公开承认历史上对伽利略的审判是不公正的,无疑是历史的一大进步。1980 年 10 月,世界天主教会再一次召开会议,为著名科学家伽利略恢复名誉。会上教皇正式提出重新审理伽利略案件,并成立了由七名著名科学家组成的委员会,并由意大利科学家杏基齐任主席,六名诺贝尔奖获得者担任委员,包括美籍华人物理学家杨振宁和丁肇中。经过重新审理,于 1992 年,即伽利略蒙冤 360 年后,获得教皇的正式平反。教皇约翰·保罗二世承认历史上对伽利略的审判是"当时神学家们的一个善意的错误",并说"永远不要再发生另一起伽利略事件",天主教官方也正式承认伽利略对圣经的理解是正确的(对伽利略的平反只涉及信仰问题,不涉及科研问题,因为他不是因科学研究被定罪,而是对圣经的解释问题定罪。)在世界科学家联合会(WFS)推动下,2009 年 2 月 15 日梵蒂冈教廷在罗马天使圣玛利亚教堂为伽利略举行弥撒庆典,这也是伽利略逝世以来教廷首次与他"正式和解"。

四、伽利略名言

"一门广博精深的科学已经启蒙,我在这方面的工作只是它的开始,那些比我更敏锐的人所用的方法和手段将会探索到各个遥远的角落。"

"自然界没有一样东西能保持永久。"

"圣经并不说谎,或者有误,它的道理是绝对和不可侵犯的真理。我只能说,圣经无误,但有些解经学家和作注释的人在许多地方时有误解。当他们往往只是撷取文字表面意义时,有些错误就显得非常严重。"

"生命如铁钻,愈被敲打,愈能发出火花。"

"真理就是具备这样的力量,你越是想要攻击它,你的攻击就愈加充实了和证明了它。"

"你不可能教一个人任何知识,因为你只能帮助他自己去找他想学的。"

"科学的唯一目的是减轻人类生存的苦难,科学家应为大多数人着想。"

"数理科学是大自然的语言。"

"当我历数了人类在艺术上和文学上所发明的那许多神妙的创造,然后再回顾一下我的知识,我觉得自己简直是浅陋之极。"

"追求科学需要特殊的勇敢。"

"当科学家们被权势吓倒,科学就会变成一个软骨病人。"

"只要木星的光芒在太空中闪耀,地球上的人就永远不会忘记伽利略。"

——乌尔班八世 1621 年给费迪南德大公爵的信

第二节 重力是无处不在的吗?

一、实验背景

在 16 世纪末,人们认为重量大的物体比重量小的物体下落得快,因为伟大的亚里士多德(见图 5-17,图 5-18)已经这么说了。在当时,亚里士多德的结论被看成是神圣不可冒犯的。然而,亚里士多德关于重物下落速度更快的结论与实际并不符,理所当然地会受到科学家的实验检验。

图 5-17 亚里士多德

图 5-18 柏拉图与亚里士多德

二、亚里士多德的力学研究

1. 关于空间:他认为空间即意味着不动。并提出了空间位置的相对性,如"同一位置可以是右也可以是左,可以是上,也可以是下。"但他认为宇宙有限,天球以外是空虚的。

2. 关于时间:他认为时间就是描述运动的数。他说"时间是使运动成为可以记数的东西","我们不仅用时间计量运动,也用运动计量时间,因为他们是相互确定的。"他认为时间不同于运动,运动有快有慢,而时间的流逝则是均匀的。

3. 关于运动:他认为运动就是变化,并将自然界的运动分为自然运动和强迫运动。

自然运动是指由于物体在"内在目的"的支配下寻找其"天然位置"的运动,与物质所含元素有关,如重物的垂直下落和轻物竖直上升。含土元素的重物的天然位置在地心,由火元素构成的轻物的天然位置在天空等。物体越重,下落就越快;物体越轻,上升就越快。

强迫运动指借助外力进行的运动,撤去外力,运动停止。物体的运动速度与施加的外力成正比,与在介质中受到的阻力成反比。

对抛体运动的解释：自然界害怕虚空，填补空虚推动物体。

对自由落体速度越来越快的解释：物体越接近其天然位置，其奔向倾向就越强；上方空气柱的重量就越来越重。

地球是宇宙的中心，太阳、行星和月亮围绕它转。

4. 意义：亚里士多德能够摆脱神的意志，并能形成一套自圆其说的体系，在当时有非常重要的意义。亚氏观点从归纳日常生活出发，加上哲学思辨，有积极的认知意义，但后来发展为经院哲学，成为自然科学的障碍。在包括科学在内的思想史上，他是一个重要的开拓者，尽管许多观点是错误的，但其历史作用不可否定。

事实上，落体实验在伽利略之前已有人做过，并留下了文字记载。例如，1576 年意大利有位数学家在他的著作中提到自己做过落体实验，是将重 20 磅（1 磅≈0.4536 千克）与重 1 磅的铅球从同一高度释放，结果两球在同一时刻落地。他还表示，他设法拯救亚里士多德的落体理论。

荷兰的斯蒂文（Simon Stevin）在 1586 年的著作中更明确地记载有落体实验。斯蒂文是荷兰物理学家，对静力学做过深入研究，非常重视实验和实际应用，不过，斯蒂文并没有根据落体实验做进一步的理论探讨。

第三节　看到的现象：一轻一重的两个物体同时落地

一、实验过程

伽利略为了批驳亚里士多德的落体理论，曾于 1590 年做了落体实验，并于 1590 年登上高 54.8 米的比萨斜塔，公开做了著名的斜塔落体实验。比萨斜塔建于 1173 年，就在比萨大学附近（见图 5-19），当时伽利略在比萨大学数学系任职，写了一部没有出版的手稿《论运动》（约成书于 1590 年），其中 5 处提到在“高塔”或“塔”上做的落体实验（见图 5-20）。

图 5-19　比萨斜塔

图 5-20　比萨斜塔上掷球示意图

1.【实验设备】

大球和小球各 1 个(重量大的为小的 10 倍)、木板 1 块。

2.【实验人员】

伽利略和他的助手共 2 人。

3.【实验思路】

如果重量大的物体下落得更快,则大球应该先小球很多时间落地,通过听两个球落地的声音,可判断其落地时间的差别。

4.【实验步骤】

伽利略让他的助手拿两个球登上斜塔,在塔顶对着地面的木板,同时放下两个球,他在塔下带领大家观察(听)球到达木板的情况。

5.【实验现象】

大家看到两个球几乎同时落地,两个球落地声音几乎是同时的。

6.【实验结果】

伽利略从比萨斜塔的最高层重复做了许多次实验,证明了轻重物体同时落地。

7.【实验分析】

它们发出的声音听上去就像同一个物体发出的声音,这个实验结果就说明了不同重量的物体下落的速度是一样的,从而否定了亚里士多德的观点(见图 5-21)。

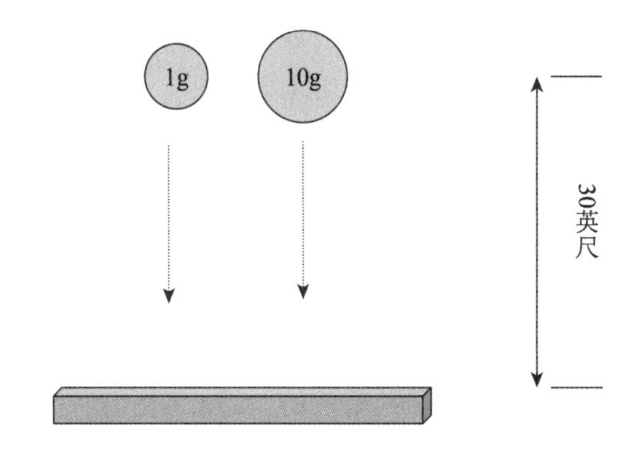

图 5-21 实验示意图

8.【伽利略所做的推理】

设想一个理想实验:让一重物体和一轻物体束缚在一起同时下落。按照亚里士多德的观点,这一理想实验将会得到两个结论:

(1)由于这一联结,重物受到轻物的牵连与阻碍,下落速度将会减慢,下落时间将会延长;

(2)也由于这一联结,联结体的重量之和大于原重物体,因而下落时间会更短。

显然这是两个截然相反的结论。伽利略利用理想实验和科学推理,巧妙地揭示了亚里士多德运动理论的内在矛盾,打开了亚里士多德运动理论的缺口,导致了物理学的真正诞生。(见图5-22)。

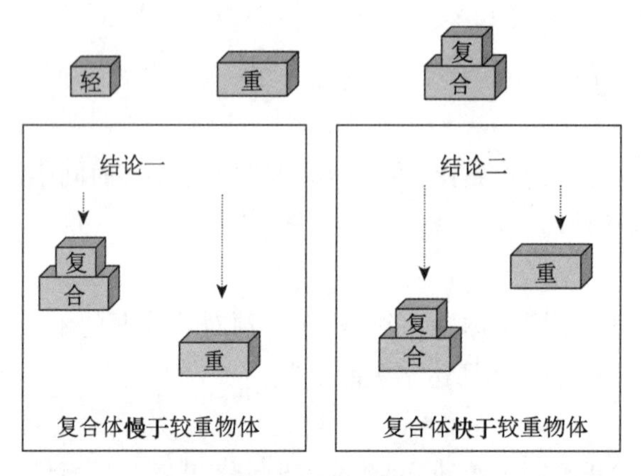

图5-22　复合体实验分析

这个故事到这里似乎该结束了。然而,近几十年来一些科学家对伽利略是否做过斜塔落体实验提出了质疑,并引起了激烈争论。

二、自由落体实验遇到质疑

关于伽利略的比萨斜塔实验众说纷纭。有人说,他是用大小相同而重量不等的两个球(可能是铁球与木球)得到了两球同时落地的结果。还有人说,他是用炮弹和枪弹做的实验。

反对派人士说:在伽利略的著作中,并没有提到他在比萨斜塔做过落体实验,比萨大学的档案中,也没有这一实验的记载。

我国的科学史家阎康年先生系统地分析了有关争论的资料,查证了伽利略的原著后认为,伽利略是做过这个实验的,理由大致有三个。

1. 维维安尼的记载是他亲自听伽利略说的,而他又是伽利略晚年最信赖的学生和助手(见图5-23)。

2. 伽利略在《论运动》、《两门新科学的对话》和《两大世界体系的对话》中明确提过做落体实验达30余次,关于实验用的东西、方法和数据都谈得非常具体。

3. 雷尼利在1641年两次做比萨斜塔落体实验,其中的一次与《两门新科学的对话》第62~63页上说的实验方法和结果一样;雷尼利在1641年3月20日给伽利略的信中还提到,他曾在伽利略那里听到或看到过关于同材料但重量不同的物体的实验情况,可见他是当时的人证。

众多物理学史权威对维维安尼的叙述持肯定态度,例如,美国加利福尼亚大学弗·卡约里说:“我们有把握做出维维安尼关于比萨实验的叙述是正确的这样一种结论。”20卷的伽利略著作国家版的编辑、意大利人安东尼奥·法瓦罗从伽利略的毕生研究和

图 5-23 伽利略和他的学生

史料记载中发现维维安尼的叙述还是十分可靠的。不论是不是在比萨斜塔上,伽利略多次在高塔上做过落体实验是确定无疑的。早在1591年伽利略写的《论运动》的小册子里就多次记载了这样的实验。2002年美国《物理世界》杂志把自由落体实验评为最美丽的十大物理实验之一,排名第二,是对这个实验的又一次肯定。

图 5-24 在月球表面演示落体实验

三、月球上的落体实验

有趣的是,时至今日,仍有人对落体实验念念不忘、跃跃欲试,并且把地球上的实验搬到了月球上。

1971年,乘坐“阿波罗15号”飞船到月球的宇航员大卫·斯科特(David Scott),在月球表面向全世界的电视观众展示:一根羽毛和一把锤子在月球上确实同时落下(见图5-24)。斯科特说:“这证明伽利略先生是正确的。”

第四节 观察实验和量化方法是人类思想史上最伟大的成就之一

三、近代物理学之父,运动学的奠基人——伽利略

1. 发现了自由落体定律

斜塔上的落体实验是为了检验传统的观点,也就是亚里士多德的观点:物体在空气中自由下落,“重者先落地,轻者后落地”或“下落速度与它们各自的重量成正比”。实

验的结果与亚里士多德的观点不符，其意义十分重大，它颠覆了亚里士多德的运动学说。

在伽利略以前的年代，人们对亚里士多德的落体定律也并非没有异议。如法国人奥勒斯姆、葡萄牙人托马斯、牛津大学教授海特斯伯格等，都对落体定律提出过不同的见解，但他们都没有做过实验，只是根据一般的观测加以推论，因而不能彻底推翻亚里士多德的结论。

然而，伽利略则不同，他把重点放在实验上，他通过精心设计的实验和无可辩驳的事实，排除了人们的一切怀疑，证明了在真空中轻重物体下落的速率是相同的，而不是像亚里士多德所说的与其重量成正比，从而彻底纠正了亚里士多德错误的结论。

2. 发展了抛物体运动轨迹理论

伽利略用几何方法证明，平抛运动可以分解为两种运动，一种是水平面方向的匀速直线运动，根据惯性原理，它使物体始终保持这一运动不变；另一个是在引力作用下，沿垂直方向上的自由落体运动，这一运动使物体在这个方向上的速度按时间成正比例地增加。这两种运动综合起来，便得出路程为抛物线状（见图 5-25）。他还证明了为什么在抛射角为 45°时射程最远。

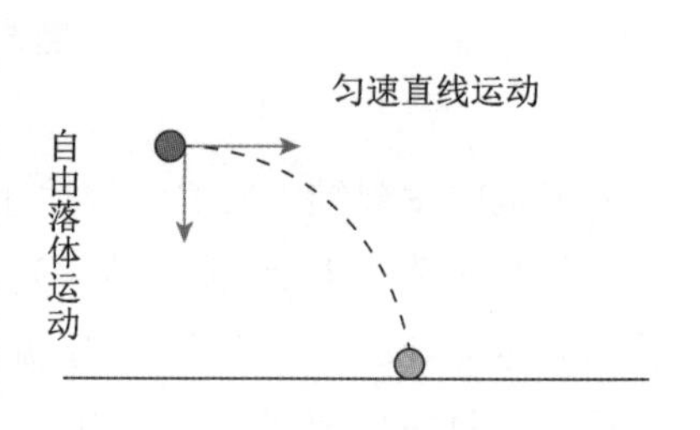

图 5-25　抛物体运动

3. 伽利略相对性原理

“一切彼此做匀速直线运动的惯性系，对于描写机械运动的力学规律来说是完全等价的。并不存在一个比其他惯性系更为优越的惯性系。在一个惯性系内部所做的任何力学实验都不能确定这一惯性系本身是在静止状态，还是在做匀速直线运动。”相对性原理是力学的基本原理。对自然的研究和对自然力量的利用从一开始就是同使物体个体化（Individualization）联系在一起的。伽利略相对性原理不仅从根本上否定了地静派对地动说的非难，而且也否定了绝对空间观念（至少在惯性运动范围内）。所以，在从经典力学到相对论的过渡中，许多经典力学的观念都要加以改变，唯独伽利略相对性原理却不仅不需要加以任何修正，而且成了狭义相对论的两条基本原理之一。

二、观察实验和量化方法——科学思维方法

美籍华裔物理学家黄克逊写过一篇文章，大意是在过去的 300 多年里，物理学的伟大成就，都是实验和理论密切结合的果实。离开实验而虚构的理论总是错误的，没有实验物理学就要停滞不前。

著名物理学家杨振宁说过，唯有实验才是物理学的最高权威，最诱人的理论必须通过实验才能得到公认。

伽利略利用理想实验和科学推理，巧妙地揭示了亚里士多德运动理论的内在矛盾，

指明了亚里士多德运动理论的缺口,导致了物理学的真正诞生。

伽利略是自然科学的奠基者,自然科学创立了两个研究法则:观察实验和量化方法,创立了实验和数学相结合、真实实验和理想实验相结合的方法,从而创造了和以往不同的近代科学研究方法,使近代物理学走上了以实验精确观测为基础的道路。

爱因斯坦高度评价道:“伽利略的发现以及他所使用的科学推理方法是人类思想史上最伟大的成就之一”。

小贴士:理想实验的方法

近代物理学的真正开端是从理想实验开始的。理想实验是指运用理想模型,在思想中塑造理想过程,并进行严密推理的一种思维方法。理想实验方法是在比较纯粹的形态上反映事实本质联系的一种方法,它能充分发挥思维的能动作用,运用高度抽象能力,在思维中把事物的某种特性或关系推到极限,更深刻地抓住本质,突出关键,在完全纯化的条件下把握事物的本质。理想实验方法在科学发展史上发挥着不可代替的重要作用。爱因斯坦和英费尔德在《物理学的进化》中指出,物理学发展史上几乎所有重要的基本理论的建立,都是在理想实验的帮助下完成的。科学史上第一个卓有成效地应用理想实验的科学家是伽利略。早在 17 世纪,伽利略就使用了理想实验方法,建立了近代科学的基本概念和原理。

第五节 生活物理——生活俗语中蕴含的力学知识

1. 水平不流,人平不言。

解释:连通器的原理。(见图 5-26)

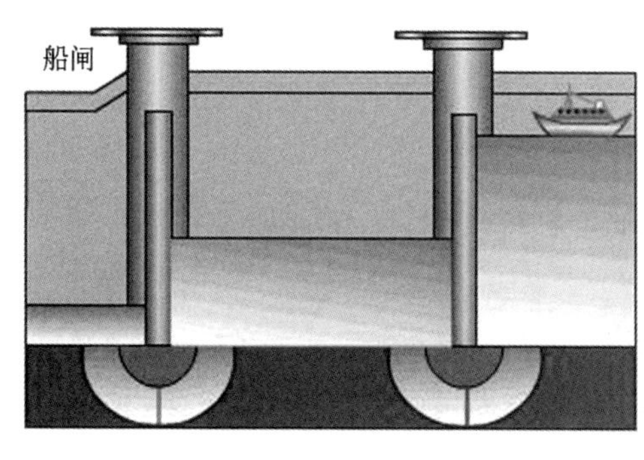

图 5-26 船闸

图 5-27 水与冰

2. 软也是水,硬也是水。

解释:因为水具有流动性,所以水是软的。又因为分子之间存在着斥力,难以压缩,所以水是硬的。(见图 5-27)

3. 绳锯木断,水滴石穿。

解释:因为细绳与木块、水与石头接触时受力面积极小,产生的压强极大,所以绳可以把木块锯断,水可以把石头滴穿。(见图 5-28)

图 5-28　瀑布滴水

图 5-29　梅花

4. 墙角数枝梅,凌寒独自开。遥知不是雪,为有暗香来。

解释:物体内的分子都在永不停息地做无规则的运动。这是分子的扩散现象(见图 5-29)。

5. 苹果离树,不会落在远处。

解释:因为重力方向是竖直向下的,所以苹果离树,不会落在远处。(见图 5-30)

图 5-30　苹果树

图 5-31　狗熊爬树

6. 爬得高,跌得重。

解释:因为被举高的物体都具有重力势能,并且举得越高,重力势能越大,所以爬得高,跌得重。(见图 5-31)

【本章小结】

本章从生活中的重力现象出发,介绍重力研究的发展历史和重力与生活的密切关系。介绍科学发展的艰难历程与坚持真理的艰辛,介绍敢于质疑的科学精神的重要意义。重点介绍了自由落体实验的实验方法和思维过程,观察实验、量化方法和理想实验的方法——科学思维方法,领略实验之美。系统掌握理想化设计实验、观察实验和思维分析的方法。同时,回到生活中,用科学的思维和方法,简单分析生活中与重力相关的物理现象。通过课堂小实验提升学习兴趣,培养利用简单器材的实验动手能力。通过课后实验设计题,分小组进行团队协作实践,初步学会掌握设计与重力相关的简单物理实验的方法。

【大事年纪】

公元前 4 世纪　希腊亚里士多德解释杠杆原理,并在《论天》中提出重物比轻物下落得快;中国墨翟及其弟子解释力的概念、杠杆平衡,并对运动做出分类。

公元前 3 世纪　希腊阿基米德确立静力学和流体静力学的基本原理。

公元 100 年左右　《尚书纬·考灵曜》中提出大地恒动不止而人不知,人在船中不知船在运动的论点。

公元 591—599 年　隋工匠李春采用 37.4 米跨度的浅拱结构建成赵州桥。

公元 1088 年　沈括在《梦溪笔谈》中记录频率为一比二的琴弦共振。

公元 1500 年左右　达·芬奇讨论杠杆平衡、自由落体,做铁丝的拉伸强度试验,研究鸟翼运动,设计两种飞行器,认识到空气的托力和阻力作用。

公元 1586 年　S.斯蒂文论证力的平行四边形法则。他和德·格罗特做落体实验,否定亚里士多德轻重物体下落速度不同的观点。

公元 1589—1591 年　伽利略做落体实验,其后在 1604 年指出物体下落高度与时间的平方成正比,而下落速度与重量无关。

【拓展阅读】

1.惯性故事——萨尔维阿蒂的大船

经典物理学是从否定亚里士多德的时空观开始的。当时曾有过一场激烈的争论。赞成哥白尼学说的人主张地球在运动,维护亚里士多德——托勒密体系的人则主张地静说。地静派有一条反对地动说的强硬理由:如果地球是在高速地运动,为什么在地面上的人一点也感觉不出来呢? 这的确是不能回避的一个问题。

图 5-32　萨尔维阿蒂的大船

1632 年,伽利略出版了他的名著《关于托勒密和哥白尼两大世界体系的对话》。书中那位地动派的代表人物萨尔维阿蒂对上述问题给出了一个彻底的回答。

他说:“把你和一些朋友关在一条大船甲板下的主舱里,让你们带着几只苍蝇、蝴蝶和其他小飞虫,舱内放一个大水碗,其中有几条鱼。然后,挂上一个水瓶,让水一滴一滴地滴到下面的一个宽口罐里。船停着不动时,你留意观察,小虫都以等速向舱内各方向飞行,鱼向各个方向随意游动,水滴滴进下面的罐中,你把任何东西扔给你的朋友时,只要距离相等,向这一方向不必比另一方向用更多的力。你双脚齐跳,无论向哪个方向,跳过的距离都相等。

“当你仔细地观察这些事情之后,再使船以任何速度前进,只要运动是匀速,也不忽左忽右地摆动,你将发现所有上述现象丝毫没有变化。你也无法从其中任何一个现象来确定,船是在运动还是停着不动。即使船运动得相当快,在跳跃时,你将和以前一样,在船底板上跳过相同的距离,你跳向船尾也不会比跳向船头来得远。虽然你跳到空中时,脚下的船底板向着你跳的相反方向移动。你把不论什么东西扔给你的同伴时,不论他是在船头还是在船尾,只要你自己站在对面,你也并不需要用更多的力。水滴将像先前一样,滴进下面的罐子,一滴也不会滴向船尾。虽然水滴在空中下落时,船已行驶了许多拃。鱼在水中游向水碗前部所用的力并不比游向水碗后部来得大;它们一样悠闲地游向放在水碗边缘任何地方的食饵。最后,蝴蝶和苍蝇继续随便地到处飞行。它们也决不会向船尾集中,并不因为它们可能长时间留在空中,脱离开了船的运动,为赶上船的运动而显出累的样子。”

萨尔维阿蒂的大船道出了一条极为重要的真理,即:从船中发生的任何一种现象,你是无法判断船究竟是在运动还是在停着不动。现在称这个论断为伽利略相对性原理。

用现代的语言来说,萨尔维阿蒂的大船就是一种所谓惯性参考系。就是说,以不同的匀速运动着而又不忽左忽右摆动的船都是惯性参考系。在一个惯性系中能看到的种种现象,在另一个惯性参考系中必定也能无任何差别地看到。亦即,所有惯性参考系都是平权的、等价的。我们不可能判断哪个惯性参考系是处于绝对静止状态,哪一个又是绝对运动的。

(《今日中学生》2011年第24期)

2.物理是怎样改变世界的?

我们知道物理学主要研究对象是有关力、电、光等。物理学可分为力学、光学、热学、量子力学、核物理学等。由于物理学所研究的内容和人类的生活息息相关,所以在人类社会的发展进程中,物理学起着重大的作用,可以这么说,如果没有物理学,人类社会还发展不到今天。人类社会至少还要倒退几百年,所以说,没有物理学的发展,人类社会就不可能有今天,所以说物理学对人类的贡献是巨大的。

(1)推动人类社会的产业革命进程

大到飞机、轮船,小到各种零件都和物理学有密切的关系。

①第一次工业革命使人类社会进入了机器大工业社会。

牛顿建立了经典力学以后,带来了第一次工业革命,第一次工业革命是以蒸汽机的发明和应用为标志的,又称产业革命,指资本主义工业化的早期历程,即资本主义生产完成了从工场手工业向机器大工业过渡的阶段。是以机器取代人力,以大规模工厂化生产取代个体工场手工生产的一场生产与科技革命。一般认为,蒸汽机、焦炭、铁和钢是促成工业革命技术加速发展的四项主要因素。

②第二次工业革命使人类社会进入了电气时代。

1870年以后,随着物理学发展,物理学逐步转向了有关电的研究,电学得到了应用,科学技术的发展突飞猛进,各种新技术、新发明层出不穷,并被迅速应用于工业生产,大大促进了经济的发展。由于电的应用,人与人之间的距离更近了,电视,电话,各种有关电的产品进入了人们的生活。科学技术的突出发展主要表现在三个方面,即电力的广泛应用、内燃机和新交通工具的创制、新通讯手段的发明。

第二次工业革命以电力的广泛应用为显著特点。从19世纪60年代开始,出现了一系列电气发明。德国人西门子制成发电机,比利时人格拉姆发明电动机,电力开始用于带动机器,成为补充和取代蒸汽动力的新能源。电力工业和电器制造业迅速发展起来,人类跨入了电气时代。

第二次工业革命的又一重大成就是内燃机的创制和使用。19世纪70年代,煤气和汽油为燃料的内燃机诞生,90年代柴油机创制成功;内燃机的发明解决了交通工具的发动机问题。1885年,德国人卡尔·本茨成功地制造了第一辆由内燃机驱动的汽车。内燃机车、远洋轮船、飞机等也得到迅速发展。内燃机的发明,还推动了石油开采业的发展和石油化工工业的产生。

③ 第三次工业革命量子力学相对论等理论的建立使人类社会进入现代化。

随着物理学的发展,随着量子力学、相对论等理论的建立,在20世纪,以核能、电子计算机等应用为标志,人类社会开始进入现代化。

Internet的前身是美国国防部60年代末期组建的网络系统ARPANET,最初只有4个节点。1983年,ARPANET分裂成为公用性的ARPANET和纯军用性的MILNET两个网络,由这两个网络互连形成的网际网络则被称为DARPA Internet,简称Internet。后来美国国家科学基金会(NSF)和非营利性的公司(ANS)介入Internet的开发,使Internet得到迅速发展,欧洲各国及加拿大、日本等也将各自的计算机网联入了Internet。目前,它已扩展到七大洲的150多个国家,差不多覆盖了整个地球。Internet的通信量以每个月10%的速度增长。

Internet的出现实现了计算机的互联和资源的共享,使人类真正进入信息共享的社会,它对人类社会组织和生活的改变是革命性的,有人甚至将其称为"第三次工业革命"。

④第四次工业革命会以什么为核心。

这个问题需要根据现实的情况得到答案。所谓核心,必然是能带来生产力巨大进步的领域。

现代科学技术可以解决很多问题,比如用机器代替人的体力,弥补人力所不及的地方,但还有很多问题没有解决。例如机器还不能具有人的智能,还不能真正做到听说读写,理解自然语言,即还不具有真正意义上的智能化,还不具有特定的功能。

⑤第五次工业革命的核心看来只有人工智能。

因为机器的发展必将代替人的脑力劳动。各种经验的归纳、材料的整理、信息的归类和消化都可以由未来的人工智能机器来完成,机器的高度自动化,必将带来一场更深刻的科学技术革命,必将对各行业产生巨大的推动作用。

总之科学技术的发展为人类社会带来的深刻的变化,对第四次、第五次科学技术革命的预见可以使我们对未来做好更充分的准备。

(2)20世纪物理学对人类的思维方式和社会发展做出了三方面的重要贡献

① 相对论、量子力学和它们相结合产生的量子场论从根本上改变了人类对时空和宇宙万物的看法,使人们从绝对的决定论的宇宙观变为辩证的唯实的宇宙观。

②20世纪物理学是带头的学科,它带动了化学、天文、材料、能源、信息等学科的发展,它为生物、医疗、地学、农业提供了强大的探测手段和研究方法。物理学在半导体、集成电路、激光、磁性、超导等方面的发现奠定了信息革命的科学基础。它推动了高新技术产业的发展,引发了以微电子、光电子和微光机电技术为核心的工业革命,由物理学研究衍生的新技术和新产品层出不穷,从根本上改变了人们的生产方

式和生活方式。

③通过计算机的帮助,应用古典物理理论讨论流体运动和气象预报时,发现了自组织、混沌和分形等现象。随后发现,这是普遍存在于非线性相互作用的开放系统中的现象,生命系统和社会系统也不例外。物理学应用的领域将随着人类对物质结构和运动规律认识的深入以及掌握的有力探测工具的增加而不断扩大,将在各种极端条件下探测新现象,开拓新领域。

【思考与讨论题】

5-1 科学家曾做实验让一个铁球从 100 多米的高塔上自由下落,观察铁球是否垂直下落,结果发现铁球( )。

A.向东偏离　B.向西偏离　C.向北偏离

5-2 有两个空心球,外表相同,质量、体积相同,一个是铝球,一个是铜球,同时从一个斜面自由滚下( )。

A.两球同时到底端　B.先到底端的是铜球　C.先到底端的是铝球

5-3 假如地球的引力增加一倍,哪个现象会发生?( )。

A.氢气球不再升起

B.水银气压表不必改造

C.水电站的发电功率不变

5-4 用天平称一杯水,平衡时把一个手指伸进水中,天平( )。

A.有水的一边重了　B.有水的一边轻了　C.仍然平衡

5-5 假如在地球上挖一条通过地心的贯通的隧道,一个人坠入隧道,如果忽略空气阻力,这个人会( )。

A.一直坠入地心,被吸住不再运动

B.向下落,冲出对面的隧道口,来到地球的另一边

C.下落接近对面的隧道口时,又返回向原来的隧道口

5-6 锯、剪刀、斧头,用过一段时间就要磨一磨,为什么?

5-7 把塑料衣钩紧贴在光滑的墙壁面上就能用它来挂衣服或书包。这是什么道理?

5-8 有一根长度为 1 米的木尺。用左右手的食指分别水平地支撑木尺的两端。这时候,左右某一个手指向对方靠近,木尺能够保持水平吗?左右手指同时相互靠近,又会怎样?

【分析题】

5-9 试分析古代生活用品香薰球的物理原理。(见图 5-33)

图 5-33　香薰球

5-10　平衡鸟能平衡的原因是什么？（见图 5-34）

图 5-34　平衡鸟

5-11　为什么大肚子的人要挺着胸脯站立？

5-12　如何将弯弯曲曲的铁丝拉直？

5-13　如何测量深井的深度？

5-14　为什么冲上天的烟花呈球形？

5-15　急刹车时，挂在车内的气球是像人一样向前倾吗？

5-16　有 8 个颜色和形状看上去都完全相同的球。其中有一个球是空心的，稍轻一些。怎样只用天平称两次，就能把这个球找出来？

5-17　有一个杂技演员，要携带 2 个铁球过铁索桥，但桥的承受重量略微低于杂技演员和 2 个铁球的总重量，杂技演员能否同时带 2 个铁球过桥呢？

5-18　在拔河比赛中，胜方的拉力是否大于负方？根据牛顿第三运动定律，胜方和负方受到的拉力是否相等？为什么总有一队胜利呢？胜利的关键在哪里呢？

5-19　飞机上装点心的塑料袋子为什么都是胀胀的？

【实验设计题】

5-20 杆秤加一些小配件,你是否就可以设计制造出一杆能测液体密度的杆秤呢?

5-21 试设计实验,看看羽毛和硬币自由落体的速度是否一样?

5-22 试设计实验测量物体自由下落的时间和距离的关系。

5-23 试设计实验,观察失重情况下物体重量的变化。

5-24 你能想象一张纸能够举起一本书吗?你知道怎样才能做到吗?

第6章　重力可以冲淡吗？
——伽利略的斜面实验

科学的真理不应该在古代圣人的蒙着灰尘的书上去找，而应该在实验中和以实验为基础的理论中去找。真正的哲学是写在那本经常在我们眼前打开着的最伟大的书里面的，这本书就是宇宙，就是自然界本身，人们必须去读它。

——伽利略

【学习目标】

1. 了解重力加速度研究的发展历史和重力加速度与生活的密切关系。
2. 掌握斜面实验的实验方法和思维过程。
3. 掌握实验研究和数学推理相结合的方法。
4. 掌握把真实实验和理想实验相结合的方法。
5. 学会用科学的思维和方法简单分析生活中与重力加速度相关的物理现象。
6. 初步学会设计与重力加速度相关的简单物理实验的方法。

【教学提示】

1. 从观察生活中的有关各种运动现象入手，分析重力作用的大小。
2. 注重斜面实验的设计思想以及数据分析，领略实验之美。
3. 通过课堂小实验提升学习兴趣，培养利用简单器材实验的动手能力。
4. 课后实验设计题，分小组进行团队学习。

太空授课王亚平，数百学生可互动。
亿万观众看直播，中华民族有激情。
神十讲课属第二，转播全靠中继星。
航天事业日中天，齐力实现中国梦！

2013年6月20日,王亚平在“天宫一号”上进行了我国的首次太空授课活动。王亚平(见图6-1)太空授课的主要内容是使人们了解微重力环境下物体运动的特点。在实验开始,“神舟十号”指令长聂海胜首先做了一个“悬空打坐”(见图6-2)和“大力神功”的表演。由于处于失重环境中,重力全部用于提供向心力,因而可以定于空中不动。

图6-1 王亚平

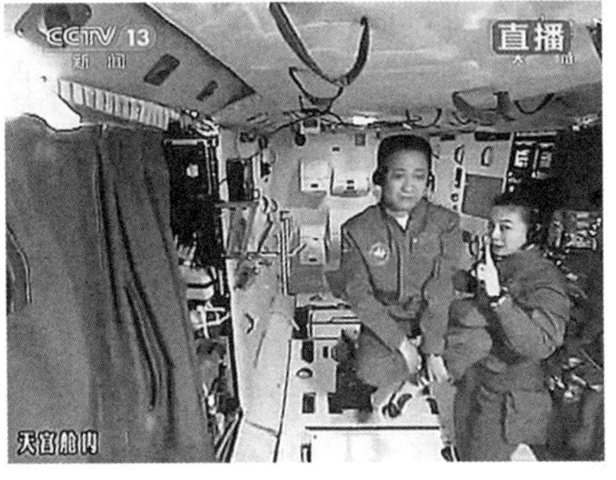

图6-2 悬空打坐

实验一:质量测量。在失重的太空,地面的测重不再奏效。那么,“航天员想知道自己是胖了还是瘦了?怎么称重呢?”太空教师王亚平提问。

在“神州十号”,有一种专门的“质量测量仪”。太空授课的“助教”聂海胜将自己固定在支架一端,王亚平将连接运动机构的弹簧拉到指定位置。松手后,拉力使弹簧回到初始位置(见图6-3)。这样,就测出了聂海胜的质量——74千克。

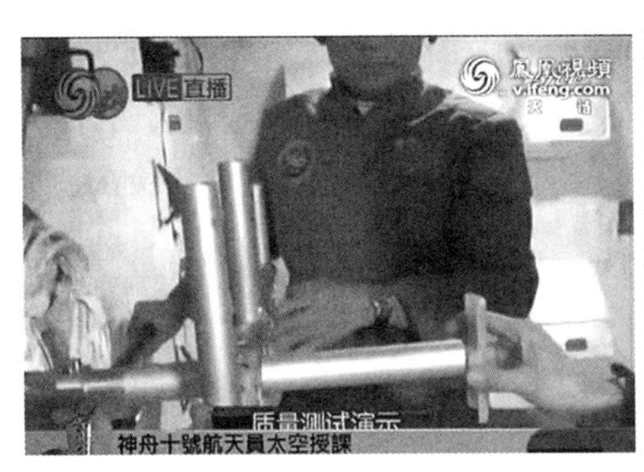

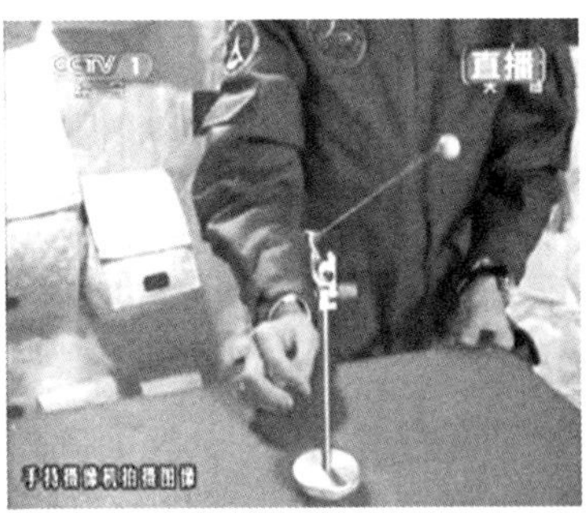

图6-3 质量测量仪

图6-4 单摆运动

对这个问题,王亚平解释,“其实,这就是牛顿第二定律 $F=ma$。”也就是,物体受到的力=质量×加速度。如果知道力和加速度,就可算出质量,“弹簧凸轮机构,产生恒定的力。也就是,刚才将助教拉回至初始位置的力。此外,还设计一个光栅测速系统,可测出身体运动的加速度。”

用光栅测速装置测量出支架复位的速度 v 和时间 t,计算出加速度($a=v/t$),就能够计算出物体的质量($m=F/a$)。牛顿第二定律是一个在一切惯性空间内普遍适用的基本物理定律，不因物体的引力环境、运动速度而改变，因此在太空和地面都是成立的。

实验二：单摆运动。T形支架上，细绳拴着一颗小球。这是物理课上常见的实验装置——单摆。王亚平将小球拉升至一定高度后放掉，小球像着了魔似的，用很慢的速度摆动。随后，王亚平用手指轻推小球，小球开始绕着支架的轴心不停地做圆周运动（见图6-4）。

单摆的运动周期与摆的长度和重力加速度有关。但在失重状态下，失去了回复力，钢球就静止在原始位置。这时，细绳并没有给球拉力。

手推小球，等于给了小球一个初始速度，同时绳子又给小球提供了拉力，细绳拉力平衡离心力，小球便绕着支架的轴心做圆周运动。如果没有绳的拉力，小球就会做匀速直线运动。在地面，空气的阻力使物体的速度越来越慢，重力则使物体向下掉。

还有很多有趣的实验，足以说明重力的作用无处不在。如何分析重力在各种运动中所起的作用？如何将重力“稀释”，以便于观察其作用？

第一节　一门广博精深的科学已经启蒙

一、斜面实验是自由落体实验的延伸

伽利略觉得，只靠比萨斜塔实验这样一个事实还不足以彻底否定亚里士多德的运动理论。他认为不能单靠自然界已有的现象，还必须做严格控制条件下的观测和数学推理，于是他仔细地做了斜面实验。

伽利略的高明之处就在于：凭借数学推理，将落体实验转化成斜面实验，从而有可能精确地测量路程和时间的关系，做出判决性的实验结论。许多迹象表明，伽利略对落体运动的研究取得成功的决定性步骤就在于进行了斜面实验。这个实验在最美丽的十大物理实验中排名第八。

小贴士：伽利略的思考

伽利略在《关于两门新科学的对话》中写道：“我们可以进而指出，任何速度一旦施加给一个运动着的物体，只要除去加速或减速的外因，此速就可保持不变；不过，这是只能在水平面上发生的一种情形。因为在向下倾斜的平面上已经存在一加速因素。而在向上倾斜的平面上则有一减速因素。由此可见，在水平面上的运动是永久的；因为，如果速度是匀速的，它就不能减小或缓慢下来，更不会停止。”这实际上是我们现在所说的惯性运动。因此，力不再是亚里士多德所说的维持运动的原因，而是改变运动状态（加速或减速）的原因。因此，在伽利略的斜面实验反驳下，亚里士多德的运动观已无法再维持它的统治地位。

1609年伽利略设计了一个斜面实验,这又是一个脍炙人口的实验。伽利略在1638年发表的著名的科学著作《两门新科学的对话》中,详细描述了他做过的斜面实验。

二、看到的现象:2倍的时间里,铜球滚动4倍的距离

1.【实验设备】

若干个不同重量的小铜球,一块长约6米、宽约4厘米的本板,一端垫一厚25~30厘米的木板,用其搭成一个斜面。木板上刻有一条宽约1厘米磨得十分光滑的槽、水钟计时器。

2.【实验人员】

伽利略1人。

3.【实验思路】

竖直方向的自由落体下落的速度在当时看来太快了,限于当时的测量条件,伽利略无法用直接测量运动速度的方法来寻找自由落体的运动规律。因此他设想用斜面来“冲淡”重力,“减缓”下落运动,而且把速度的测量转化为对路程和时间的测量,并把自由落体看成倾角为90°的斜面运动的特例,找出铜球经过的距离与时间的关系。

4.【实验步骤】

让不同重量的小铜球分别沿斜面上的槽滚下,记下每单位时间内小球滚过的距离(见图6-5)。通过各种倾斜度的反复实验,注意下降所需的时间(见图6-6),使两次观测所得的时间相差不超过脉搏的十分之一。

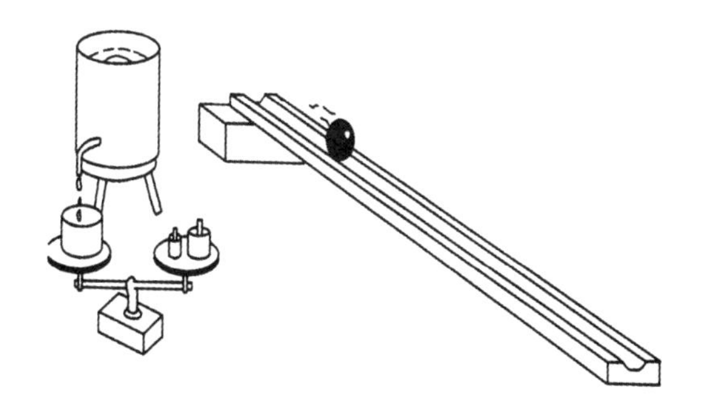

图6-5 伽利略的斜面实验装置图

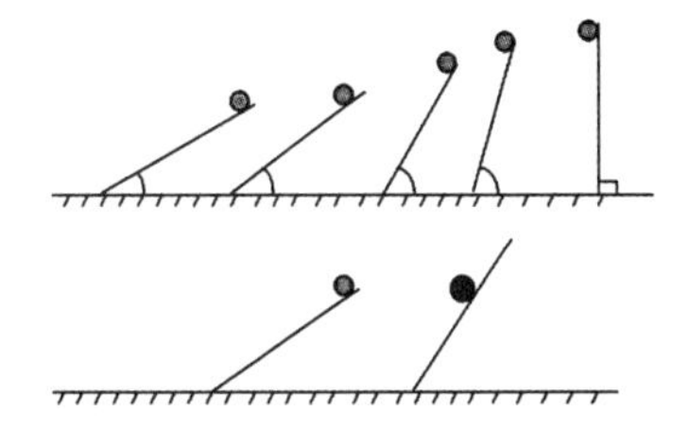

图6-6 伽利略实验的示意图

做过这一步并判定其可靠性之后,再让铜球只滚槽长四分之一的距离,测其下降时间,发现它精确地等于先前的一半。接下去试验其他距离:全程的一半、五分之二、四分之三或任一分值距离。这样的实验整整重复了100次。

5.【实验现象】

通过各种倾斜度的反复实验,伽利略发现,不论是大球或小球,轻球或重球,在同样的时间内都滚过同样的距离。

滚动球的速度不是均匀不变的，铜球滚动 2 倍的时间并不是就走出 2 倍的路程。

1841 年的一幅油画上画有伽利略向梅迪奇王子和比萨大学师主展示斜面实验的情景。王子很傲慢，教授们在查阅亚里士多德的著作，而学生们则欢欣鼓舞（见图 6-7）。

图 6-7　伽利略在演示斜面实验

6.【实验结果】

伽利略在斜面成不同倾斜角和铜球滚动不同距离的情况下做了上百次测定，每一次他都测量铜球滚下的时间和距离，并研究它们之间的数学关系。他发现"一个从静止开始下落的物体在相等的时间间隔经过的各段距离之比，等于从 1 开始的一系列奇数之比"，即为 1∶3∶5∶7∶……（见图 6-8），故在各连续的时间内，球通过的总距离为：

1，1+3，1+3+5，1+3+5+7，……

即与整数 1，2，3，4，……的平方成正比。从而完全证实了落体"所经过的各种距离总是同所用时间的平方成比例"，即 $s\propto t^2$。

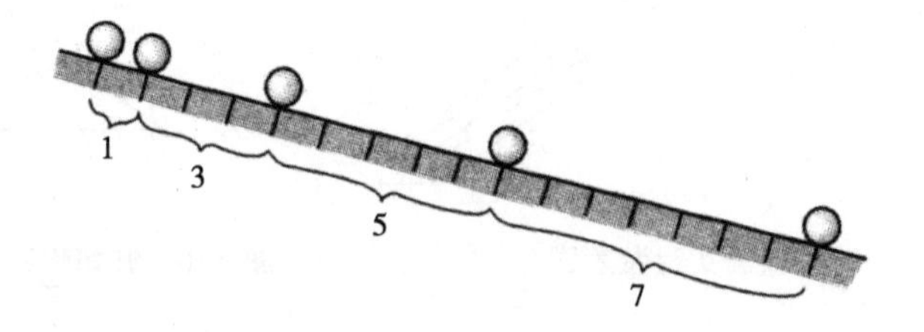

图 6-8　物体在相等的时间间隔经过的各段距离之比

并且对铜球沿之滚下的槽板的各种斜度都保持这样的关系（见图 6-9）。

亚里士多德曾预言滚动球的速度是均匀不变的：铜球滚动 2 倍的时间就走出 2 倍的路程。伽利略却证明铜球滚动的路程和时间的平方成比例：2 倍的时间里，铜球滚动 4 倍的距离，因为存在重力加速度。

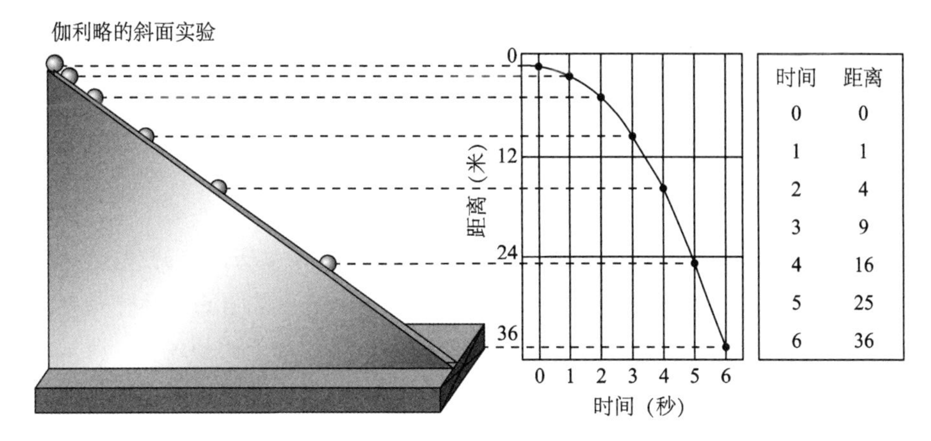

图6-9 斜面实验的计算

7.【实验结论】

在摩擦力忽略不计的情况下，物体沿同一高度、不同倾斜度的斜面到达底端所需的时间相同，它们的末速度相同。因此，从同一高度下落的物体必将同时落地，与它们的重量无关，进而证明亚里士多德的重物体比轻物体先落地的观点是错误的。总结出了时间 t 与距离 s 之间的关系，即：

$$s = \frac{1}{2} g t^2 \qquad (6-1)$$

以上就是自由落体定律。

8.【实验分析】

从上面的描述可以看出伽利略的斜面实验的设计思想是何等巧妙，他把难以直接测量的速度和时间的关系，转化为路程和时间的关系，并且通过实验证明路程与时间的平方成正比。这个关系也叫时间平方定律，它是匀加速直线运动的一个重要特性。伽利略断定斜面运动是匀加速直线运动，然后进一步做出推断，既然不论斜面的倾斜度如何，铜球滚动都遵守时间平方关系，那么斜面倾斜度越来越大，铜球最后将趋向于垂直下落，因此，自由落体运动也应是匀加速直线运动。

当时，伽利略没有精确的测时装置，但铜球滚落的时间十分短暂。为了测量时间，他把一只巨大的水桶放在高处，在桶的底部焊一根细管，在每次铜球下降的过程中，将细管流出的水收集到小杯中，再用极精密的天平称其质量。这就是所谓的“水钟”，犹如我国古代的铜壶滴漏。各次称量的质量的差别和比值也就是时间的差别和比值。

最令人惊奇的是，用这种方法测量的精确度是如此之高，以至于尽管实验重复了许多次，但是所得的结果都没有太多偏差。

现在我们已经有了电子秒表、光电计时器，甚至还可以用高速摄像机精确地测量物体下落的时间,而这些仪器在伽利略时代都没有。如果再看到伽利略当年做斜面实验留下的数据记录,也许会使人更为惊奇。

小贴士:重力冲淡思想

是伽利略智慧结晶的一个典型代表,正是因为认识到了重力冲淡的作用,才从斜面上的匀加速直线运动过渡到了对自由落体运动规律的研究。在自由落体运动规律的研究中,他首先想到用斜面来冲淡重力作用,保证时间成为可测量的物理量。他从斜面外推到落体运动,通过逻辑推理得到落体运动的时间平方关系,并通过斜面实验验证斜面的匀加速运动符合时间平方关系,间接证明落体运动也符合时间平方反比关系,与他的逻辑推理一致。最终得出结论:力是改变物体运动状态的原因。

三、遇到的质疑

就像当年伽利略的比萨斜塔落体实验受到怀疑一样,斜面实验也遇到了质疑。如前文所述,这个实验的设计和安排是如此的巧妙。多年以来,人们都认为伽利略就是按他所述的方案做的。在意大利的历史博物馆中甚至还陈列着据说是伽利略当年用过的斜槽和铜球。

但是,当人们重复伽利略的斜面实验时,发现很难获得如此高的精确度,更不能使斜槽的倾斜度任意提高。人们发现,用贴了羊皮纸的木槽做实验,误差反而更大了。20世纪中叶科学史专家库依雷(Koyre)曾提出一种见解,认为伽利略的斜面实验和他在书上描述的其他许多实验一样,都是虚构的,伽利略的运动定律源于逻辑推理和理想实验。这个意见对19世纪传统的看法无疑是一次挑战。

伽利略究竟有没有亲自做过斜面实验呢?然而,伽利略并没有对自己的工作做更详细的阐述,但从1591年伽利略的小册子《论运动》中可以看出,伽利略很早就对斜面感兴趣了,那时他主要研究斜面的平衡问题。

另外,不久前,科学史家在整理伽利略手稿时发现一页记录,据考察,这页记录文字大约写于1604年。从其中的数据可以看出,伽利略至少用了两种方法来做斜面实验:一种是选定一系列距离,测铜球下降的时间;另一种是选定一系列时间,测铜球下降的距离。两种方法都得到了时间平方定律,由此可以反驳那些怀疑论者。

第二节 “标志着物理学的真正开端”

一、对斜面实验的评价

真理越辩越明,现在看来伽利略做斜面实验是确定的了。那么我们来看看后来的科学家是如何评价的。

英国著名的哲学家和数学家罗素(Bertrand Russell,1872—1970,见图 6-10)说:“加速度也许是伽利略所有发现中最具有永久价值和最有效果的一个。”

爱因斯坦(Albert Einstein,1879—1955,见图 6-11)感慨地说:“今天我们难以估量,要精确地建立加速度概念的公式并且认识到它的物理意义,该显示出多么大的想象力!”在落体实验中,伽利略把定量实验技术和数学论证分析紧密结合在一起,开创了物理学中数学推理这一极其重要的科学方法。

图 6-10 罗素

图 6-11 爱因斯坦

正如爱因斯坦在《物理学的进化》中评论的:“伽利略的发现以及他所应用的科学的推理方法是人类思想史上最伟大的成就之一,而且标志着物理学的真正开端。”

德国哲学家康德(Immanuel Kant,1724—1804,见图 6-12)对伽利略的斜面实验如此评价:“当伽利略让他的一些圆球以他本人所选定的重力沿斜面沟槽滚下来的时候,对所有的自然科学研究者来说,心中豁然开朗。”

图 6-12 康德

二、斜面实验给我们的启示

从伽利略研究运动学这一历史片断中,我们可以得到什么启示呢?

1. 要正确认识实验在物理学发展中的地位和作用。

伽利略花了极大力气来改进斜面实验的方法和技巧,非常严格对待实验操作,以求获得可靠的数据。他认识到,只有在精确的基础上,才能彻底批驳亚里士多德的错误理论,建立严密的科学定律。

2. 要学习伽利略把实验研究和数学推理相结合的方法。

伽利略的成功不仅来自于他敏锐的思维,而且来自于他作为实验者的技能和天赋。加速度实验研究的成功给予亚里士多德的运动学说以决定性的批判,这在思想和实验方法上,为近代物理学的创立开辟了道路。

伽利略的研究方法是由下列步骤组成的:观察现象,经过数学计算和推理,得出假设;再用实验加以检验,由此得出正确的自由落体运动规律。

这种研究方法后来成了近代自然科学研究的基本方法,其中数学转换和科学实验是新的研究方法的主要部分,而实验验证则是核心。伽利略的研究方法是从观察到实验的历史性转变,从此使物理学的发展建立在可靠的实验基础之上,使物理学的研究从定性阶段过渡到定量阶段。时至今日,伽利略开创的研究方法,仍然具有强大的生命力和实际成效。

3. 要学习伽利略把真实实验和理想实验相结合的方法。

伽利略斜面实验的卓越之处不是实验本身,而是实验所使用的独特方法:在实验的基础上,进行理想化推理(也称为理想实验),它标志着物理学的真正开端。

把真实实验和理想实验相结合,把经验和理性(包括数学论证)相结合,是伽利略对近代科学的重要贡献。实验不是也不可能是自然现象的完全再现,应是在人类理性指导下对自然现象的一种简化和纯化,所以实验必须有理性的参与和指导。伽利略既重视实验,又重视理性思维,强调科学应该用理性思维把自然过程加以纯化、简化,进而得出自然现象中隐含的数学关系。因此,伽利略开创了近代自然科学中经验和理性相结合的先河。这一结合不仅对物理学,而且对整个近代自然科学都产生了深远的影响。正如爱因斯坦所说:“人的思维创造出一直在改变的宇宙图景,伽利略对科学的贡献就在于毁灭直觉的观点而用新的观点来代替它。这就是伽利略的发现的重要意义。”

理想实验在物理学发展的重要时刻发挥了重要作用,导致了许多物理规律的发现和物理理论的建立。理想实验在近代用得越来越多,牛顿、马赫、爱因斯坦、麦克斯韦、薛定谔等物理学家常用它说明问题。

小贴士:理想实验的方法

铜球斜面滚动试验,按伽利略设想,理想条件下,假定铜球与斜面没有摩擦力,且不存在空气阻力,如果斜面无限延伸,铜球就会无限持续运动下去;相反,铜球也可以借外力向斜面上运动,再对铜球施加大小相同的推力,如果向上的坡度越小,那么铜球就会滚得越远;当斜面的坡度为零时,滚动的铜球会不加速也不减速,将按初始速度永远地运动下去。因此得出结论:当一个物体在一个水平面上运动,没有碰到任何阻碍时,它的运动将是匀速并将无限地继续进行下去,假如平面是在空间中无限延伸的话。显然,这个实验无法完全真实地操作,因为现实中永远无法把摩擦力消除尽,也无法找到和制作一个无限长的平面。但它却在高度抽象的理想状态下进行逻辑运作,洞察要解决的问题。

第三节 生活物理——生活俗语中的力学知识

1. 船到江心抛锚迟,悬崖勒马早已晚。

解释:一切物体都有惯性,即保持原有运动状态不变的性质。所以说船到江心很难停下。(见图 6-13)

图 6-13 漂流的竹排

2. 小小竹排江中游,巍巍青山两岸走。

解释:物体运动的相对性,物体是运动还是静止取决于所选的参照物。

图 6-14 称石头重量

3. 小小秤砣压千斤。

解释:根据杠杆平衡原理,如果动力臂是阻力臂的几分之一,则动力就是阻力的几倍。如果秤砣的力臂很大,那么“一两拨千斤”是完全可能的。(见图 6-14)

4. 人心齐,泰山移——拔河比赛。

解释:如果各个分力的方向一致,则合力的大小等于各个分力的大小之和。

5. 如坐针毡

解释:由压强公式可知,当压力一定时,受力面积越小,则压强越大。人坐在这样的毡子上就会感觉极不舒服。(见图 6-15)

图 6-15　针毡沙发

图 6-16　瀑布流水

6. 人往高处走,水往低处流。

解释:水往低处流是自然界中的一条客观规律,原因是水受重力影响由高处流向低处。(见图 6-16)

【本章小结】

本章从观察生活中的有关各种运动现象入手,分析重力的作用大小等现象出发,介绍了重力加速度研究的发展历史和重力加速度与生活的密切关系。重点介绍了斜面实验的实验方法和思维过程,介绍实验研究和数学推理相结合的方法,介绍把真实实验和理想实验相结合的方法,注重斜面实验的设计思想、数据分析,领略实验之美。同时,学会用科学的思维和方法简单分析生活中与重力加速度相关的物理现象;课堂小实验提升学习兴趣,培养利用简单器材的实验动手能力;通过课后实验设计题,分小组进行团队协作学习,初步学会设计重力加速度相关的简单物理实验的方法。

【大事年纪】

公元 1609 年　伽利略用斜面法测重力加速度。

公元 1632 年　J.开普勒在《新天文学》中发表关于行星运动的第一定律和第二定律;同书中用拉丁字 moles 表示质量;1619 年他在《宇宙谐和论》中发表关于行星运动

的第三定律。

公元1636年　伽利略《关于托勒密和哥白尼两大世界体系的对话》一书出版。

公元1638年　宋应星的《天工开物》转载伽利略发表《关于两门新科学的谈话及数学证明》，系统介绍悬臂梁、自由落体运动、低速运动物体所受阻力与速度成正比、抛物体、振动等力学问题。

公元1644年　E.托里拆利发现物体平衡时重心处于最低位置。

公元1687年　I.牛顿《自然哲学的数学原理》发表，系统地总结物体运动的三定律并正式提出万有引力定律；书中还给出流体的粘性定律和声速公式。

公元1784年　G.阿脱伍德用滑轮两边悬挂物体的办法测重力加速度。

公元1952年　北京大学设置力学专业，中国高等院校设置力学专业从此开始。

公元20世纪50年代~60年代初中国科学院设置力学类的专门科学研究机构：工程力学研究所（1953）、力学研究所（1956）、中国造船科学研究所（1956）、兰州渗流力学研究室（1960）和武汉岩体土力学研究所（1962），电流体动力学、岩石力学、断裂力学开始形成。

公元1957年　中国力学学会成立。

【拓展阅读】

1. 没人懂的物理

知名物理学家费曼接受访问时，谈到他的父亲，说了这么一则故事：

我父亲教我要注意一些事情。有天我在玩一种叫作“快速货车”的玩具，它是一辆小货车，走在轨道上，小孩可以拉着走。当我拉它向前，我注意到车斗上的球有点奇怪，我跑去找父亲：“嘿，爸，我注意到一件事，当我拉拖车向前，车斗上的球会滚向后面，但如果我正拉着它走，忽然停下来，球就会滚到车斗的前面，这是为什么？”我父亲回答说：“这，没人知道；一个一般性原理是‘正在前进的东西会倾向持续前进下去，而静止的东西会想要继续停在那里，除非你用力拉它’。这种倾向称为‘惯性’，可是没有人懂为什么会这样！”

我父亲这种理解是非常深刻的：他不是只告诉我一个名称而已，他很清楚“知道某件事的名称”和“知道某件事”完全是两码事。他又继续说：“如果你仔细看，你会发现球并没有跑向车斗后面，而是你正拉向前的车斗往前去撞上球，球其实是停着不动的；或者严格讲，球会因摩擦力被拖着向前，而不是往后跑。”

所以我就跑回玩具货车，把球放好，然后从车下面去拉它，并从旁边观察。他说的的确是对的——当我拉车子向前时，球并没有向后跑，球相对于车斗是向后跑了，相对于地面却是稍微前进了一点点。这就是我父亲教育我的方式，用这类例子与讨论；没有压力，只是有趣的讨论。

以上这则故事,每位物理老师都应该知道!为什么?这则故事的意义不在于费曼的父亲能够善用机会、适时启发,而在于“没有人懂惯性原理”这种费曼所谓“非常深刻的理解”。“没人懂”这句话大多物理老师是说不出口的,因为大多数物理老师所谆谆教诲的是,学生如果要学好物理,就要弄懂物理原理,不要死背。而喜欢物理的学生也正是因为物理是可以弄懂的、不像化学或生物常常要死记一些东西,才喜欢物理的。因此物理老师一般不会像费曼父亲那样,一开始就强调物理原理本身其实是“没人懂”的。

那么到底物理课要教大家懂的东西是什么?物理课本的主要内容大致上是所谓的物理定律,以及从这些定律出发、用数学推导出来的结果。譬如说,学生会学到牛顿三大运动定律,并且学习如何以运动定律演算出炮弹的飞行轨迹。学生如果能恰当地应用各种物理原理或定律,推导出正确的答案,老师大致就会认为学生弄“懂”了物理。既然只要能算出正确答案就能在目前(从中学到研究所)各级考试获得高分,数学演算当然就成为物理课的重点。这么一来,(不容易考的)物理定律的意义与来源就不是师生追究的重点,而老师的教学重点也不会是说明如何从自然现象归纳、推论、猜测出物理原理与定律。

费曼父亲所谓“没人懂”惯性原理的意思就是惯性是自然现象,而自然现象“就是那样子”,不是我们可以从逻辑去推导的,因此也就“只能知道而不能懂”。当前物理教育的重心放在物理定律的推论,也就不在意费曼重视的那种对于物理原理的意义的“非常深刻的理解”。

目前物理的“宇宙膨胀”、“弱作用β衰变”等题材,让一些物理老师担心会过于抽象,学生无法弄懂。其实“宇宙膨胀”与“弱作用β衰变”都是自然现象,在最深刻的层次上,都属于费曼父亲所谓不能懂的事情,其抽象程度和学生在初中就学过的“惯性”是同一等级的。老师能够解说的是,我们究竟是如何知道宇宙在膨胀、原子核会β衰变等现象;以宇宙膨胀为例,答案当然是我们侦测来自极远处星系的光,发现其光谱有红移(即波长变长了),依据多普勒效应可以推论极远处星系正在远离我们,表示宇宙正在膨胀。这些推论完全不涉及困难的数学,并无玄奥、抽象之处。我们要牢记的是物理的基础是自然现象,而越基本的现象我们越无从去论懂或不懂。

2. 万有引力的本质

牛顿的万有引力定律是他伟大一生中最重要的发现之一。他在开普勒三定律的基础上通过一系列巧妙的假设和数学推导,得到了万有引力公式。但是从新的角度来看,尤其是探究引力的本质和物理含义时,牛顿的结论又存在一些疑问。

(1)一般观念:

丹麦天文学家 Tyeho Brache 连续20年对太阳系各行星进行观察所得的数据又经开普勒近20年的分析总结,产生了开普勒三定律,即:①第一定律——轨道定律:行星运行的轨道都是椭圆形的,太阳位于椭圆的一个焦点上。②第二定律——面积定律:行星向径(行星与太阳的连线)在单位时间内所扫过的面积相等。③第三定律——周期定律:行星公转周期的平方与它们各自轨道半长径的立方成正比。以 T 表示行星运行周期,以 r 表示行星轨道半长径,则:

$$T^2 = k r^3$$

但是之后开普勒对于此现象的进一步解释却由于过分着眼于对称性因而目前已经被证明是错误的。

牛顿在开普勒的工作基础上,在经典力学的方法下,研究特殊情况下的行星运动:匀速圆周运动。根据向心加速度:

$$a = v^2/r$$

(v 是行星运行的速率,r 是圆形轨道半径),根据开普勒第三定律即有

$$F = ma = km/r^2$$

之后,牛顿作了一个假设:引力是万有的,普适的,统一的。在这个假设下,牛顿预言了月球的半径并进一步提出了引力常数的概念,最后由卡文迪许通过实验求出了其值。

解决了引力的线性叠加问题后,在圆周轨道上万有引力定律的成功,再通过数学手段推广到椭圆轨道(椭圆轨道即是行星在固定轨道高度上的速度并不等于相同高度圆轨道的速度,且在一定的范围内,保证行星不至于脱离引力束缚且同时不靠近中心星体的状态下所作运动的轨迹)。至此,万有引力定律得以完全证明。

(2)问题:

牛顿万有引力定律所遇到的问题在于,万有引力的机制是什么?万有引力定律是公理吗?进一步的,万有引力是力吗?

万有引力定律目前是被当作公理来对待的,是属于牛顿的力学体系的一条公理。因为牛顿力学理论体系的基本定律是其三定律。而其三定律没有包含“重力”方面的内容,作为“重力”方面内容的补充,不得不把引力定律当作基本定律来运用了。

这其中的问题在于,传说中牛顿发现万有引力是观察苹果掉落的结果:如果万有引力不存在,那么苹果就不会掉下了。因而我们可以看到,这个推论的先决条件是,若物体不受力的作用就为静止或匀速直线运动,即牛顿第一第二定律。换言之,万有引力定律是在公理的基础上推导所得,因而不能称之为基本公理。

另外我们注意到,开普勒三定律是经验规律,是通过天文观测和数据计算得到的公式,他的正确性是可以肯定的。牛顿的工作是利用了开普勒的公式,在自己的理论上加以运用并在一定的假设下进行推论的结果,因而也应该是经验公式,换言之,在开普勒所研究的五大行星的范围里是正确的,但到了范围之外就不正确了,所以,“先驱者11”、“伽利略”以及“尤利西斯”等探测器偏离按照“万有引力定律”计算的轨道,是很正常的,并不一定就是所谓“奇怪的力”作用的原因。也正因为此,牛顿将引力万有化

的假设也就不见得是正确的了。

由于当时人们认识的局限性，肯定了绝对静止参考系的存在——地面参考系。在之前，没有人认识到重力（引力）的存在。因而，可以说在没有重力场的前提下，牛顿力学体系才成立（牛顿第一第二定律、牛顿第三定律是力学体系定律，不受有没有重力场条件的限制）。在重力场的前提下，牛顿力学体系不成立。爱因斯坦已经说明了引力是对重力本质的错误认识，这一点也已经为大多数人所接受，而万有引力定律中显然是将重力解释为来源于引力。牛顿提出万有引力也并没有对引力的属性做出清晰而明确的说明，且引力常数 G 的量纲也没有明确的物理意义，因而可以说，万有引力公式是数学而不是物理。

牛顿的工作思维在其著作《自然哲学的数学原理》中可见一斑：我奉献这一作品，作为哲学的数学原理，因为哲学的全部责任似乎在于——从运动的现象去研究自然界中的力，然后从这些力去说明其他的现象。或者即是说，在牛顿看来，力在自然界中起到了独一无二而又不可替代、且是最重要、决定性的作用。牛顿忽略了物体本身属性。所有物体存在的方式一是其属性，二是关系。力是关系，但牛顿过于看重这种关系，而忽略，又或者说否定了，重力作为物体本身属性的可能（我们知道，引力和热是紧密联系在一起的，这种关系也包含了两者之间的性质的关系，即有可能都是作为物质的属性存在的）。

(3)引力不是力：

一般认为的力，或是直接作用产生的（如弹力），或是通过场产生的（如电场、磁场）。引力的特殊之处在于，它显然属于后者，但理论上，

$$F=GMm/R^2 \qquad \text{因而} \qquad a=F/M=GM/R^2$$

即，物体在引力场中的运动与其质量没有关系，纯属时空中的几何问题。这是一般场力所不具有的性质。

我们知道在重力场的中心都有一个“特殊质量（不是引力质量）的”天体，这个“天体”就是确定的参考系。没有“特殊物体”（整体天体）与一般物体区别的认识，就会产生引力场是由于其中心“质量”，质量又是产生引力场的根源，于是，质量又是产生“引力”的根源，引力还是“力作用”，而“场”的存在又没有意义了。因而我们看到，引力若是一般意义上的力，而我们又必须承认场的存在时，就会有以上的矛盾。

伽利略认为匀速圆周运动也是一种惯性运动，这一点在一般的经典力学中是错误的。但是，现在我们可以认为引力不是力。那么伽利略的说法就可以认为是正确的了。从引力的几何性我们可以推断，即使是质量为零的物体在另一个有质量物体的引力场中其运动状态也会改变（从一般的角度来看），这一点是与爱因斯坦广义相对论符合的（即光在引力场中也会弯曲）。那么照这一假设进行推论，有初速度的物体在一个引力场中，受到了“引力”的作用，但是“引力”并不是力，因而根据牛顿三定律有物体将做匀速直线运动。但是，爱因斯坦的理论说明在一大块质量的物体周围，空间和时间将会发

生弯曲。即是说,虽然是匀速圆周运动,但是直线的表征已经不同了,我们所观测到的直线运动变成了圆周运动。

(4)结语:

牛顿万有引力定律的正确性在目前看来是毋庸置疑的。在解决实际天文学问题时也是不可替代的工具(牛顿引力势)。但是,我们相信绝对真理是不存在的,有的只是更简洁的表达和更揭示本质的说法。牛顿的万有引力定律一方面在其物理含义上并不明晰,二是其推导过程并不严谨(预言地球——月亮之间距离的正确,是建立在观察实验的基础之上只在开普勒公式的适应范围内),三是对于重力本质的说明并不正确,对引力的本质没有做出解释,四是其理论的基础本就不允许重力场的存在。而在肯定爱因斯坦的理论的正确性的情况下,我们可以找到一种同样符合事实的解释,那便是,引力不是真正的力,引力场是时空的弯曲。

【思考与讨论题】

6-1 在火车上观看窗外开阔的原野,会感到( )。

A.远处景物朝火车前进的方向旋转

B.远处景物朝背离火车前进的方向旋转

C.不旋转

6-2 科幻小说中经常用的时光倒流描述,不能实现是依据以下哪位科学家提出的理论?( )。

A.牛顿 B.普朗克 C.爱因斯坦

6-3 为什么发条拧得紧些,钟表走的时间长些?

6-4 钢笔吸水时,把笔上的弹簧片按几下,墨水就吸到橡皮管里去了,是什么原因?

6-5 用高压锅煮饭菜比用普通锅煮饭菜熟得快,为什么?

6-6 摩托车做飞跃障碍物的表演时为了减少向前翻车的危险,应该后轮先着地,请分析其中的道理。

【分析题】

6-7 如图 6-17 所示,一圆台形的“树干”于一支点处被支起达到静力平衡(不考虑稳定性),过支点作平行于圆台底面的竖直面将“树干”截为两份,请严格论述左、右哪一部分质量较大。

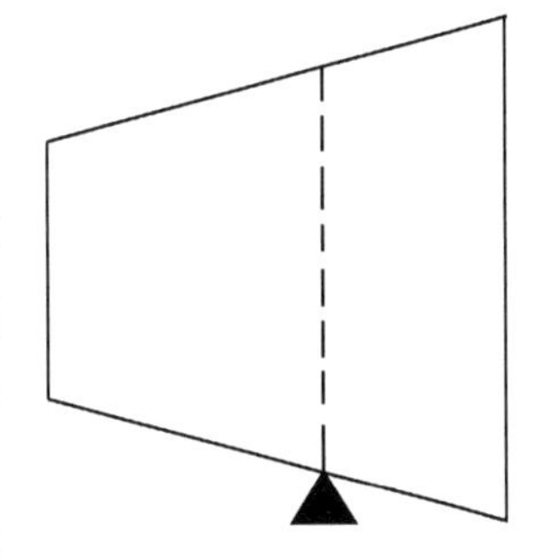

图 6-17 被撑起来的树干

6-8 如图 6-18 所示,两点之间最快的是不是直线?请实验并分析。

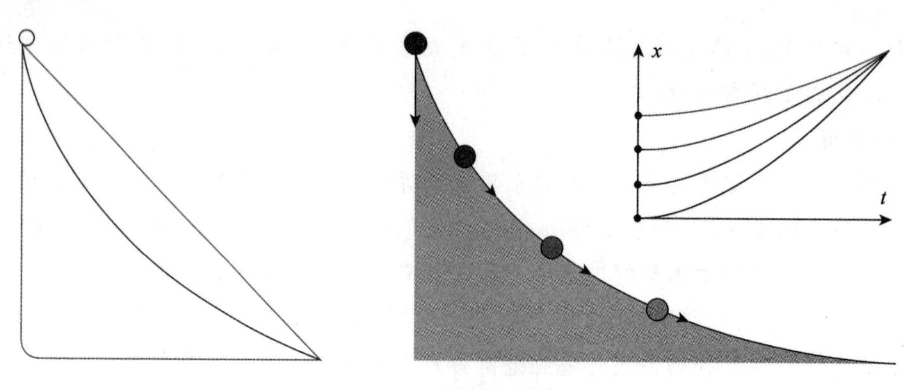

图 6-18 最速路径分析

6-9 水压的方向是向下的吗?

6-10 为什么灰尘会黏附在电扇的扇叶上?

6-11 运动场上,跑在最前的运动员会不利吗?

6-12 荡秋千时,为什么秋千能越荡越高? 怎样才能越荡越高?

6-13 驾驶汽车拐弯的安全驾驶方法是什么?

6-14 陀螺和自行车有关系吗?

6-15 把杯子浸入水桶里的水中时所需要做的功,究竟是杯底朝上时多,还是杯底朝下时多? 假定水不从水桶里溢出,而且杯底朝下浸入时,水不进入杯中。

6-16 把正在发出声音的音叉放在桌子上,声音立刻变大了。这不是违反了能量守恒定律了吗? 在这里,振动的加剧就是最好的证据,那么究竟怎样来解释呢?

6-17 天平(已调好)的右盘放着一个瓶子,瓶中放入几只苍蝇,当苍蝇停在瓶底时天平恰好平衡,那么当苍蝇在瓶中乱飞时,天平还能平衡吗?

【实验设计题】

6-18 试设计一个测量重力加速度的实验装置。

6-19 试设计实验装置,使重物可以向上滚动一段距离。

6-20 如何用不标准天平称出物体质量?

6-21 试设计实验装置,测量空气的质量?

第7章　白色的太阳光是有颜色的吗？
——牛顿的棱镜色散实验

自然和自然规则在黑夜中躲藏，主说，让人类有牛顿！于是一切被光照亮。

——亚历山大·蒲柏（铭刻于牛顿的墓志铭上）

【学习目标】

1. 了解自然光的研究的发展历史和自然光与生活的密切关系。
2. 了解科学研究成功与学习、继承前人的经验的重要关系。
3. 掌握棱镜色散实验的实验方法和思维过程。
4. 掌握归纳—演绎的研究方法。
5. 掌握实验—抽象的研究方法。
6. 学会用科学的思维和方法简单分析生活中与自然光相关的物理现象。
7. 初步学会设计与自然光相关的简单物理实验的方法。

【教学提示】

1. 从观察生活中的有关颜色现象入手，分析太阳光对于物体颜色的作用。
2. 注重棱镜色散实验的设计思想，系列实验的逻辑关系，领略实验之美。
3. 课堂小实验（或者生活小实验录像展示）提升学习兴趣，培养利用简单器材的实验动手能力。
4. 课后“实验设计”题，分小组进行团队学习设计。

太阳镜已经成为人们出行的必需品，但是很多人并不了解选择太阳镜的常识，也不知道怎么选择太阳镜比较好，其实太阳镜的选择是有一定技巧的。

在路边小店随便买副太阳镜过过瘾？那些不防紫外线的劣质太阳镜，不如不戴。戴太阳镜是为了防止光线、紫外线对眼睛的伤害，首先遮光可防止刺眼光线引起的头痛,其次阳光中的紫外线若进入视网膜,会引起视网膜黄斑病变,甚至产生白内障等眼部疾病。劣质太阳镜只是用有色的镜片遮挡了光线,人的瞳孔在弱光下就会自然放大,但劣质太阳镜镜片并没有防紫外线的功能,放大的瞳孔反而会吸收更多的紫外线,容易引起白内障、日光性角膜炎、角膜内皮损伤和眼球黄斑变性等疾病。

戴颜色过深的眼镜会使眼睛处于暗房环境,人的眼睛在阴暗的环境下瞳孔会自动扩大,瞳孔长期扩大容易引发青光眼等病症。

(1)茶色系:茶色系镜片可吸收光线中的紫、青色,几乎吸收了100%的紫外线和红外线。柔和的色调,让眼睛比较不容易疲劳。属于十分优良的防护镜片。

(2)灰色系:可完全吸收红外线,以及绝大部分的紫外线,且不会改变景物原来的颜色。温和自然的颜色使之备受欢迎。

(3)绿色系:和灰色系眼镜一样可吸收全部红外线和99%的紫外线,光线中的青、红色能够被阻挡,但有时景物的颜色在经过绿色镜片后会被改变。但因为绿色带给人清凉舒畅的感受、对眼睛保护也不错,是太阳眼镜镜片的绝佳选择。

(4)红色系:红色系的镜片阻隔紫外线和红外线的效果和以上三种比较,就略逊一筹,对一些波长比较短的光线阻隔性较好。粉红色镜片颜色柔和,对一些佩戴者来说,心理上的效果大过实质上的效果。

(5)黄色系:黄色系镜片可吸收100%紫外线和大部分的蓝光,吸收蓝光之后,所看到的景物会更清晰,打猎、射击时,佩戴黄色镜片当滤光镜是十分普遍的。

因此,选择太阳镜一般以深灰色为佳,深褐色和黑色次之,蓝色和紫色最差,因为这两种镜片会透过更多的紫外线。黄色、橙色和浅红色的尽量不用。

太阳镜能够选择性地透过某种颜色的光,其根本原理是太阳光是由各种颜色的光组成的,但这在当年,是不可思议的。

小贴士:天然玻璃和人造玻璃

早期的光学研究多半是靠简单的工具及普通玻璃的帮助慢慢积累成果,直到光学玻璃研制成功之后,光学研究才有了长足的进展。

虽然我们平常使用的玻璃是工厂生产的,但也有来自火山熔岩快速冷却而形成的天然玻璃。天然玻璃对光学的研究与应用没有什么帮助,因为它通常是不透明的,而且杂质较多(见图7-1)。不过水晶石却是例外,水晶石为透明的石英结晶体;通常呈六角形棱柱,是制造光学镜片的优良材料。但它的价格昂贵,因此从经济上考虑,并不适合制作光学镜片,但却是名贵的宝石材料。

把矿砂(通常用的是二氧化硅)和石灰、苏打一起熔化制造人造玻璃的历史,可以追溯到4000多年前的美索不达米亚与埃及地区。不过当时只限于生产饰品和容器,而且是用整块玻璃雕琢而成,一直要到大约公元前2世纪,才在巴比伦出现吹制玻璃的技术(见图7-2),这项工艺随后为罗马人继承并发扬光大。

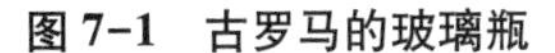
图7-1 古罗马的玻璃瓶

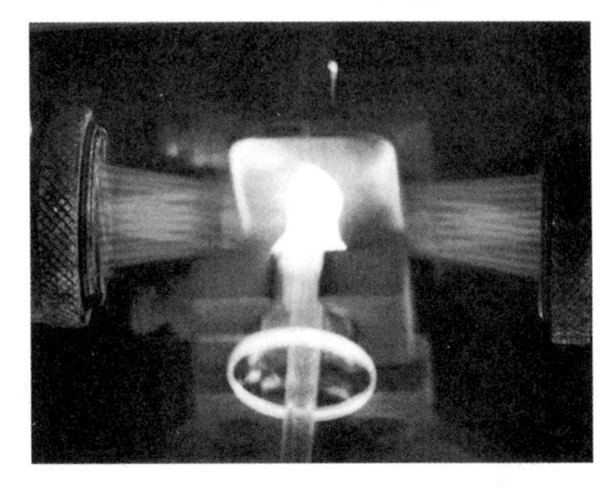

图7-2 用高温瓦斯喷燃器将材料加热制造玻璃

玻璃工艺大约在罗马帝国成立前后开始衰落,而且时间长达1000多年,直到12世纪末才又复苏。当时,在威尼斯和中东等地的作坊,开始生产坚硬、质轻的晶体玻璃,并用这种玻璃制造透镜和棱镜。其后晶体玻璃的制造方法屡经改进,所生产的玻璃既不含气泡,也没有杂质,很适合光学镜片的磨制,但品质并不稳定。

为了使光学仪器所传递的影像能清晰不变形,因此光学玻璃必须具有高度的均匀性及精确的光学常数。18世纪中叶,法国人纪南利用坩埚以搅拌法制造出均匀的光学玻璃。在19世纪,德国的蔡司、阿贝等人共同研究以多种新元素来熔炼玻璃,提高了光学玻璃的品质,也使得光学研究有了品质更佳的材料。

第一节 好“色”之徒

大家对牛顿的故事再熟悉不过了,从小学起就听过不少:苹果落地的故事,煮蛋的故事,牛顿请客的故事等等。大家也都知道,牛顿是位伟大的科学家,为自然科学的发展做出了巨大贡献。诸如万有引力定律、三大运动定律、微积分……都是大家耳熟能详的。牛顿在实验物理方面的工作主要表现在光学上,本讲所讲述的就是牛顿在光学方面的一项成就——棱镜色散实验,即用棱镜分解太阳光。这个实验在最美丽的十大物理实验中排名第四。

一、牛顿生平介绍

牛顿是经典物理学的缔造者,英国著名的物理学家和天文学家,是17世纪最伟大的科学巨匠。

艾萨克·牛顿(Isaac Newton,1642—1727,见图7-3),1642年12月出生在林肯郡

伍尔索普的村庄中，是一个农家孩子(见图 7-4)。在牛顿出生不足三个月时他父亲就去世了，牛顿幼时身体孱弱。牛顿 3 岁时，母亲改嫁给一位牧师，是外祖母把他抚养长大的。牛顿的童年没有得到父爱和母爱，这种不幸使小牛顿性格孤僻内向，他没有知心朋友，他的课余时间全都用于阅读和实验。

图 7-3　牛顿

图 7-4　牛顿故居

牛顿 12 岁时进入格兰萨姆中学，寄住在一位药剂师的家中。在那里，他获得了广泛阅读各类书籍，制作各种玩具，从事化学、物理实验的机会。中学时代的牛顿学习成绩起初并不出众，只是爱好读书，对自然现象有好奇心，喜欢别出心裁地做些小工具、小发明、小试验。不久，他天才的一面开始展现出来，成绩也一跃位居前列。

1661 年他以优异成绩被推荐到剑桥大学三一学院学习，由于经济困难只好靠做杂役来维持生活。在此期间，他极其勤奋地读书、思考，研究了大量古代和当代人的著作，特别是有关自然哲学、数学和光学方面的，其中有开普勒的光学、欧几里得和笛卡尔的几何学，1664 年牛顿成为奖学金获得者。1663 年，三一学院创办了自然科学讲座，第一个主持讲座的是博学多才的著名学者巴罗教授，是他把牛顿引向自然科学那些待开发的园地。

1665 年，牛顿获得了学士学位。这一年因为伦敦流行瘟疫，剑桥学生纷纷离开学校，牛顿也回到家乡。在这 18 个月里，牛顿度过了他一生中最富于创造力的阶段(见图 7-5)。他在自然科学领域内思潮奔腾、才华迸发，思考前人从未思考过的问题，踏进前人没有涉及的领域，创建前所未有的惊人业绩。他用归纳法发现了二项式定理；用三棱镜把日光分解成红、橙、黄、绿、青、蓝、紫七色，发现了光的颜色特性，解释了彩虹的成因，研究了颜色的理论；从想解决不规则面积和体积的求法，产生了各种量的连续变化的观念，发明了一种新的计算方法即微积分。

1668 年，26 岁的牛顿回到剑桥大学，当时巴罗教授对牛顿的才华有充分的认识，他对牛顿极为赞赏。1669 年 10 月 27 日，巴罗便让年仅 26 岁的牛顿接替他的主讲工作，任数学教授。同年巴罗和他合作完成了《光学和几何学讲义》的撰写，在这本讲义的序言里，巴罗曾给予牛顿的工作以很高的评价。1672 年牛顿被选为英国皇家学会会员，

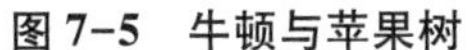

图 7-5 牛顿与苹果树

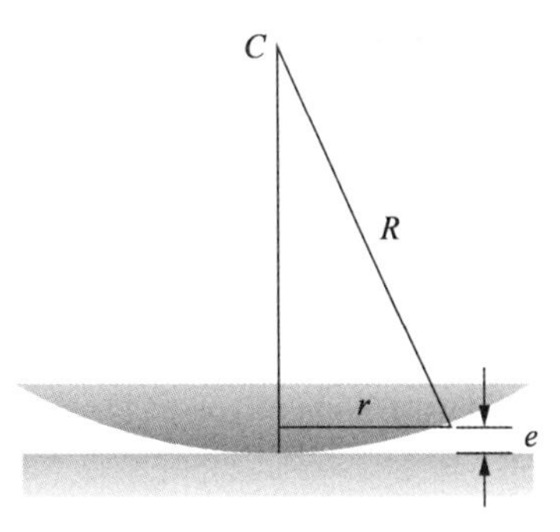

图 7-6 牛顿环实验图

同年他撰写了光的分析的实验报告,并发表了《光和颜色的新理论》的论文。1675 年做了有名的牛顿环实验,并找出一条关于每个圈的颜色和膜的厚薄关系的数学公式(见图 7-6,图 7-7)。

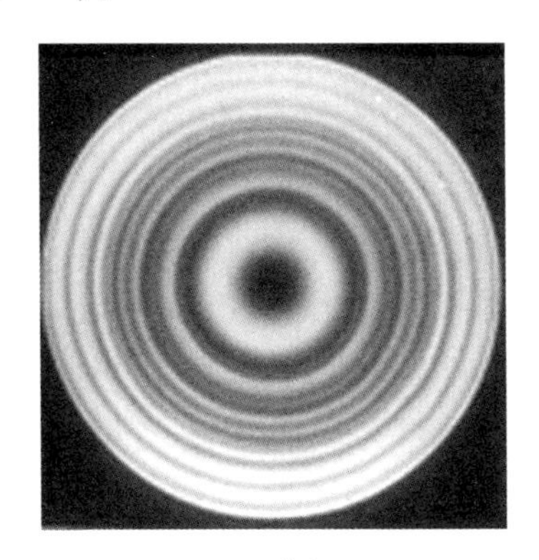

图 7-7 牛顿环

图 7-8 牛顿的反射式望远镜

牛顿在光学上的另一个贡献:他也发明了新型望远镜——牛顿望远镜(见图 7-8)。伽利略、开普勒等人的望远镜存在一个致命的问题,就是如果把望远镜对着远处黯淡的星体的时候,将无法分辨,因为光线实在太少了。除非你增大望远镜的直径,然而,组成望远镜的凸透镜和凹透镜都是玻璃,要打磨如此精确的又如此大的玻璃块是非常之困难的。这就使得普通望远镜大大局限于某些亮一些的天体观测。而聪明的牛顿则综合阿基米德和伽利略的智慧,他将凹面镜放在望远镜里面聚远处的光,然后再反射到望远镜的透镜上,这样即使在光线很微弱的情况下也能看到清晰的图像。现代天文望远镜甚至都还基于牛顿望远镜的原理,让我们看到宇宙更深更古老处的秘密。

小贴士:透过镜筒看世界

光的折射和反射原理的运用,促进了光学仪器的迅速发展。其中一些仪器已被普遍使用,例如眼镜、放大镜、显微镜、望远镜等,以及其他专业仪器如内窥镜、潜望镜、专业显微镜和电子显微镜等。

放大镜通常是双凸透镜,可以使置于焦点和镜心之间的物体放大形成虚像。双凸透镜除了作为放大镜以外,还在电影或幻灯片放映机等仪器中使用。这些仪器通常还配有一片凹面镜,可以将放映机的灯光集中在银幕上。

1. 望远镜

望远镜按物镜的不同结构,可分为三大类:折射望远镜,用透镜做物镜,反射望远镜,用反射镜做物镜,折反射望远镜,兼用透镜和反射镜做物镜。

折射望远镜又有伽利略和开普勒式两种。伽利略式测得的是正像,便于地面观察,但缺点是放大倍数及视角都有限;开普勒式测得的是倒像,但放大倍数及视角都较大,所以天文望远镜大多采用开普勒式。最早的反射望远镜是牛顿在1672年制成,后来又有卡塞格伦、格雷戈里等类型问世。至于折反射望远镜,也有施密特、马克苏托夫等多种类型。

望远镜根据用途又可分为天文望远镜和地景望远镜。这两者在光学原理上并没有什么区别,只是天文望远镜口径较大、倍率较高,且允许倒像。为了对天体做更仔细的研究和观测更暗弱的天体,天文望远镜的口径愈来愈大,世界上几个大口径的天文望远镜都是反射式的,如目前最大的光学天文望远镜直径为6米,设在高加索山;目前世界上最大的折射望远镜,口径1米,位于美国耶凯斯天文台。

一般说来,天文望远镜多是反射型望远镜,但天文望远镜在某些情况下也使用图中所示直径90厘米的折射望远镜(见图7-9)。

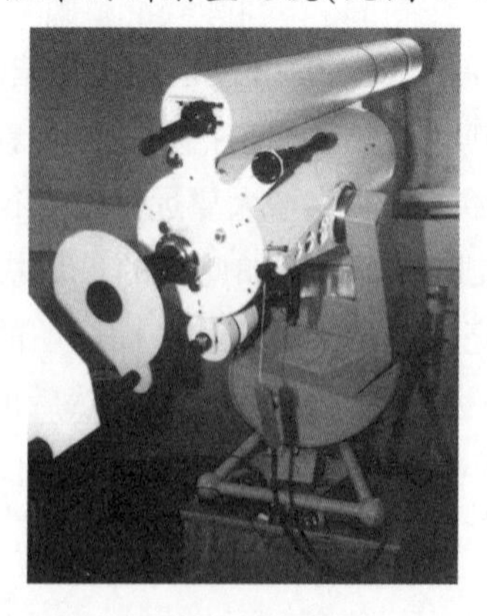

图7-9 天文望远镜

2. 潜望镜

潜望镜是隐蔽自己,以观察外物的理想仪器,构造十分简单,在镜筒两端分别装一个全反射棱镜。但潜艇的潜望镜显然要复杂得多,还具备了望远镜的功能,可以放大物像,而且通常还装有测定距离及方位的仪器,并有瞄准用的准线。潜艇用的潜望镜在正常情况下都是双“目”的,更利于观察。

牛顿的“好色”揭开了光的面纱、颜色的奥秘,也正是源于自古以来人们对光的好奇心。好奇心,就是物理学家研究的最原始动力!好奇心推动着人类认识和认知的进步,也推动着人类社会的进步。

1689年,牛顿担任了造币厂厂长和下院议员,1703年担任了英国皇家学会会长职务。晚年,他除了出版一部《光学》著作外,科学研究方面再无大进展。1705年被封为爵士,终身未婚,1727年3月20日逝世于伦敦,遗体安葬在英国国家公墓。

二、牛顿的名言

牛顿虽然是位伟大的科学家,却从来没有骄傲自满过,他谦虚地说:“我不知道世人怎样看我,但我自己以为我不过像一个在海边玩耍的孩子,不时为发现比寻常更为美丽的一块卵石或一片贝壳而沾沾自喜,至于展现在我面前的浩瀚的真理海洋,却全然没有发现。”牛顿还说过:“如果我看得远,那是因为我站在巨人的肩上。”

牛顿深受伽利略的影响,在他的笔记本就记下了亚里士多德的名言:“我爱我师,我更爱真理”。

牛顿的下面一段话,对我们青年朋友特别有教益:“你若想获得知识,你该下苦功;你若想获得食物,你该下苦功;你若想得到快乐,你也该下苦功。因为辛苦是获得一切的定律。”

“万有引力、电的相互作用和磁的相互作用,可以在很远的地方明显地表现出来,因此用肉眼就可以观察到;但也许存在另一些相互作用力,他们的距离如此之小,以至无法观察。”

“无知识的热心,犹如在黑暗中远征。”

“你该将名誉作为你最高人格的标志。”

“我的成就,当归功于精微的思索。”

“聪明人之所以不会成功,是由于他们缺乏坚韧的毅力。”

“胜利者往往是从坚持最后五分钟的时间中得来成功。”

“我始终把思考的主题像一幅画般摆在面前,再一点一线地去勾勒,直到整幅画慢慢地凸显出来。这需要长期的安静与不断的默想。”

“每一个目标,我都要它停留在我眼前,从第一线曙光初现开始,一直保留,慢慢展开,直到整个大地一片光明为止。”

“我并无特别过人的智慧，有的只是坚持不懈的思索精力而已。”

“一个人如果控制不了自己的脾气，脾气将控制你。”

“人一旦确立了自己的目标，就不应该再动摇为之奋斗的决心。”

三、《自然哲学的数学原理》是牛顿的代表作

1684 年，牛顿在挚友哈雷的劝说下同意出版自己的著作《自然哲学的数学原理》，并把原稿交给皇家学会，但由于版费不足，无法付印。最后，在哈雷的资助下这一巨著才得以出版，这已经到了 1687 年。《自然哲学的数学原理》完成了具有历史意义的发现——运动定律和万有引力定律，对近代自然科学的发展做出了重大贡献；著作的出版，是牛顿研究工作的结晶，也是物理学家之间友谊的结晶。

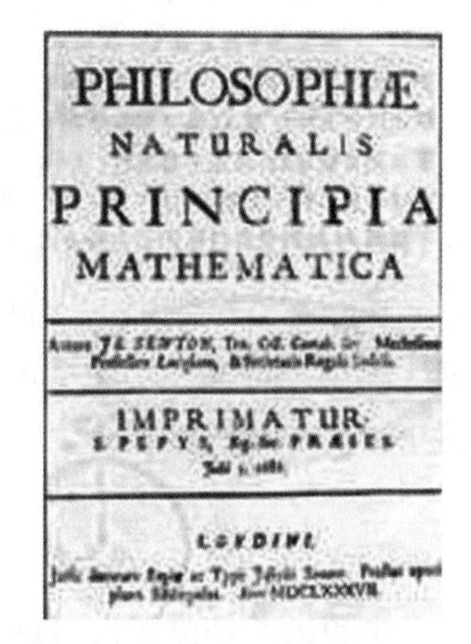
PHILOSOPHIÆ
NATURALIS
PRINCIPIA
MATHEMATICA

IMPRIMATUR

LONDINI

图 7-10 《自然哲学的数学原理》封面

《自然哲学的数学原理》(见图 7-10)是部具有划时代意义的经典著作，它的出版标志着经典力学体系的形成。它由一个序言和两大部分组成：第一部分包括定义、注释和运动的基本定理和定律；第二部分共有三编，包括引力研究、介质对物体运动的影响和论宇宙系统。

第二节　太阳光是有颜色的吗？

色散是一个古老的课题，最引人注目的是彩虹现象。早在 13 世纪，科学家就对彩虹的成因进行了探讨。一名叫西奥多里克的德国教士在实验中模拟彩虹的形成，他认为彩虹是由于空气中的水珠反射和折射阳光造成的，但他的进一步解释并没有摆脱亚里士多德教义，即认为颜色不是物质的客观属性，而是人们的主观视觉印象。一切颜色都是由亮与暗、白与黑按比例混合而成的。雨后天空充满水珠，阳光进入水珠，当阳光从不同深度折射回来时，光的颜色就不同了，再折射下来，于是人们看到了七色的彩虹。

英国科学家笛卡儿(René Descartes，1596-1650，见图 7-11)对彩虹现象也非常感兴趣，他用三棱镜实验检验了西奥多里克的论述，见图 7-12。他让阳光经过三棱镜发生折射后投射在屏上，发现彩色的产生并不是由于光进入介质(玻璃)深浅不同所造成的。因为不论光照在棱镜的哪一部位，折射后屏上的图像都是一样的。遗憾的是，笛卡儿把屏放得离棱镜太近，他没有看到色散后的整个光谱，只看到光带的两侧分别呈现蓝色和红色。

1648 年，一位捷克医生马尔西用三棱镜分解太阳光后，看到了产生的七色光，但他做出了错误的解释，他认为：出现七色光是由于太阳光与物质相互作用的结果。

图 7-11 笛卡儿

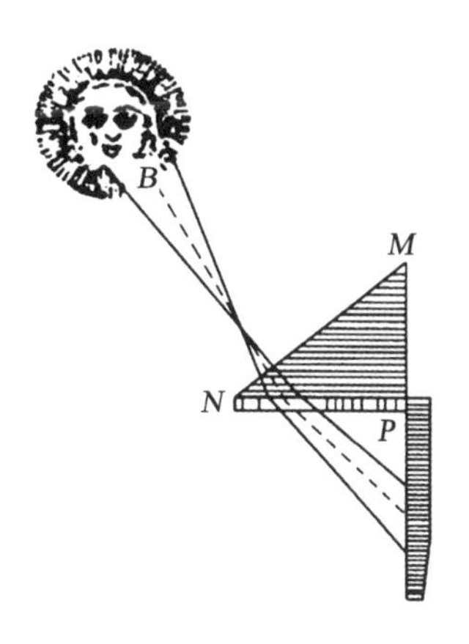

图 7-12 笛卡儿三棱镜实验

人们对太阳光的颜色及彩虹的成因争论不休,直到 1666 年牛顿做出了著名的色散实验,即三棱镜分解阳光实验,才弄清了这些问题。

第三节 看到的现象:白色阳光可分为红橙黄绿蓝靛紫七种颜色

一、实验过程

在我们的世界里,各种物体都呈现不同的颜色,其中最令人赏心悦目的是雨过天晴后天空中出现的彩虹,颜色是那么的美丽。为了揭开颜色之谜,牛顿独自做了一系列实验,犹如一支三部曲:

1. 第一个实验:

是观察白色阳光通过棱镜时所发生的现象。

(1)【实验设备】

暗室、小圆孔、棱镜、显示屏。

(2)【实验人员】

牛顿 1 人,没有助手。

(3)【实验思路】

小孔成像原理,在屏上看到圆形的太阳像。

(4)【实验步骤】

牛顿在暗室的一扇窗上开一个小圆孔,把棱镜放在阳光通过小孔后形成的光束路径上,在棱镜后面置一个屏,见图 7-13。

图 7-13 牛顿做色散实验

(5)【实验现象】

然而,牛顿在屏上观察到一个由各种颜色的圆斑组成的像,并非白色的太阳像。并且形成一条七色彩带,这七种颜色由近及远,排列依次为红、橙、黄、绿、蓝、靛、紫,偏离最大的一端是紫光,偏离最小的一端是红光(图 7-14),后来人们将其称为光谱。

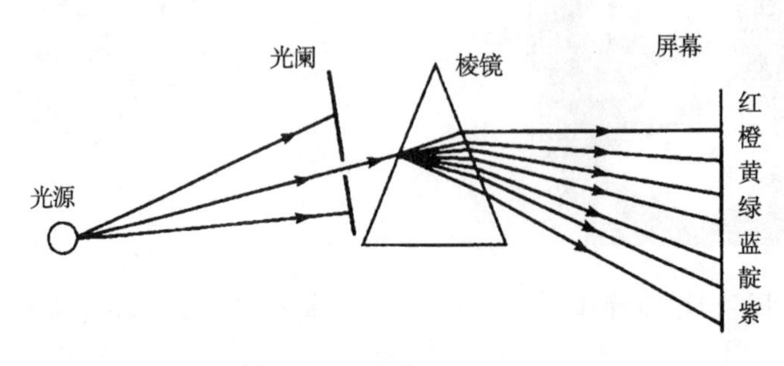

图 7-14　色散实验示意图

(6)【实验分析】

牛顿将这个彩带的长和宽相比较后,发现长比宽约大 5 倍。两者相差这么大,这就促使他去研究产生这种现象的原因。他想:白色的阳光是由这七种颜色的光组成的吗?还是像马尔西所说的,是由于太阳光与物质相互作用的结果呢?牛顿做事非常认真,他不但善于从观察到的实验现象中提出问题,还善于用实验事实证明。为了搞清这个问题,牛顿又设计了另一个实验。

2. 第二个实验

这是一个判决性实验。

(1)【实验设备】

暗室、2 块遮光板和小圆孔、2 个棱镜、显示屏。

(2)【实验人员】

牛顿 1 人,没有助手。

(3)【实验思路】

若白光通过棱镜变成各种颜色的光是由于白光与棱镜相互作用的结果,那么,第二个棱镜还会与这些光再发生作用而改变这些光的颜色。

(4)【实验步骤】

见图 7-15,牛顿取两块开了小圆孔的板 A、B,置于两个棱镜之间。两板相距约 12 英尺(约 3.6576 m)。光线从 S 发出,经第一个棱镜偏折,相继穿过板 A、B 上的小孔,让透过板 B 上小孔的光线再经过第二个棱镜,并在它后面放一个观察屏。

(5)【实验现象】

但实验表明,第二个棱镜只是把这束光整个地偏转一定的角度,并不改变光的颜色。牛顿转动第一个棱镜,使光谱中不同颜色的光先后通过板 B 上的小孔,在所有这些情形下,这些不同颜色的光并不能被第二个棱镜再次分解,都只是偏转了一定的角度。

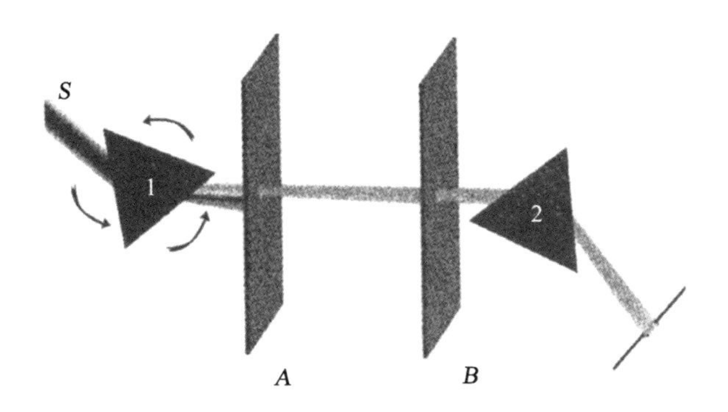

图 7-15 色散的判决性示意图实验

(6)【实验分析】

这个实验证明:白光通过棱镜变成各种颜色的光,不是白光与棱镜相互作用的结果,而是因为白光本身具有复杂成分,并可以分解为单色光。

3. 第三个实验

揭开颜色之谜的实验。

(1)【实验设备】

暗室、2 个棱镜、显示屏

(2)【实验人员】

牛顿 1 人,没有助手。

(3)【实验思路】

应用第二个棱镜顶角较大,使不同颜色的光的偏折大于第一个棱镜,所以不同颜色的光又会会聚起来,在第二个棱镜后面的某一区域交叠,如在此区域内置一屏幕,则屏幕上将重现白光。

(4)【实验步骤】

牛顿用棱镜将白光束分解为光谱后,再使光通过另一个顶角较大的倒置棱镜 ,最后将光投射在显示屏上,见图 7-16。

(5)【实验现象】

看到的还是白光。这一实验成功了,从而进一步证实了白光的确具有复杂的成分,并能分解成不同颜色的单色光。而棱镜不能再分解这些单色光,且每一种颜色的光都有自己确定的折射率。这就是著名的“光的色散实验”。

(6)【实验分析】

通过光的色散实验,牛顿揭开了颜色的奥秘,为光的色散理论奠定了基础,并使人们对颜色的解释摆脱了主观视觉印象,从而走上了与客观量度相联系的科学轨道。他

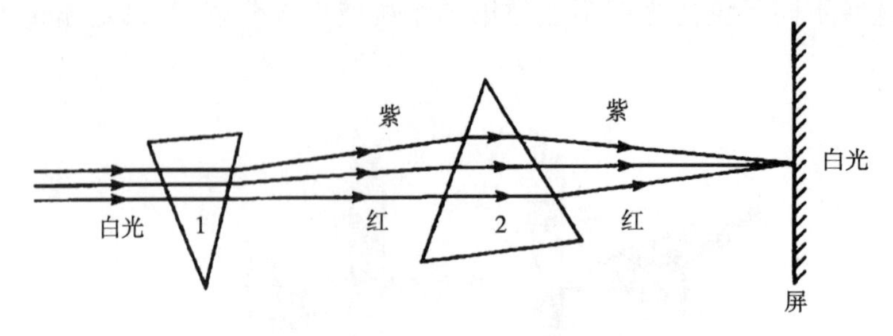

图 7-16 揭开颜色之谜的实验

于 1672 年 2 月在第一篇正式的科学论文《白光的结构》中，阐述了他的颜色起源学说："颜色不像一般所认为的那样是从自然物体的折射或反射中所导出的光的性能，而是一种原始的、天生的性质。""通常的白光确实是每一种不同颜色的光线的混合，光谱的伸长是由于玻璃对这些不同的光线折射本领不同。"

牛顿著的《光学》一书于 1704 年问世，其中第一节专门描述了关于颜色起源的棱镜分光实验，肯定了白光由七种颜色的单色光组成，他还给这七种颜色命名。直到现在，全世界的人们还在使用这些颜色的名称。牛顿指出："光带被染成这样的彩条：紫色、靛色、蓝色、绿色、黄色、橙色、红色，还有中间的颜色，连续变化，顺序连接。"

二、棱镜色散实验遇到质疑

正如其他的发现和发明的遭遇一样，牛顿做过色散实验以及提出光和颜色的理论之后，怀疑和攻击不断向牛顿袭来，因为这些理论和实验对当时的人们来说实在太新奇了。

有人认为牛顿的光谱实验没有考虑到太阳本身的张角，有人主张光谱变长是一种衍射效应，还有人提出可能是天空中云彩的反映，现在看来这些说法是多么荒唐可笑。胡克对牛顿挑剔得最厉害，他认为牛顿的实验不具判决性，用别的理论也可说明，而牛顿的理论无法解释薄膜的颜色。

为此，牛顿在几年后又做了一个实验。他取一块长而扁的三棱镜，使它产生的光谱相当狭窄，见图 7-17。用屏放在位置 1 接受光，看到的仍然是普通光；但将屏改变角度，放在位置 2，就可以看到分解的光谱。这样，由于只涉及屏的角度，结果与棱镜无关，就回答了怀疑者提出的质疑。

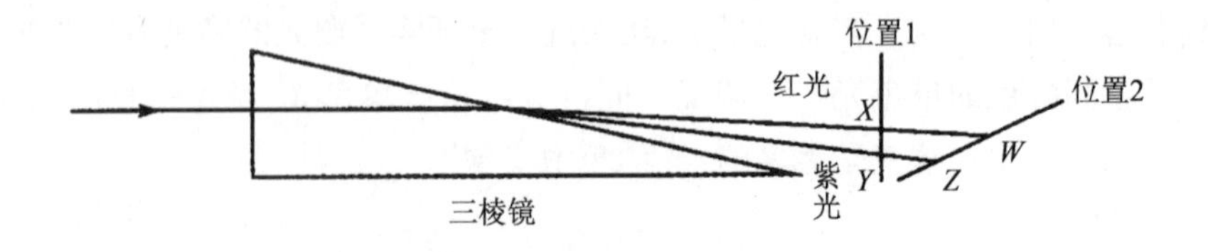

图 7-17 牛顿的扁长三棱镜实验

三、色散实验的意义

牛顿色散实验的结果使他成功地解释了彩虹的成因,并使他对制造折射望远镜和反射望远镜产生了浓厚兴趣。1668 年牛顿制造了一台小型反射式望远镜,1671 年又制造了第二台反射望远镜。牛顿的这种独一无二的仪器展出后,他被选为英国皇家学会会员。

牛顿的三棱镜分解太阳光实验的成功,为他后来的光学研究奠定了基础。1673 年,牛顿向皇家学会报告了“光学和颜色的新理论”,1675 年又报告了关于“牛顿环”的著名实验。此外,他的研究还涉及反射、折射、透镜成像、眼睛的作用、多种颜色光的组合等。

继牛顿之后,许多科学家发现:不同物质发射出的光,用光谱仪可得一条条不同颜色的细亮线,这就是光谱线(见图 7-18)。可以说,光谱学的历史就是从牛顿的实验开始的。正如俄国科学家斯托列托夫所说的:“牛顿的伟大实验开辟了整个光谱学。”随后科学家利用光谱研究物质的原子结构,进一步揭示物质的奥秘。

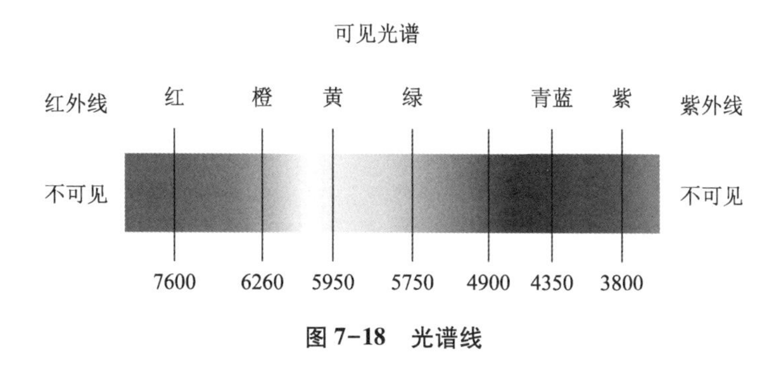

图 7-18 光谱线

由于白光可以分解也可以合成,后来的科学家从牛顿的实验中得到启发,发现了三原色,即红色、绿色和蓝色。利用三原色可以组合得到各种颜色的光,现在三原色原理在人们的实际生活中有很多应用。最常见的是彩色电视机、显像管和彩色照片。利用三原色原理,还可以进行彩色印刷(图 7-19)等。可见光的色散原理对人类文明的贡献是多么巨大。

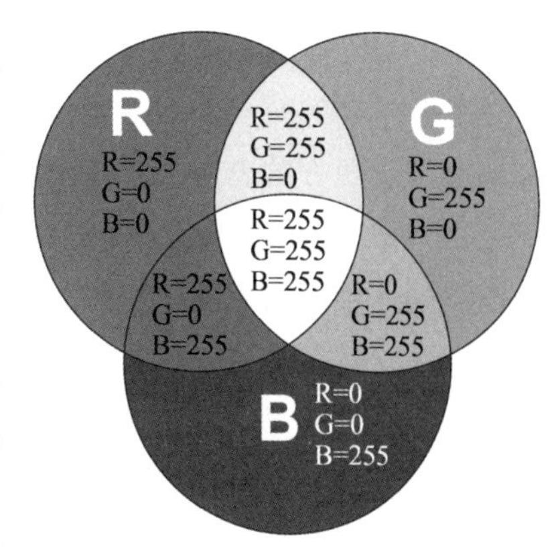

图 7-19 三原色的应用

牛顿三棱镜分解太阳光的实验,是通过最简单的实验手段,利用最简单的实验器材,揭示了最深刻的科学真理。在科学史上将永远载着这光辉的一页。牛顿的成功与他勤奋刻苦钻研、善于观察实践、执着追求、勇于创新的精神是分不开的。

小贴士:彩虹为什么总是弯的?

对彩虹的研究最早可追溯至公元前4世纪。亚里士多德是第一个认真研究彩虹的人,并指出彩虹最重要的几个特征:

1. 如果太阳升起得不太高,彩虹就会出现。彩虹不会出现在夏日的中午。

2. 两条形状相同但颜色顺序排列相反的彩虹可同时看到,其中外侧那条显得略为松散。

3. 彩虹主要由三种(或四种)颜色组成(现代的RGB三原色理论亦基于此)。

但是有一个很重要的现象亚里士多德并没有注意到,那就是两条虹中间的区域亮度较暗,直到大约公元200年雅典哲学家亚历山大(Alexander of Aphrodisia)才观察到这个现象,后人就将这条暗带命名为"亚历山大暗带"(dark band of Alexander)。另外,亚里士多德对彩虹的解释并不完全正确,他认为只有大的镜子能反射出物体的全部外形,他把天空中的水滴比作小镜子,但是又必须得有什么东西被反射出来,所以有彩色呈现出来。而且,亚里士多德也没有注意到光的折射作用。

在此之后,古罗马哲学家塞内卡、波斯物理学家海什木等人也都曾发表过自己的看法。中国北宋时期一位叫孙思恭的进士也说过"虹乃雨中日影也,日照雨则有之"(沈括《梦溪笔谈》),不过这些只停留在对现象的思考上,没有更多深入和本质性的研究。

第四节　应用实验观察与验证是物理研究的基本方法

一、牛顿——经典物理学的缔造者

爱因斯坦在为纪念牛顿逝世二百周年撰写的《牛顿力学及其对理论物理学发展的影响》文章中,是这样评价牛顿的:"正好在二百年前牛顿闭上了他的眼睛。我们觉得有必要在这样的时刻来纪念这位杰出的天才。在他以前和以后,都还没有人能像他那样地决定着西方的思想、研究和实践的方向。""他不仅作为某些关键性方法的发明者来说是杰出的,而且他在善于运用他那时的经验材料上也是独特的,同时他还在数学和物理学的详细证明方法上有惊人的创造才能。"牛顿的成就的重要性,并不限于为实际的力学建立起一个可用的和逻辑上令人满意的基础;而且直到19世纪末,它一直是理论物理学领域中每个工作者的纲领。在牛顿的墓志上铭刻着:"他那几乎神一般的思维力,最先说明了行星的运动和图像,彗星的轨道和大海的潮汐。"

牛顿之所以能在历史发展的关键时期,集大成而建立了力学体系,是与他善于继承前人的科学成就和思想,又勇于独立创新的精神分不开的。他继承并发展了唯物的自然观。

二、物质观是牛顿的科学观的核心思想

牛顿的科学观是多方面的,他的科学思想也有多种表现,人们常常强调他的引力思想和宗教思想或以决定论表征他的科学观点,而忽视了更本质的物质观在牛顿科学思想上的核心作用。事实上物质观才是他的科学观的核心。这里有如下几个原因:

1. 牛顿在《原理》二版第三卷的《哲学推理规则》中提出“哲学的基础”是原子论,在《原理》的《结论》手稿(未编入书中)中又提出“一切自然现象将取决于粒子的力”。此外,他写的第一个笔记《三一学院笔记》中的前三节都是关于原子论和物质的粒子组成的,数学中的原子论观点、光学中的微粒说、早年的重力射线观点、化学研究中的粒子和原子力、从粒子间的引力作用推导天体之间的引力平方反比定律和万有引力定律、从粒子说研究流体力学规律、质量定义和质点概念等,都来自原子论。

2. 牛顿的物质发展组成思想从三层次粒子向多层次粒子组成的观点发展,而其最小的或终极粒子为原子。他认为万物万象及其变化在于粒子的结合与分离,粒子之分与合又在于粒子间的引力与斥力随距离变化和在某临界距离上相互转变,因而奠定了近程力理论的基础。

3. 牛顿的时空观、运动观、摆脱神创论和因果论的方法论,都是从他的原子论观点发展而来的。

4. 20世纪以来几位美国科学史学家也认为物质观是牛顿科学观的核心,如萨克雷在《原子与力》(1970)一书中说:“越来越清楚,关于物质的本质属性和微观结构问题,在牛顿的长期和多产的生平中处于他的科学事物的中心地位”;魏斯特法尔(R. S. Westfall)在1973年发表的《牛顿和编造的因素》一文中说:“牛顿科学的最基本方法,是物理文化与物理学史方面之一,是它的物质概念观”(*Science*, V.1.179, p753)。这些看法是有道理的。

小贴士:牛顿的主要科学观

1. 他确信自然界是真实的、客观的由各种实在的粒子所组成的。

他在《原理》中写道:整个物体的广延性、坚硬性、不可入性、能动性和惯性,来源于其各个部分的广延性、坚硬性、不可入性、能动性和惯性;因此,我们可以下结论说,一切物体的最小微粒也具有广延性、坚硬性、不可入性、能动性,并且赋有其固有的惯性,这是整个哲学的基础”。对自然界的物质性的看法,还反映在质量、力的定义之中,以及把时间、空间和运动看作是真实的、客观的存在。牛顿还把物体间力的作用,想象是由一种特殊的物质——气精引起的。《原理》的总释里写道:“现在我们不妨再谈一点关于能渗透并隐藏在一切粗大物体之中的某种异常微细的气精。由于这种气精的力和作用,物体中各微粒距离较近时能互相吸引,彼此接触时能互相凝聚;带电体施其作用于

较远的距离,既能吸引也能排斥其周围的微粒;由于它,光才被发射、反射、折射、弯曲,并能使物体发热;而一切感觉的被激发,动物四肢遵从意志的命令而运动,也就是由于这种气精的振动沿着动物神经的固体纤维,从外部感官传递到大脑,并从大脑共同传递到肌肉的缘故。"

2. 他相信自然界的结构是简单的、和谐的,各种运动是有规律的,并且认为这些规律应该建立在观察和实验的基础上。

他在《原理》中认为:"自然哲学的目的在于发现自然界的结构和作用,并且尽可能把它们归结为一些普遍的法则和一般的定律——用观察和实验来建立这些法则,从而导出事物的原因和结果。""物体的属性只有通过实验才能为我们所了解,所以,凡是与实验完全符合而又既不会减少更不会消失的那些属性,我们就把它们看作是物体的普遍属性。"当然,我们既不应由于自己的空想和虚构而抛弃实验证明,也不应取消自然界的相似性,因为自然界习惯于简单化,而且总是与自身和谐一致。

3. 他坚信物理世界是一个因果性的完整体系。

在牛顿以前,并没有能够表示经验世界的因果性的完整体系。他建立的运动方程,是一个以微分方程形式表示的函数关系,出现在方程左端项为力,右端项为质量与坐标的二阶导数的乘积,从而确立了用数值表示机械运动的因果公式。因为牛顿运动方程是以一个二阶常数微分方程的形式出现的,它的解,即运动轨迹是完全由两个初始条件所唯一决定了的,从而也就可以准确地确定这个物体以往的运动状态和准确预言它未来的运动状态,这就表明物体的机械运动遵循严格的机械决定论的因果关系。爱因斯坦在为纪念牛顿逝世二百周年而写的文章中对此有如下的评述:"在牛顿以前,还没有什么实际的结果来支持那种认为物理因果关系有完整链条的信念。""只有微分定律的形式才能完全满足近代物理学家对因果性的要求。微分定律的明晰概念是牛顿最伟大的理智成就之一。"牛顿设想,作用在一个物体上的力是由一切同该物体离得足够近的物体的位置所决定的。这种思想无疑是受了行星运动定律的启发。只有在这种关系建立起来以后才得到了关于运动的完整因果概念。

三、牛顿成功的秘诀和成功的历史条件

1. 牛顿成功的秘诀

(1)勤奋刻苦,博学多才。

(2)不停思考,专注研究。

《三一学院笔记》——厚厚的笔记本随身带。对读过的书要进行深入思考,归纳出一系列他感兴趣的、打算深入探索的问题,列入研究计划。其中包括有数学、物理、天文、化学等问题。笔记中还包含大量分析计算和心得。至今保存在三一学院。

他不断地为自己提出问题,寻找答案。他说:"我把课题始终摆在自己面前,等待

第一缕曙光缓缓出现,一点一点,直到光明出现在我面前。”正是“聪明来自勤奋,天才来自积累”——华罗庚。

晚年时,人们问他如何得到万有引力定律的?他的回答是:“靠的是对它不停地思考。”

(3)站在巨人肩上,看得更远。牛顿思想的继承和发展见图7-20。

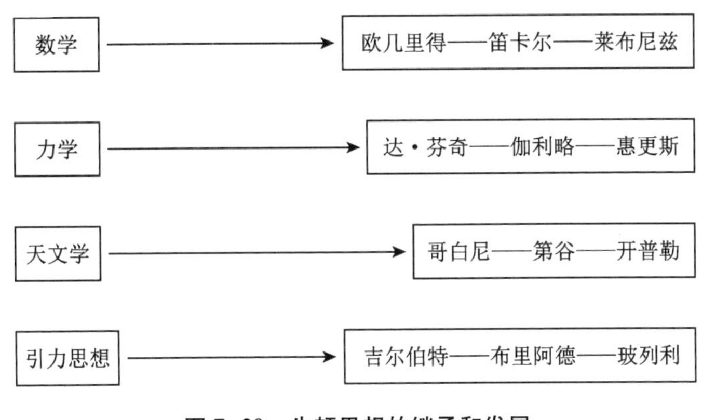

图7-20 牛顿思想的继承和发展

2. 牛顿取得成功的历史条件

(1)生产力发展的需要

航海的发展,需要对天体的运行规律进行研究,对机械加工物理原理的解释。

(2)物理方面的进展

哥白尼的“日心说”,摧毁了附着在神学上的宇宙观,得到了几乎所有科学家的认同。伽利略奠定了在运动观上的正确理论,各种力正在被发现。

(3)在英国,政局比较稳定,商业发展使新兴资产阶级从自身的角度,开始注重科学研究。

(4)科学的国际研究联系加强

英法成立了“皇家学会”及“皇家科学院”。

四、归纳——演绎研究方法 —— 牛顿开创

正确的科学研究方法是通向成功之路。

1. 实验—理论—应用的方法

万有引力定律既有观测实验的基础,同时也是科学抽象的产物。牛顿在《原理》序言中说:“哲学的全部任务看来就在于从各种运动现象来研究各种自然之力,而后用这些方去论证其他的现象。”科学史家 I.B.Cohen 明确地指出,牛顿“主要是将实际世界与其简化数学表示反复加以比较”。牛顿是从事实验和归纳实际材料的巨匠,也是将其理论应用于天体、流体、引力等实际问题的能手。

2. 分析—综合法

分析是从整体到部分(如微分、原子观点),综合是从部分到整体(如积分,也包括天与地的综合、三条运动定律的建立等)。牛顿在《原理》中说过:“在自然科学里,应该像在数学里一样,在研究困难的事物时,总是应当先用分析的方法,然后才用综合的方法……一般地说,从结果到原因,从特殊原因到普遍原因,一直论证到最普遍的原因为止,这就是分析的方法;而综合的方法则假定原因已找到,并且已经把它们定为原理,再用这些原理去解释由它们发生的现象,并证明这些解释的正确性”。

3. 归纳与演绎相结合

牛顿在《原理》一书的序言中指出:“我把这部著作叫作《自然哲学的数学原理》,因为哲学的全部任务看来就在于从各种运动现象来研究各种自然之力,而后用这些力去论证其他的现象。”

在牛顿之前,培根曾提出过以实验为基础的归纳法,笛卡儿提出过依靠数学为工具的演绎法。牛顿万有引力定律建立的全过程充分表明了这种研究方法。

上述分析—综合法与归纳—演绎法是互相关联的(见图 7-21)。牛顿从观察和实验出发,“用归纳法从中作出普通的结论”,即得到概念和规律,然后用演绎法推演出种种结论,再通过实验加以检验、解释和预测的大部分预言都在后来得到证实。当时牛顿表述的定律被他称为公理,即表明由归纳法得出的普遍结论,又可用演绎法去推演出其他结论。

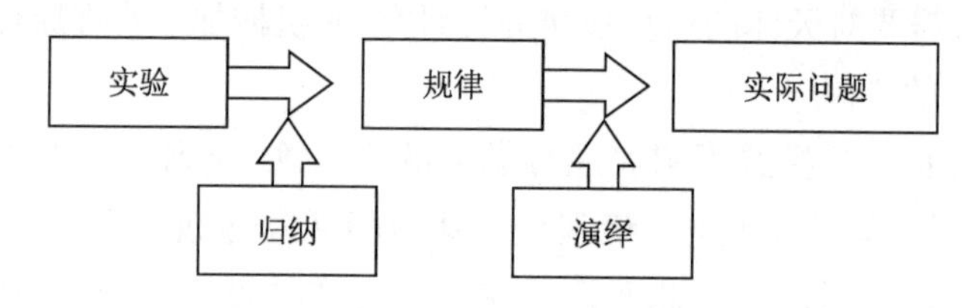

图 7-21　科学思维方法

4. 物理—数学方法:原理是数学与物理的完美结晶

牛顿将物理学范畴中的概念和定律都“尽量用数学推演”。爱因斯坦说:“牛顿第一个成功地找到了一个用公式清楚表述的基础,从这个基础出发他用数学的思维,逻辑地、定量地演绎出范围很广的现象并且同经验相符合”,“只有微分定律的形式才能完全满足近代物理学家对因果性的要求,微分定律的明晰概念是牛顿最伟大的理智成就之一”。牛顿把他的书命名为《自然哲学的数学原理》恰好能说明这一点。

“大自然追求的是一本用数学语言所写的巨著,他追求的是一个精确的、原原本本用数学表示的定律。”——牛顿

5. 追求简单、和谐的公理体系

牛顿根据月球受地球吸引的现象,归纳出一切天体相互吸引的关系,进而得出了引

力定律。牛顿在《原理》中写道:“自然界喜欢简单化,而不爱用什么多余的原因以夸耀自己。”

第五节 生活物理——生活俗语中的光学知识

1. 摘不着的是镜中月,捞不着的是水中花。

解释:平面镜成的像为虚像。

2. 猪八戒照镜子——里外不是人。

解释:根据平面镜成像的规律,平面镜所成的像大小相等,物像对称,因此猪八戒看到的像和自己“一模一样”,仍然是个猪,自然就“里外不是人了”。

3. 坐井观天,所见甚少。

解释:由于光沿直线传播,由几何作图知识可知,青蛙的视野将很小。

4. 一滴水可见太阳,一件事可见精神

解释:一滴水相当于一个凸透镜,根据凸透镜成像的规律,透过一滴水可以有太阳的像,小中见大。

5. 水底日为天上日,眼中人是面前人。

解释:平面镜成像原理

6. 光年是时间的单位,它表示光一年走过的距离。

解释:光的传播速度为300 000千米/秒。

7. 看电影时,从各个角度都能看见银幕上的画面。

解释:是因为银幕产生了光的漫反射。

8. 舀一勺海水看看,海水就像自来水一样,是无色透明的,但大海看上去却是蓝的。

解释:这是因为当太阳光照射到大海上,红光、橙光这些波长较长的光,能绕过一切阻碍,勇往直前。而像蓝光、紫光这些波长较短的光,大部分一遇到海水的阻碍就纷纷散射到周围去了,或者干脆被反射回来了。我们看到的就是这部分被散射或被反射出来的光。海水越深,被散射和反射的蓝光就越多,所以,大海看上去总是蔚蓝的。

【本章小结】

本章从观察生活中的有关颜色现象入手,分析太阳光对于物体颜色的作用,介绍了自然光的研究的发展历史和自然光与生活的密切关系。重点讲述棱镜色散实验的实验方法和思维过程,即归纳—演绎的研究方法,实验—抽象的研究方法,注重棱镜色散实验的设计思想,系列实验的逻辑关系,领略实验之美。介绍了科学研究成功与学习、继承前人经验的重要关系。训练用科学的思维和方法简单分析生活中与自然光相关的物理现象,课堂小实验(或者生活小实验录像展示)提升学习兴趣,培养利用简单器材的实验动手能力;课后实验设计题,分小组进行团队协作学习,初步训练设计与自然光相关的简单物理实验的方法。

【大事年纪】

公元前 5 世纪　《墨经》、北宋时期沈括的《梦溪笔谈》有几何光学的记载。

约公元前 330—275 年　古希腊欧几里得(Euclid)研究光的反射。

约公元 100—170 年　托勒密(C.Ptolemaeus,见图 7-22)研究光的折射。

中世纪 965—1038 年　阿勒哈增(阿拉伯人)著《光学》。

1601—1665 年　荷兰人提出折射定律,由法国数学家费马提出费马原理,予以确定,使几何光学理论很快发展(见图 7-23)。

图 7-22　托勒密

图 7-23　光的折射

1299 年　意大利人阿玛蒂制造了眼镜。

1608 年　荷兰人李普塞制成第一台望远镜,伽利略改进成放大 32 倍的望远镜。几乎与望远镜同时,荷兰人发现并制造了显微镜。

1666—1704 年　牛顿用色散原理解释了神秘而瑰丽的彩虹。

【拓展阅读】

天气与大气光现象

天气谚语是以成语或歌谣形式在民间流传的能够预示未来天气变化的经验词语,它因果关系明确、语句简练,是中国民间所特有的一笔宝贵文化财富。许多天气谚语与大气中的光现象密切相关,蕴藏了丰富的物理知识。在大力倡导素质教育的今天,引导青年朋友运用物理知识分析天气谚语是一种有益的尝试。

大气是由空气分子和水滴、冰晶及其他各种气溶胶粒子组成的,它们都会与光波发生相互作用。由于大气的不均匀性,以及大气总处于不停顿的复杂运动之中,它对光的

图7-24 彩虹

折射、衍射、散射和吸收作用是复杂多变的,从而形成了多种多样、绚丽多彩的大气光现象。肉眼所能直接感觉到的大气光现象可以分为三类:

(1)大气中光的散射现象

当我们避开太阳朝天空张望时,看到的是蔚蓝的天空,这就是说,在那个方向的天空有光线射入我们的眼帘,从太阳发射过来的光线,在天空的某个地方改变了方向,不然的话,我们所能看到的一切,就只不过是星际空间的黑暗,或者是来自某个遥远星辰的亮光。原来,当光线穿过地球周围的大气时,它遇到大气分子或气溶胶粒子等时,便会与它们发生相互作用,重新向四面八方发射出频率与入射光相同、但强度较弱的光(称子波),这种现象称光散射。

在清洁大气中,起主要散射作用的是大气气体分子,发生分子散射(或称瑞利散射)。散射光分布均匀且对称,散射光强度与入射波长4次方成反比,所以在发生大气分子散射的日光中,紫、蓝和青色光比绿、黄、橙和红色光为强,最后综合效果使天穹呈现蓝色。

但当大气十分浑浊、大气中悬浮粒子大量增加时,起主要作用的是散射光的强度分布不对称的米氏散射。米氏散射与入射波长依赖关系不明显,因此天穹呈现青灰色,在天边甚至出现不透明的灰白色。

曙暮光是大气散射的另一现象,当太阳在地平面以下时,太阳光无法直接到达地面,但是它能照亮地面以上的大气层,使天空明亮。曙暮光指的就是黎明和黄昏这段时间的光亮。

(2)大气中光的折射现象

当光在大气中传播时,大气可以被看作是一种连续介质。大气折射率的大小取决于大气的温度、压强和大气中水汽分子密度。一般情况下,地球上空气的密度随高度变化,折射率随密度减小而减小,因此光在大气中传播时,透过一层层密度不同的大气,在各层的分界面处会发生折射,使光线不沿直线传播而是变弯曲。这样当我们观察太阳、月亮或其他星体时,从大气外层射入的光线在进入大气层后的轨迹是一条弯向地面的弧线。然而就人的主观感觉来讲，总认为光线是沿直线传播的，所以天体的真实方向与视方向之间存在一定的夹角（称为蒙气差）。也正是由于大气的折射，日出时，在太阳未达到地平线之前，我们已经可以看到太阳了；而在日落时，太阳刚刚落到地平线以下时，我们还能看到它。

图 7-25　光的折射

由于大气中，气压、温度、湿度的分布很不均匀且不断变化，因此大气折射率的分布和变化实际相当复杂，因此会形成多种多样的折射现象。如当大气中温度的垂直分布出现异常时，就会引起空气密度垂直变化异常因而产生异常折射，来自远处目标物的光线可能在另一高度发生全反射，这样除能看到本身实物外，还可以看到它的反射像，这就是我们通常称为的“海市蜃楼”。

(3)云雾中的光现象

云雾中存在大量悬浮的水滴和冰晶。光线透过云雾时，不同大小的水滴对光的传播会产生不同的影响，光线会在大水滴表面发生折射与反射现象，对于一定大小的小水滴会发生衍射现象，对于与光波长接近的微小水滴，则会发生散射。因而，伴随着云雾降水的发展，就形成了许多种光学现象，最常见的有虹、霓、华和晕。

虹是由于太阳光线在大气水滴表面的折射与反射产生的。光线照射到雨滴后，在雨滴表面会发生折射，各种颜色的光发生偏离，其中紫色光的折射程度最大，红色光的折射最小，其他各色光则介乎于两者之间，折射光线再经过一次反射、一次折射到我们的眼里。由于空气悬浮的雨滴很多，所以当我们仰望天空时，同一弧线上的雨滴所折射出的不同颜色的光线角度相同，于是我们就看到了内紫外红的彩色光带，即彩虹。若光线在雨点内产生二次内反射后再通过折射到我们眼帘时，光弧色带就与虹正好相反，称为副虹或霓。

云中分布着大量的微小水滴或冰晶，当其直径仅比光波波长大几倍到十几倍时，入射的日、月光在云中会发生衍射现象，在日、月周围可以看到小的彩色光环，这种现象称为华（或冕）。因为衍射现象中各种颜色光受到的影响程度不同，因而光环为彩色，内环呈青蓝色（紫色不太显著），其外呈黄色，最外呈红色，并且水滴愈小华环愈大。由于日光太亮，一般不易观察到日华，月华则比较常见。

若天空中有卷层云，阳光或月光透过云中的冰晶时发生折射和反射，便会在太阳或月亮周围产生彩色光环,这种七色彩环称为日晕或月晕,统称为晕。晕的色序与虹相反,内侧呈淡红色,外侧为紫色。晕的种类很多,有的呈环形,称之为“圆晕”;有的呈弧形,称之为“珥”;还有的呈光斑形,称为“幻日”或“假日”。

(节选自陈建:《大气光现象与天气谚语》,《物理通报》,2005年第3期)

【思考与讨论题】

7-1 透明物体的颜色是如何形成的?不透明物体的颜色是如何形成的?白色和黑色物体颜色如何形成的?

7-2 电视屏幕上丰富绚丽的色彩是由________、绿、蓝三种色光合成的,这利用了“三基色”的原理。关了电灯后,坐在电视机前正在观看现场直播的小李同学突然看到自己的白色上衣呈现蓝色,则此时他黄色的书包应呈________色。

7-3 我们能看到黄灿灿的油菜花,是因为油菜花能________黄色光。小明穿着红色的上衣,绿色的裤子,白色的手套,舞台上只要绿光,则他的衣服分别是________色、________色、________色。

7-4 如图7-26所示,是生活中常见的一些光现象,其中与光的色散无关的是:(　　)。

A.肥皂泡

B.彩虹

C.日晕

D.夏天穿浅色衣服

图7-26　生活中的各种光现象

7-5 在“五岳”之一泰山上,历史上曾多次出现“佛光”奇景。据目击者说:“佛光”是一个巨大的五彩缤纷的光环,与常见的彩虹色彩完全一样。“佛光”形成的主要原因是(　　)。

A.直线传播　　B.小孔成像

C.光的反射　　D.光的色散

【分析题】

7-6 如何利用光来测量距离?

7-7 试分析万花筒的光学原理。

7-8 宇航员看到的太空为什么是黑色的?

【实验设计题】

7-9 设计制作潜望镜或者望远镜。

7-10 设计一个验证丁达尔效应的实验。

7-11 设计一个追踪光线路径的实验。

7-12 两根蜡烛,只有一个火焰,试设计一个实验实现。

7-13 试设计一个实验,让激光反射 5 次达到预定目标。

7-14 试设计实验验证光的强度与光源距离的关系。

7-15 用什么办法能制作出与空中彩虹颜色一样的彩虹?

7-16 你能用实验方法制作云吗?

7-17 你能用实验方法看到海市蜃楼吗?

第8章 光是粒子还是波？
——托马斯·扬的光干涉实验

世界上最后一个什么都知道的人。

——英国民众

【学习目标】

1. 了解光的研究的发展历史和光的波、粒二相性与生活的密切关系。
2. 了解科学研究要敢于向权威挑战的重要性。
3. 了解科学研究创新过程中要经得起孤立的重要性。
4. 掌握干涉实验的实验方法和思维过程。
5. 掌握获得了两束相干光的思想过程与解决方法。
6. 学会用科学的思维和方法简单分析生活中与光相关的物理现象。
7. 初步学会设计与光相关的简单物理实验的方法。

【教学提示】

1. 从观察生活中的有关光现象入手，分析光现象产生的原因。
2. 注重光干涉实验的设计思想，领略实验之美。
3. 通过课堂小实验提升学习兴趣，培养利用简单器材的实验动手能力。
4. 课后实验设计题，分小组进行团队学习。

立体电影（见图8-1，图8-2）是用两个镜头如人眼那样从两个不同方向同时拍摄下景物的像，制成电影胶片。在放映时，通过两个放映机，把用两个摄影机拍下的两组胶片同步放映，使这略有差别的两幅图像重叠在银幕上。

这时如果用眼睛直接观看，看到的画面是模糊不清的，要看到立体电影，就要在每架电影机前装一块偏振片，它的作用相当于起偏器。从两架放映机射出的光，通过偏振

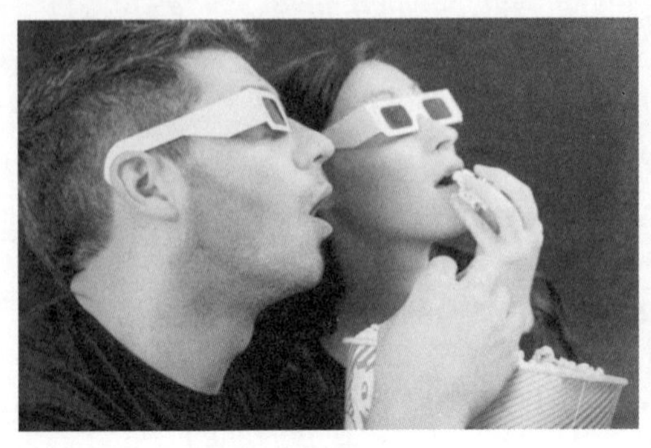

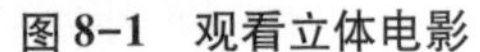
图 8-1　观看立体电影

图 8-2　立体电影

片后，就成了偏振光。左右两架放映机前的偏振片的偏振化方向互相垂直，因而产生的两束偏振光的偏振方向也互相垂直。这两束偏振光投射到银幕上再反射到观众处，偏振光方向不改变。观众用上述的偏振眼镜（见图 8-3，图 8-4）观看，每只眼睛只看到相应的偏振光图像，即左眼只能看到左机映出的画面，右眼只能看到右机映出的画面，这样就会像直接观看那样产生立体感觉（见图 8-5）。这就是立体电影的原理。在电影院中，佩戴立体眼镜是为了给不同的眼睛送去不同的图像，这和 View-Master 视镜是一样的。银幕实际上显示着两幅图像，而立体眼镜会让其中一幅进入一只眼睛，而另一幅进入另一只眼睛。

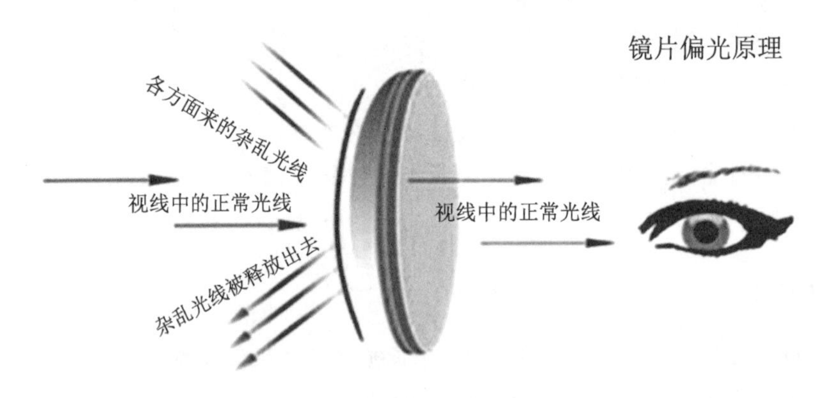

图 8-3　偏振镜片

偏光式 3D 技术也叫偏振式 3D 技术，英文为 Polarization 3D，配合使用的是被动式偏光眼镜，由于画面不会出现闪烁因此俗称为“不闪式”3D。偏光式 3D 技术的图像效果比色差式好，而且眼镜成本也不算太高，目前比较多的电影院采用的也是该类技术（见图 8-6），不过对显示设备的亮度要求较高。

偏光式 3D 的优势包括：画面无闪烁，眼镜重量轻。但是它也有缺点，一个就是观看角度要求，由于它产生立体感，原理就是利用光的折射角度，因此当角度偏离时，就会

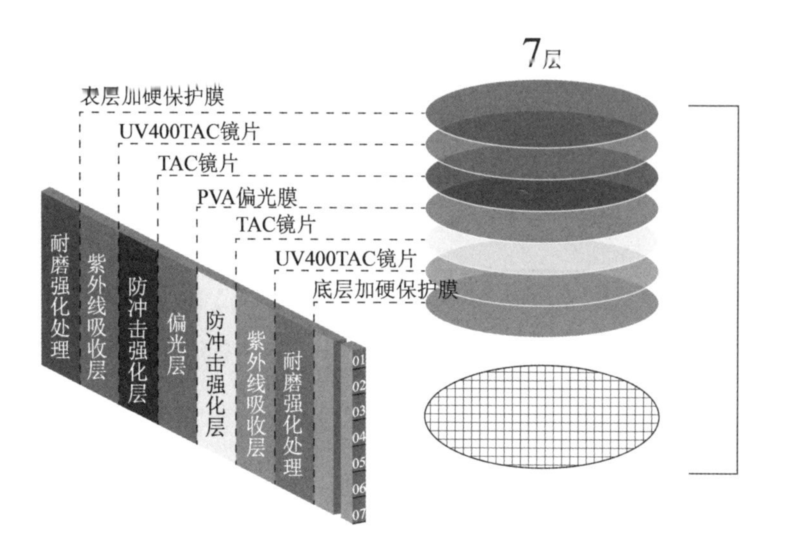

图 8-4 偏振镜片结构示意图

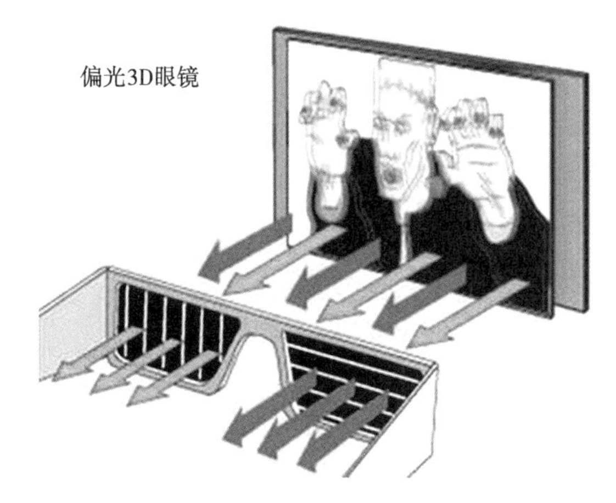

图 8-5 偏振光分光原理示意图

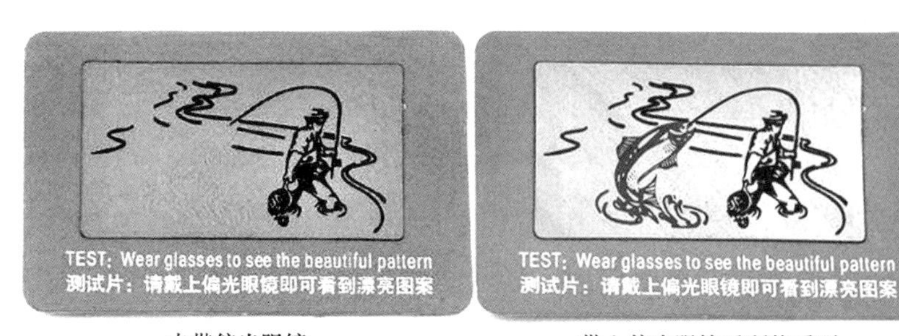

未带偏光眼镜　　带上偏光眼镜后所能看到

图 8-6 偏振镜片鉴别方法

产生画面重影。而第二个主要缺点就是图像分辨率的降低。由于目前大部分主流偏光式3D显示器/电视机都是采取将原有图像分离的方式处理,因此它的清晰度必定会减半。

光是粒子还是波?这个问题困扰了人们上百年,通过托马斯·扬艰苦的努力,问题终于基本搞清楚。

第一节 尽管我仰慕牛顿的大名,但是我并不因此而认为他是万无一失的

牛顿也不是永远都对。牛顿曾认为光是由微粒组成的,而不是一种波。托马斯·扬的光干涉实验,学过中学物理的同学对这个著名的实验都有所了解。这个实验为光的波动说奠定了基础,也使托马斯·扬成为波动说的奠基人之一,为一个世纪后量子学说的创立起到了至关重要的作用。这个实验被推为最美丽的物理实验之一,排名第五。

一、托马斯·扬生平介绍

托马斯·扬(Thomas Young, 1773—1829,见图8-7),又称“扬氏”,英国物理学家、医生,1773年6月13日生于英国萨默塞特郡的米尔弗顿。他出身于一个富裕家庭,是10个孩子中的老大。扬自幼智力超常,有神童之称,2岁会阅读,4岁能背诵英国诗人的佳作和拉丁文诗,9岁掌握车工工艺,能自制一些物理仪器,9—14岁自学并掌握了牛顿的微分法,学会多种语言(法语、意大利语、波斯语、阿拉伯语等),23岁获医学学位。1829年5月10日扬氏在伦敦逝世。

图8-7 托马斯·扬

尽管父母送他进过不少学校,但他把自学作为获得科学知识的主要手段。扬曾先后在伦敦大学、爱丁堡大学和格丁根大学等学习医学。1808年他获得剑桥大学医学博士学位。1797年,扬的舅父逝世,在伦敦给他留下了房子和一大笔遗产。扬于1800年从剑桥移居伦敦并开设了一个诊所,以行医为职业。尽管行医取得了一定的成绩,但是他作为医生并不成功,也不大受人们欢迎。

在伦敦开设诊所,使扬有机会参加皇家学会的一些集会。通过参加集会,他结识了当时皇家学会会长约瑟夫·班克斯(Joseph Banks)、本杰明·汤普生(Benjamin Thompson,伦福德伯爵)等著名科学家。由于班克斯和伦福德的推荐,1801年8月扬被聘为皇家研究所的自然哲学教授、期刊编辑和演讲厅总管。作为教授,扬做了一系列有关自

然哲学、机械工艺学等方面的报告。

由于扬对生理光学和声学的强烈兴趣(对声学的爱好与他的音乐和乐器演奏才能密切相关,他能弹奏当时的各种乐器),后来转而研究物理学。1818年起扬兼任经度局秘书,领导《海事历书》的出版,为大英百科全书撰写过四十多种科学家传记。他的一生曾研究多种学科。

1. 著名的扬氏干涉实验,为光的波动说奠定基础。

托马斯·扬是波动光学的奠基人之一。在关于光的本性论中,1800年正是微粒说占上风的时期,扬发表了《关于光和声验证与研究纲要》的论文,公开向牛顿提出挑战:"尽管我仰慕牛顿的大名,但是我并不因此而认为他是万无一失的。我……遗憾地看到,他也会弄错,而他的权威有时甚至可能阻碍科学的进步。"扬从水波和声波的实验出发,大胆提出设想:在一定条件下,重叠的波可互相减弱甚至抵消。从1801年起,扬在担任皇家学院的教授期间完成了干涉现象的一系列杰出的研究工作。他做了著名的扬氏干涉实验,先用双孔,后来又用双缝获得两束相干光,在屏上得到干涉花样。这一实验意义重大,已作为物理学的经典实验之一流传于世。20世纪初,物理学家将扬的双缝实验结果和爱因斯坦的光量子假说结合起来,提出了光的波粒二象性,后来德布罗意利用量子力学将波粒二象性引申到所有粒子上。

扬还发现利用透明物质薄片同样可以观察到干涉现象。他用自己创建的干涉原理解释牛顿环的成因和薄膜的彩色,并第一次近似地测定了七种色光的波长(见图8-8),从而得以确认光的周期性,为光的波动理论找到了又一个强有力的证据。

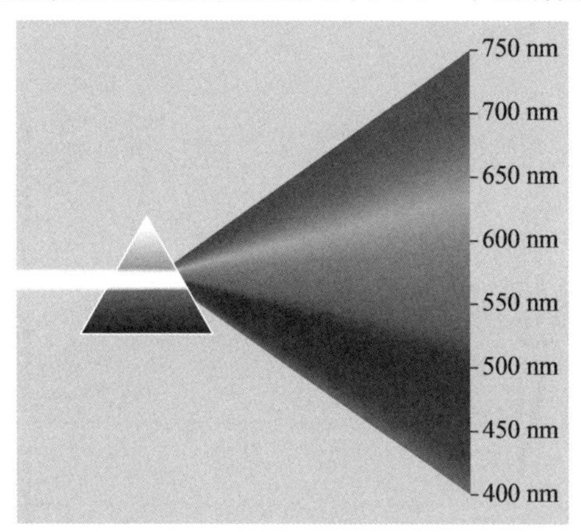

图8-8 七种色光的波长

1803年,扬发表了《物理光学的实验和计算》一文,力图用他自己发现的干涉现象来解释衍射现象,以便把干涉和衍射联系起来。文中还提出当光由光密质反射时,光的相位将改变半个波长,即所谓的半波损失。

1817年,扬在得知阿拉果和菲涅耳共同进行偏振光干涉实验后,曾于同年1月12

日给阿拉果写信，信上提出了光是纵波的假设。

2. 对人眼感知颜色的研究，建立三原色原理。

扬还提出颜色的理论，即三原色原理。他认为一切色彩都可以由红、绿、蓝三种原色经不同比例混合而成，这一原理已成为现代颜色理论的基础。他也是第一个研究散光的医生（1801 年），曾被誉为生理光学的创始人；在生理光学方面，他做出了一系列的贡献。早在 1793 年（20 岁时），他向皇家学会提交第一篇论文，题为《视力的观察》，第一次发现人的眼睛的晶状体的聚光作用，提出人眼是靠调节眼球的晶状体的曲率，达到观察不同距离的物体的观点。这一观点是他经过了大量的实验分析得出的，它结束了长期以来人们对人眼为什么能看到物体的原因的争论。扬也因此于 1794 年被选为皇家学会会长。

3. 对弹性力学的研究。

托马斯·扬对弹性力学很有研究，特别是对胡克定律和弹性模量。1807 年，托马斯·扬出版了《关于自然哲学和机械工艺的讲演》。在这本内容丰富的教材中，他除了叙述双缝干涉实验外，还首先使用“能量”的概念代替“活力”，并最早提出材料弹性模量的明确定义，他引入一个表征弹性的量。后人为了纪念扬氏的贡献，把纵向弹性模量（正应力与线应变之比）称为扬氏模量（见图 8-9，图 8-10）。

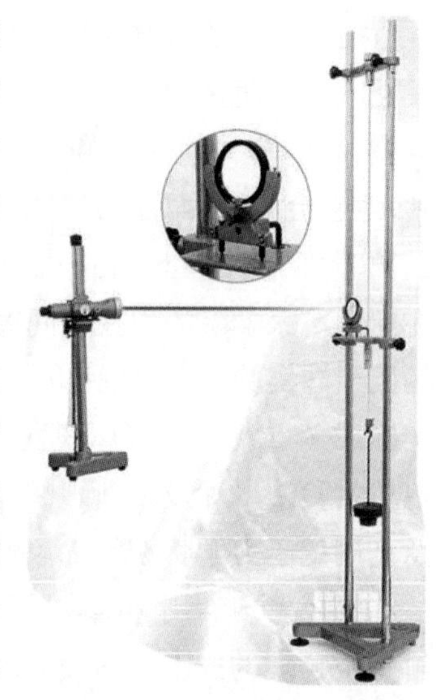

图 8-9 扬氏模量测量仪

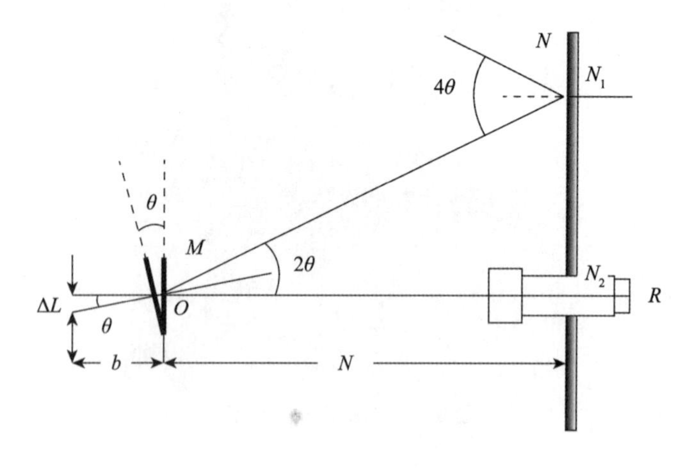

图 8-10 扬氏模量测量原理图

4. 在考古学方面的贡献

扬是一个热爱知识和追求真理的学者，有顽强的自修能力和自信心。1814 年他开始研究考古发现的古埃及石碑,他用了几年时间破译了碑上的文字,对考古学做出了贡献。就在他逝世前,他仍致力于编写埃及字典的工作。

5. 将科学和艺术并列的百科全书式的科学家。

托马斯·扬的一生,兴趣广泛,博学多艺。他除了以物理学闻名于世外,在其他许多领域都有所成就。

他从小就广泛阅读各种书籍,对古典书、文学书以及科学著作无所不好,并能一目数行。他一生研究过力学、数学、光学、声学、生理光学、语言学、动物学、埃及学等。他精通绘画、音乐,几乎掌握当时的全部乐器,并且会制造天文器材,还擅长骑马,还会耍杂技走钢丝,有人把他称为百科全书式的学者或全能科学家。他是一个将科学和艺术并列活跃充满热情的天才。我们几乎可以这样说:他生命中的每一天都没有虚度。

二、托马斯·扬的名言

“固执于光的旧有理论的人们,最好是从它自身的原理出发,提出实验的说明。并且,如果他的这种努力失败的话,他应该承认这些事实。”

“同一束光的两个不同部分,以不同的路径要么完全一样地,要么在方向上十分接近地进入眼睛,在光线的路程差是某个长度的整数倍的地方,光就增强,而在干涉区域的中间部分,光将最强。对于不同颜色的光束来说,这个长度是不同的。”

“根据各种实验的比较,组成极端红光的波的宽度,在空气中,似应假定约为三万六千分之一英寸,极端紫光的约为六万分之一英寸。”

三、《自然哲学讲义》是托马斯·扬的代表作

上述这些实验和理论的研究,被托马斯·扬综合编入1807年出版的《自然哲学讲义》中。在这本书中,他描述了现在众所周知的双缝干涉的基本实验:点光源的光透过两个相邻的平行狭缝,当这两束光相遇时,就在屏幕上形成一系列明暗干涉条纹。但是,他的理论却没有立即得到重视,而且由于认为光是纵波,这使他的理论具有了很大的弱点。

他的理论受到了英国政治家布鲁厄姆(Lord Brougham)的尖刻攻击,被说成是“没有任何价值”、“荒唐”和“不合逻辑”的。托马斯·扬虽然进行了回击,但仍未获得科学界的理解和承认。这个自牛顿以来在物理光学上最重要的成果,就这样被缺乏科学讨论气氛的守旧的舆论压制埋没了将近20年。直到菲涅耳提出他的波动理论后,托马斯·扬才获得了应有的荣誉。

第二节 太阳光是粒子还是波?

一、实验背景

在人们探索光的本质的过程中,出现过长达三个世纪的所谓“微粒说”和“波动说”之争。

欧洲文艺复兴之后,迎来了科学迅速发展的时代,对光的本质的探索出现了新的局面。1666年,牛顿提出了光的微粒说,即光是发光体发出的高速运动的微细粒子流。同一时代,另一位著名学者、荷兰物理学家惠更斯于1678年在法国科学院讲演,公开反对光的微粒说,提出光的波动说,认为光是在“以太”介质中传播的一种波。两种学说都能够解释光的直线传播、反射和折射等现象。

此后两种学说展开了长期争论。到18世纪,由于微粒说更符合人们的直观感觉,提出微粒说的牛顿更是鼎鼎大名,而惠更斯却没有给波动说以坚实的数学基础,加之此时波动说比较粗糙,光的波动不能解释偏振现象,因此微粒说占了上风。

波动说受到忽视达100年之久,19世纪初,正是扬氏双缝干涉实验使光的波动学说得以复兴,使人们对光的本性认识进入了一个新的阶段。

关于光的本性究竟是什么?

人类进行了大约300年的争论,其间有各种不同的学派,但总的来说不外乎粒子说和波动说两种。这两种学说在不同时期各自占据着统治地位,随着认识的发展,人们对粒子和波的概念的看法也有所发展。最后当爱因斯坦和德布罗意(见图8-11)提出波粒二象性(见图8-12)后,争论才告一段落。

图8-11 德布罗意

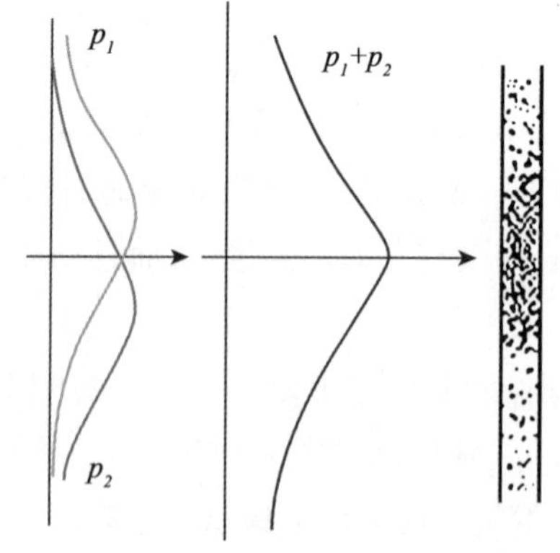

图8-12 波粒二相性

二、波动说兴起的科学意义

英国自然科学史家丹皮尔在他的《科学史及其与哲学和宗教的关系》一书中谈到

19 世纪初的这段历史时,指出:“光的波动说揭开了现今所谓场物理学的第一章。由法拉第和麦克斯韦的工作写成第二章,它把光和电磁联系起来。在第三章里,爱因斯坦用几何学来解释万有引力。也许有一天,万有引力可能和光与电磁波在更大的综合里联系起来。”可以说 20 世纪初的现代物理学革命,早在 19 世纪初就开始了。正如爱因斯坦所指出的,光的波动说的成功,在牛顿物理学中打开了第一道缺口,虽然当时没人知道这个事实。而开始这场革命的第一人,就是托马斯·扬。

小贴士:光的本性是什么?

人类对光的本性的认识,追溯其历史,可以看出,它是由粗浅到深入,由片面到全面,从实验到理论,由现象到本质逐步发展起来的,最后建立起光的本性的理论。但是从科学发展的眼光来看关于光的本性的理论并没有穷尽,还有待于进一步的探讨(见图 8-13,图 8-14)。

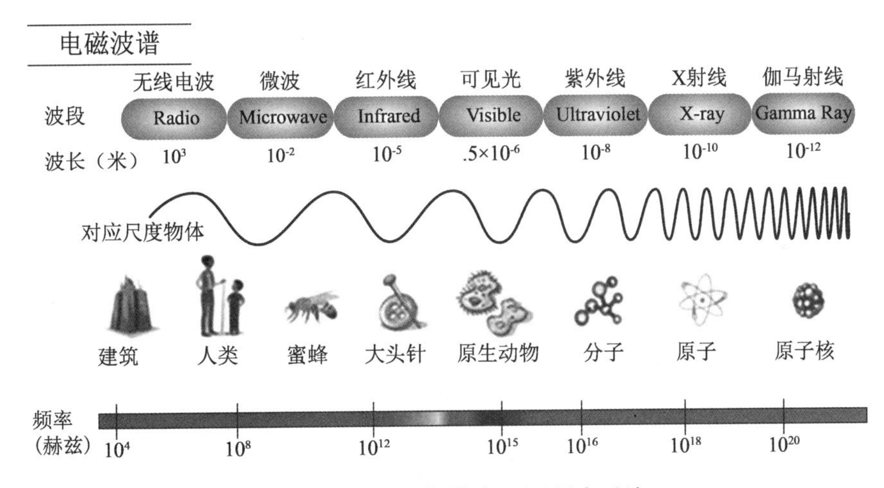

图 8-13 光不仅仅是波,而且是电磁波

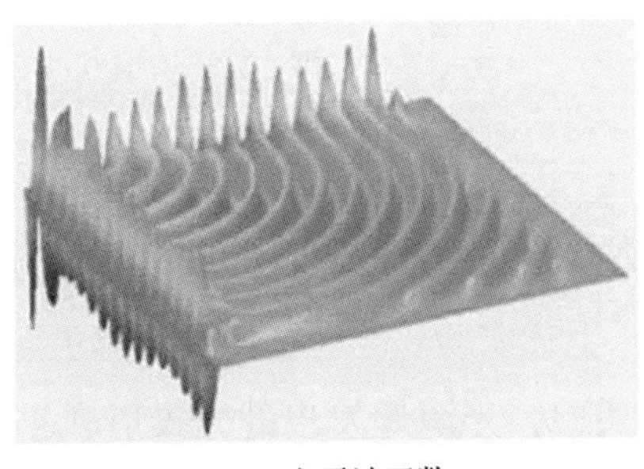

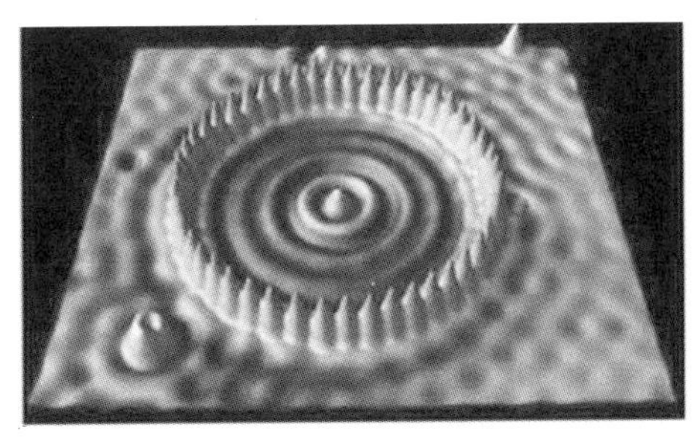

双电子波函数

量子围栏

图 8-14 光本性的进一步探讨

第三节　看到的现象:光出现了水波一样的干涉条纹

爱因斯坦曾指出:光的波动说的成功,打开了牛顿物理学体系的第一道缺口,揭开了场物理学的序幕。

一、实验过程

1.【实验设备】

暗房、遮光板 A(1 个小孔)、遮光板 B(2 个小孔)、显示屏 C。

2.【实验人员】

托马斯·扬 1 人,无须助手。

3.【实验思想】

如果光是一种波,让其进行叠加,会像水波一样产生相干条纹。

4.【实验步骤】

1801 年,托马斯·扬让阳光通过钻有针孔的不透明的遮光板 A,将通过小孔的光作为点光源 S,在点光源后面放置另一块不透明的遮光板 B,上面开有两个很靠近的小孔 S_1 和 S_2 ,见图 8-15,并用白布屏 C 接收透过小孔 S_1 和 S_2 投射的光。

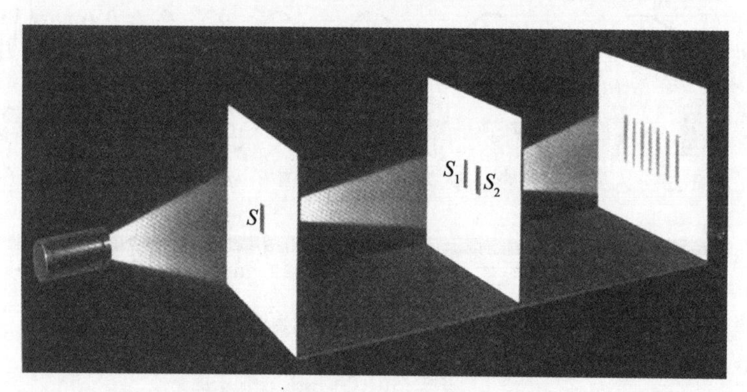

图 8-15　扬氏干涉实验装置示意图

5.【实验现象】

结果在屏上两束光的交叠区内出现一系列亮暗相间的条纹,见图 8-16。他为了提高亮度又将 S_1 和 S_2 改成相互平行的狭缝,重复了上述实验。当时扬氏利用惠更斯波动理论,并补充了他的干涉原理,解释了双缝干涉实验。光源 S 发出的光投射在小孔 S_1 和 S_2 上, S_1 和 S_2 成为两个次波源。

屏上的条纹是由于从这两个次波源出来的同类光波互相叠加(即干涉)而形成的。在两个波峰相遇的地方,看到的是亮条纹,而在一个波峰和一个波谷相遇的地方,见到

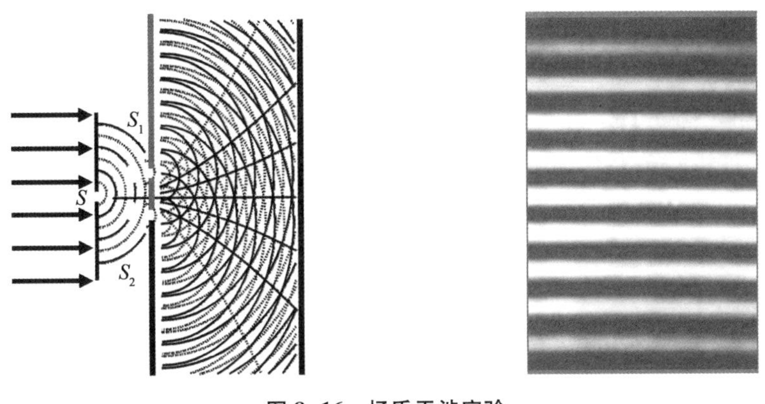

图 8-16 扬氏干涉实验

的则是暗条纹。图 8-17 是用黄光或者自然白光所做实验的干涉图样。

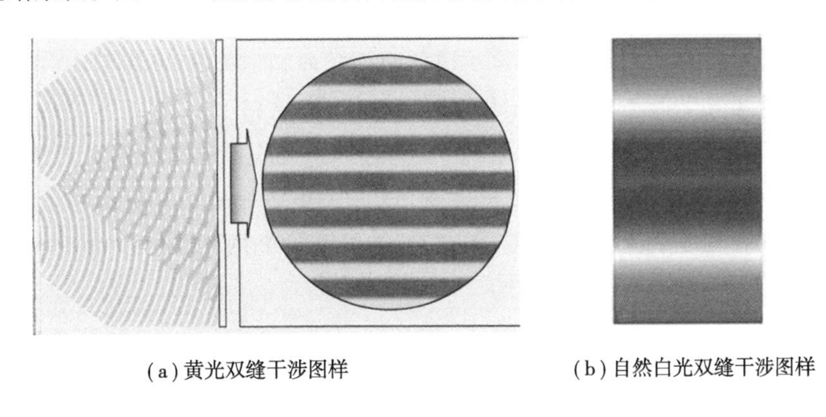

(a) 黄光双缝干涉图样

(b) 自然白光双缝干涉图样

图 8-17 双缝干涉图样

6.【实验分析】

这说明两束光线可以像波一样相互干涉。这就是著名的“扬氏双缝干涉实验”。由此可见，这个实验不但提供了干涉的确凿证据，而且首次用波动理论解释了衍射现象。

扬氏干涉实验的巧妙之处在于，他让透过一个小针孔 S 的一束光，再透过两个小针孔 S_1 和 S_2，变成两束光。这样的两束光因为来自同一光源，所以它们是相干的。结果表明，在光屏上果然看见了明暗相间的干涉图样。后来，又以狭缝代替针孔，进行了双缝干涉实验，得到了更明亮的干涉条纹。在他之前，不少人曾进行过光的干涉实验。由于他们是用两个独立的非相干光源发出的两束光叠加，因此，这些实验都失败了。

他用这个实验首先引入干涉概念论证了波动说，又利用波动说解释了牛顿环的成因和薄膜的彩色。1801 年他引入叠加原理，把惠更斯的波动理论和牛顿的色彩理论结合起来，成功地解释了规则光栅产生的色彩现象。1803 年，他又用波动理论解释了障碍物影子具有彩色毛边的现象。1820 年他用比较完善的波动理论对光的偏振做出了比较满意的解释,认为只要承认光波是横波,必然会产生偏振现象。

扬氏双缝干涉实验是物理学史上一个非常著名的实验,扬氏以一种非常巧妙的方法获得了两束相干光,观察到了干涉条纹,并以光波动性解释了干涉现象。随着光学的发展,人们至今仍能从中获得重要的概念和新的认识。无论是经典光学还是近代光学,扬氏双缝干涉实验的意义都是十分重大的。这个实验也为一个世纪后量子学说的创立奠定了基础。

小贴士:什么是相干光

频率相同,且振动方向相同的光可称为相干光(即相干光必是线偏振光)。两束满足相干条件的光也可称为相干光。由于原子发光的无规则性,同一个原子先后发出的波列之间,以及不同原子发出的波列之间都没有固定的相位关系,且振动方向与频率也不尽相同,这就决定了两个独立的普通光源发出的光不是相干光,因而不能产生干涉现象。将同一光源上同一点或极小区域(可视为点光源)发出的一束光分成两束,让它们经过不同的传播路径后,再使它们相遇,这时,这一对由同一光束分出来的光的频率和振动方向相同,在相遇点的相位差也是恒定的,因而是相干光。

二、扬氏干涉实验遇到的冷遇

正像其他科学原创一样,扬氏的理论和干涉实验,一开始也受到冷遇。

由于扬氏干涉实验,光的波动说在经过百年沉寂之后得到复兴,但是托马斯·扬当时的日子并不好过。在光的微粒说仍然占上风的年代,托马斯·扬的论文受到权威们的讽刺和嘲笑,被认为“荒唐”和“不合逻辑”,在近 20 年间几乎无人问津。托马斯·扬抱着捍卫科学真理的信念,专门写了论文,却无处发表,只好印成小册子,但是据说发行后“只卖出一本”,原因可想而知。

德国物理学家亥姆霍兹(Hermann von Helmholtz,1821—1894,见图 8-18)认为:“扬是有史以来最聪明的人之一,但由于他过多地超越了同时代人的知识面,人们敬佩他,但不理解他大胆的论据,结果他的大多数最重要理论被埋没于皇家学会的刊物中。直到后人在缓慢的进步中才重现了他已发现过的东西,确信他的结论的正确性。”这段话说明了扬氏的才能,以及扬的理论在当时没有能够被大家接受的缘由。

英国物理学家丁达尔(John Tyndall,1820—1893,见图 8-19)后来说:“这个有才干的人的才智,被他的同胞品头论足而埋没了整整 20 年。这也许是波动光学迟迟才得到复兴的原因之一。”

图 8-18 亥姆霍兹

图 8-19 丁达尔

第四节 实验的启示

托马斯·扬在光的干涉的实验和理论研究中,给我们留下了许多宝贵的启示,这里主要讨论三点。

一、敢于向权威挑战

人类对光的认识经历了一个漫长的发展过程。17 世纪下半叶牛顿和惠更斯等人把光的研究引向进一步发展的道路。在 17 世纪末至 18 世纪末这一时期,由于以牛顿为代表的微粒说占有统治地位,因此光的理论实际上一直没有什么进展。

托马斯·扬出于对科学真理的敏锐思考,敢于发表自己的见解,敢于向权威挑战。扬氏在论文《关于光和声的实验与研究纲要》中说:“尽管我仰慕牛顿的大名,但是我并不因此而认为他是万无一失的。我……遗憾地看到,他也会弄错,而他的权威有时甚至可能阻碍科学的进步。”我们从中足以见到扬氏执着追求真理和勇于挑战权威的精神。

此外,扬在上述论文中还指出,光的微粒说存在着两个缺点:第一,既然发射出光微粒的力量是多种多样的,那么,为什么又认为所有发光体发出的光都具有同样的速度?第二,在透明物体表面,光产生部分反射时,为什么同一类光线有的被反射,有的却透过去了呢? 扬认为,如果把光看成类似于声音那样的波动,上述两个缺点就会避免。为了证明光的波动性,扬在论文中把“干涉”一词引入光学领域,提出光的“干涉原理”。

二、创新过程中要经得起孤立

按照常理来说,扬的实验令人信服,推理具有说服力,他一定会赢得人们的称赞,然而实际上恰好相反。当时很多人对扬的理论不理解,其中一位就是以牛顿理论权威自居的布劳安(Henry Brougham)。由于扬在 1798 年偶然对布劳安的一篇数学论文提出了一些批评,使得布劳安成为扬不可和解的敌人。布劳安在《爱丁堡评论》上进行辱骂性的、讽刺性的攻击,说扬的讲座“不包含任何配得上称为实验和发明的东西,事实上没有任何长处”,是“软弱无力的迂腐陈见”,“找不出一点锐意和创造性”。扬在《对爱丁堡评论家在哲学学报上发表的一些攻击的回答》一文中,为维护自己的观点作了辩解。但科学界拒绝接受波动理论,扬的讲座难以找到刊登者,他的好友渥拉斯顿也对他的理论半信半疑,法国的毕奥、拉普拉斯、泊松则更是反对。扬甚至下决心不再从事医学以外的科学研究。直到1816年菲涅耳将刚发表的衍射论文寄给他,阿拉果也与他通了信,才使得扬得到了有力的支持。

人们多年来习惯于应用牛顿的微粒说来解释光的现象,对于扬的干涉理论自然不会轻易接受。然而是真理还是谬误,不是以一段时间内赞成的人数多少来确定的,而是只能通过实践经验来确定。如果一时受到孤立,应当敢于坚持真理,而不用被一些攻击和谴责所吓倒。

三、托马斯·扬的谦逊助人

托马斯·扬有着科学家那种谦逊助人的高尚品质,在这里讲几个小故事:

1. 库仑(Charles-Augustin de Coulomb,1736—1806)曾写过一篇论文《论极大极小法则在与建筑有关静力学问题上的应用》,1773年递交法国科学院。由于库仑不是科学院的院士,该文没有引起人们的重视。扬见到这篇文章后给予很高的评价,指出库仑的那篇论文所阐述的观点准确而又具有独创性,论证清晰而又简洁,结果还可以应用于实际。扬称赞库仑创造性地引入极大极小作为静力学问题的判据。这个方法很快就得到广泛应用,在今天其价值仍不减当年。

可以说,库仑的著作是通过扬才引起了英国工程师们的注意,而扬却不是一位工程师。也许就是由于托马斯·扬的作用,库仑的著作才取得其在建筑技术历史上应有的地位。

2. 1789年,伦福德伯爵在实验报告中说:“我们在对这个问题下结论时,绝不能忘记在该实验中由摩擦而产生的热的源泉是取之不尽的。这一热能的产生必然是运动。”伦福德伯爵强调热是一种运动,这在当时遭到许多人的攻击。因为热的运动学说与光的波动说有关,所以托马斯·扬在当时公开支持伦福德伯爵的热运动学说。

3. 在光的波动说被菲涅耳证实后,扬与菲涅耳之间没有发生优先权的争论。菲涅耳在写给扬的信中表示了对扬的尊敬。扬在1819年10月16日写给菲涅耳的信中也表示出对菲涅耳的敬意:“先生,我为您将您令人钦羡的论文赠给我表示万分感谢。在对光学进展最有贡献的许多论文中,您的论文确实有很高的地位。”这种谦逊的品格特别值得当前学术界学习。

第五节 生活物理——生活俗语中的光学知识

1. 但闻其声,不见其人

解释:波在传播的过程中,当障碍物的尺寸小于波长时,可以发生明显的衍射。一般围墙的高度为几米,声波的波长比围墙的高度要大,所以,它能绕过高墙,使墙外的人听到;而光波的波长较短(10^{-6} 米左右),远小于高墙尺寸,所以人身上发出的光线不能衍射到墙外,墙外的人就无法看到墙内人。

2. 上联:折射、反射、全反射,射射有一定之规;下联:透镜、面镜、平面镜,镜镜成万物之象。横批:镜悬台

解释:光学术语对联。

3. 上联:一女梳妆三对面;下联:两人作揖四低头。横批:孤灯挂壁

解释:平面镜成像。

4. 肥皂泡在太阳光的照射下呈现彩色,瀑布在太阳光下呈现出彩虹,透过狭缝观察发光的日光灯时能看到彩色条纹。

解释:这些现象分别属于光的干涉、色散和衍射。

5. 对着电视画面拍照,不应该把照相机闪光灯和室内照明灯打开。

解释:因为闪光灯和照明灯在电视屏上的反射光会干扰电视画面的透射光。

6. 用手电筒同时斜射在一面镜子和一张灰色纸上,观察发现灰纸亮。

解释:这是因为纸产生漫反射,从各个方向都能看到部分反射光线;而镜子发生镜面反射,只有特定的角度才能看到反射光,其他方向是没有反射光的。

7. 汽车驾驶室外面的观后镜是凸镜而不是平面镜或凹镜。

解释:利用凸镜对光线的发散作用和成正立、缩小、虚像的特点,使看到的实物小,观察范围更大,从而保证行车安全。

8. 用红光来表示危险的信号。

解释:因为红光波长,容易发生衍射,穿透本领强。

9. 汽车在夜间行驶时,车内一般不开灯。

解释:这样可防止车内乘客在司机前的挡风玻璃上成像,避免对司机的正确判断造成干扰。

10. 汽车前的挡风玻璃通常都不直立(底盘高大的车除外)。

解释:这是因为挡风玻璃相当于平面镜,车内物体易通过它成像于司机面前,影响司机的判断。

11. 汽车尾灯灯罩呈多小块多角度,非平整圆弧形。

解释:角反射器可将射来的光线多角度返回,保证后面车辆看见和安全。

小贴士:中国建世界最大单口径射电望远镜

正在中国贵州黔南安装建设的500米口径球面射电望远镜(英文简称:FAST),是目前世界上在建的口径最大、最具威力的单天线射电望远镜。中国FAST工程办公室称,这一超级望远镜建成后将成为世界级射电天文研究中心(见图8-20)。

图8-20　正在建设中的500米口径球面射电望远镜

1. 项目概况:

7亿元:工程投资超过7亿元。

500米:FAST的口径达500米,是目前世界建成和在建的最大单口径球面射电望远镜。

30个:接收面积相当于30个足球场大小。

1600米和5600吨:整个钢结构圈梁长度达到1600米,消耗钢材5600吨,总工程量相当于1/4个"鸟巢"。

9000根和1300吨:FAST反射面索网结构,将由近9000根高精度高强度钢索连接而成,在半空中形成1300吨重的钢质索网。

4600块:FAST反射面是由超过4600块的主动反射单元拼装在索网上,形成球形反射面。

2. 为何选大窝凼?

地貌好装"大锅",5000米内没乡镇。

打开卫星地图,贵州平塘县的地貌好似布满褶皱的大象皮肤。再提高分辨率,就能看到大大小小的"漏斗"——"天坑"群。其中有一个就是科学家寻觅十载为这个最大望远镜找的"家"。

选址大窝凼有三方面原因,一是地貌最接近FAST的造型,工程开挖量最小;二是这里的喀斯特地貌可以保障雨水向地下渗透,不会在表面淤积而损坏和腐蚀望远镜;三是射电望远镜需要一处"净土",大窝凼附近5000米半径之内没有一个乡镇,无线电环境理想。

FAST周围三座山峰呈三足鼎立之势,每座距离都在500米左右,中间的洼地犹如一个天然的锅架,刚好稳稳地安放FAST这口“大锅”。

3. 性能如何?

是迄今为止人类建造的最大单口径射电望远镜。与号称“地面最大的机器”的德国波恩100米望远镜相比,灵敏度提高约10倍;与被评为人类20世纪十大工程之首的美国阿雷西博望远镜(直径350米)相比,其综合性能提高约10倍,在未来20—30年将保持世界一流设备的地位。

(1)FAST能望多远?

射电望远镜,可不是肉眼观测的普通望远镜,它是当今世界上最顶尖级的太空望远镜。射电,是比红外线频率更低的电磁波段。射电望远镜,跟接收卫星信号的天线锅类似,通过锅的反射聚焦,把几平方米到几千平方米的信号聚拢到一点上。

由于来自太空天体的无线电信号极其微弱,半个多世纪以来所有射电望远镜收集的能量尚翻不动一页纸。要想获得更远、更微弱的射电,“阅读”到宇宙深处的信息,就需要更大口径的射电望远镜。

专家们指出,与德国波恩100米望远镜相比,FAST灵敏度提高约10倍。这意味着,远在百亿光年外的射电信号,FAST也能“捕捉”得到。

(2)有哪些独到之处?

洼坑内铺设数千块单元组成500米球冠状主动反射面,球冠反射面在射电源方向形成300米口径瞬时抛物面,使望远镜接收机能与传统抛物面天线一样处在焦点上。

同时,采用轻型索拖动机构和并联机器人,实现接收机的高精度定位。由于自重和风载引起形变的限制,传统全可动望远镜的最大口径只能做到100米。FAST突破了射电望远镜的百米极限,开创了建造巨型射电望远镜的新模式。

【本章小结】

本章从观察生活中的有关光现象入手,分析光现象产生的原因,介绍了光的研究的发展历史和光的波、粒二相性与生活的密切关系,介绍科学研究要敢于向权威挑战的重要性,以及科学研究创新过程中要经得起孤立的重要性。重点介绍了获得了两束相干光的思想过程与解决方法,了解干涉实验的实验方法和思维过程,注重光干涉实验的设计思想,领略实验之美。初步训练用科学的思维和方法简单分析生活中与光相关的物理现象。通过课堂小实验提升学习兴趣,培养利用简单器材的实验动手能力;课后实验设计题,分小组进行团队协作学习,初步学会设计与光相关的简单物理实验的方法。

【大事年纪】

1670年　牛顿提出光的微粒说,即“光是一种细微的大小不同的而又迅速运动的粒子”。

1678 年　荷兰物理学家克里斯蒂安・惠更斯(Christian Huygens,1629-1695,见图 8-21)提出:“光必然是一种波动。”由于当时没发现光的干涉、衍射等波动现象,使光的波动说难以自圆其说。

1807 年　托马斯・扬(1773—1829) 设计了扬氏双缝干涉实验,证明了光的干涉现象。

1818 年　法国物理学家,波动光学的奠基人之一菲涅耳(Augustin-Jean Fresnel,见图 8-22)完善了惠更斯理论,提出了子波相干的思想,在法国科学院悬赏征文中一举成名,使光的波动说赢得了第一回合的胜利。

图 8-21　惠更斯

图 8-22　菲涅耳

1905 年　爱因斯坦提出光量子假说,成功解释了光的波动说无法解释的光电效应,说明光应具有波粒二相性。

【拓展阅读】

天气谚语与大气光现象

大气中的不同光现象反映了大气中不同的状态分布和大气的微物理结构。很多大气光现象与天气过程有联系,可作为未来天气的征兆,据此劳动人民在长期实践中总结和归纳出了许多天气谚语。

(1)与大气中光的散射现象有关的谚语

谚语:“朝霞不出门,暮霞走千里”;“日出一点红,不雨便是风”;“日落晴彩,久晴可待”;“早烧不出门,晚烧行千里”。

在黄昏和黎明时,阳光斜穿过大气层,在低层大气中有很长的光程,并经大气中空气分子、水汽、尘埃微粒的散射和吸收才能到达人的眼睛, 在天边有时会出现五彩缤纷的霞。一般来讲,在日出日落方向上,从地面向天顶,霞的色彩排列是接近地面为红色,渐次变为橙、黄、绿、蓝各种颜色。当大气中湿度较大时,或在系统性云系移近时,空中会悬浮着很多较大的水滴,这些不同大小的水滴对各种颜色光有不同的散射作用。大气中水汽含量越多,霞的色彩就越鲜艳。我国大部分地区降雨天气主要来自两个方向:一是受西风带影响,系统性天气过程自西向东移动,形成系统性降水天气。另一个是受空气对流影响形成对流性降水过程,随着日照加强而空气对流增强,往往在中午前后形成局部降雨。夏季早上,低空空气稳定,很少尘埃,如果当时有鲜艳的红霞,称为早霞。这表示东方低空含有许多水滴,有云层存在,随着太阳升高,热力对流逐渐向平地发展,云层也会渐密,坏天气将逐渐逼近,预示天气将要转向阴雨;而傍晚,是一天中温度相对较高的时候,低空大气中水分一般不会很多,但尘埃因对流变弱而可能大量集中到低层。因此,如果出现鲜艳的晚霞,主要是由尘埃等干粒子对阳光散射所致,说明我们西边的上游地区天气已经转晴或云层已经裂开,按照气流由西向东移动的规律,未来本地的天气就要转晴。

(2)与大气中光的折射现象有关的谚语

图8-23 光的折射

谚语:“星星眨眼,下雨不远”。

光线穿过大气层会发生折射。我们会经常看到星光的位置和亮度不断发生变化,出现闪烁现象。这是因为大气中存在着乱流运动,这种运动使大气中有着很多不断变化着的、折射率与周围大气很不相同的微小气块,当光线经过这些小气块时,光线传播的方向与强度都会发生瞬时变化,使我们感到星光在闪烁,有时亦可看到颜色变化。星光闪烁程度反映了大气的物理状态,若夏天夜晚天空星光闪烁不定,说明大气扰动剧烈,预示不久将有风雨出现。星从哪方开始闪动,风雨就从哪方来。如满天星斗闪动,风雨就有可能在天明来临。

(3)与云雾中的光现象有关的谚语

云雾中的水滴、冰晶会引起虹、华和晕等光现象。

谚语:“东虹日头西虹雨”;“有虹在东,有雨落空;有虹在西,人披蓑衣”。

图 8-24　云雾中的光现象

虹的出现与天气变化密切相关,我国大部分地区处于中纬度,系统性降水天气大多由西向东移动。因为虹都出现在太阳的相对方向,如果早上在西方天空出现虹,说明西边的大气中存在大量水滴,它随着天气系统自西向东移动,本地将会下雨;如果在傍晚看到东方出现虹,说明东边的大气中存在大量水滴,而西方已经转晴。由于天气系统已东移过境,未来本地就不再下雨了。因此,《诗经》中所写“朝脐于西,崇朝其雨”也是这一含义。

谚语:“日晕三更雨,月晕午时风”;“月光带枷,大雨落下”;“月亮生毛,大雨冲壕”。

由于有卷层云存在才出现晕,而卷层云通常出现在气旋的前端。在离锋面数百公里的后面,就是锋面所造成的云雨区。随着地面锋的移近,伴随而来的天气将是云层愈来愈低,风力逐渐增强,并出现降水。所以,日、月晕的出现,就意味着风雨天气即将到来。当然这并不是说,出现日晕一定是下雨的征兆,出现月晕必刮风,还要看其他的天气条件。若只是气旋边缘经过此地,则不一定有雨,只是云层增厚,风力增强,风向改变。在热带气旋的外缘,也有卷层云存在,同样会成晕。所以台风季节,低纬度地区看到天空有卷云并有晕出现时,可能是台风将至的征兆。

谚语:“大华晴,小华雨”。

华是衍射造成的,光通过小水滴或小冰晶时发生衍射的情形与夫朗和费小孔衍射基本相似。彩色圆环的大小显示出云中水滴或冰晶的大小。日环变大是天气晴朗的预兆,这表明水蒸气正在蒸发,蓝天会更清晰。缩小的日冕意味着将要下雨。午后太阳如果闪烁绿光,表明天气相当不错,这样的状况至少可以维持 24 小时。

当然,由于天气谚语往往具有地区和季节的局限性,并且是人们凭视觉和感觉来预测天气的。而天气是一个不断移动、发展的复杂系统,用天气谚语这一比较笼统的表述预测天气可能会产生偏差。所以对天气谚语,必须结合理论和实践进行分析和验证,因地制宜地正确运用。

【思考与讨论题】

8-1 下面的叙述正确的是(　　)。

A.托马斯·扬通过光的单缝干涉实验,证明了光是一种波。

B.在太阳光照射下,水面上油膜出现彩色花纹是太阳光经过油膜的上下表面反射的光发生干涉形成的。

C.根据 $\Delta x=\frac{L}{d}\lambda$,$\lambda$ 可知在其他条件不变的情况下,波长 λ 越大,干涉条纹间距越大。

D.麦克斯韦提出电磁场理论并预言光是一种电磁波,后来赫兹用实验证实电磁波的存在。

8-2 两块凸透镜,其中一个直径比另一个大,在阳光下聚焦,分别点燃两根相同的火柴,哪一个凸透镜先点燃火柴?(　　)。

A.焦距小的凸透镜　　B.直径大的凸透镜　　C.直径小的凸透镜

8-3 光是什么?(　　)。

A.光是粒子　　B.光是波　　C.光既是粒子也是波

D.光既不是粒子也不是波

8-4 下列说法中不正确的是(　　)。

A.两个振动情况总是相同的波源叫相干波源

B.光能发生干涉现象,所以光是一种波

C.光的颜色不同是因为光的频率不同

D.光的颜色与介质有关

8-5 有关偏振和偏振光的下列说法中正确的有:(　　)。

A.只有电磁波才能发生偏振,机械波不能发生偏振

B.只有横波能发生偏振,纵波不能发生偏振

C.自然界不存在偏振光,自然光只有通过偏振片才能变为偏振光

D.除了从光源直接发出的光以外,我们通常看到的绝大部分光都是偏振光

8-6 关于电磁波,下列说法中哪些是正确的?(　　)。

A.电磁波中最容易表现出干涉、衍射现象的是无线电波

B.红外线、可见光、紫外线是原子外层电子受激发后产生的

C.γ 射线是原子内层电子受激发后产生的

D.红外线的波长比红光波长长,它的显著作用是热作用

8-7 关于光谱和光谱分析,下列说法中正确的是:(　　)。

A.太阳光谱和白炽灯光谱都是明线光谱

B.霓虹灯和煤气灯火焰中燃烧的钠蒸气产生的光谱都是明线光谱

C.进行光谱分析时,可以利用明线光谱,不能用连续光谱

D.我们观察月亮射来的光谱,可以确定月亮的化学组成

8-8　微波炉是一种利用微波的电磁能加热食物的新型炊具,微波的电磁作用使食物内的分子高频率运动而产生热,并能最大限度地保存食物内的维生素。关于微波,下列说法中正确的是:(　　)。

A.微波产生的微观机理是原子外层的电子受到激发

B.微波的频率小于红外线的频率

C. 对于相同功率的微波和光波来说,微波每秒发出的“光子”数较少

D.实验中,微波比光波更容易产生明显的衍射现象

8-9　下列关于波的叙述中正确的是:(　　)。

A.光的偏振现象表明光是一种横波

B.超声波可以在真空中传播

C.由 $v=\lambda f$ 可知,波长越长,波传播得越快

D.当日光灯启动时,旁边的收音机会发出“咯咯”声,这是由于电磁波的干扰造成的

8-10　下列说法正确的是(　　)。

A.用分光镜观测光谱是利用光折射时的色散现象

B.用 X 光机透视人体是利用光电效应

C.光导纤维舆信号是利用光的干涉现象

D.门镜可以扩大视野是利用光的衍射现象

8-11　日常生活中很难观察到光的衍射现象是因为:(　　)。

A.没有形成相干光源　　B.光的波长太短

C.光的速度太大　　D.光的频率太大

8-12　激光是一种人造光,其主要特点有______、______、______。

8-13　下列哪项内容不是利用激光平行度好的特点?(　　)

A.精确测距　　B.精确测速

C.读取高密光盘　　D.焊接金属

8-14　两个独立的点光源都发出同频率的红光,照亮一个原是白色的小屏,则屏上呈现的情况是:(　　)。

A.明暗相间的条纹　　B.屏上一片红光

C.屏仍是成白色　　D.屏是黑色的

8-15　红外夜视镜是利用了(　　)。

A.红外线波长长,容易绕过障碍物的特点

B. 红外线的热效应强的特点

C.一切物体都在不停地辐射红外线的特点

D. 红外线不可见的特点。

8-16 消毒用的紫外线灯看起来是淡蓝色的,这是因为它不仅发出看不见的________,而且发出少量的________。

8-17 紫外线比可见光容易穿透物质,这是因为紫外线________,而红外线比可见光容易穿透云雾,这是因为红外线的________,________现象明显。X 射线能照出人体内的骨像是利用了 X 射线的________特点。

【分析题】

8-18 试分析人掉进黑洞里会怎么样?

8-19 试分析可应用扬氏双缝干涉来测量哪些物理量?

8-20 假如你认为光是波,准备通过哪些物理现象来证明呢?

【实验设计题】

8-21 如何测量光波的波长,设计一个实验?

8-22 设计在厨房中测量光的传播速度?

8-23 设计测量光在水中或者空气中的传播速度?

8-24 利用太阳镜,设计一个实验,验证光的偏振性?

8-25 如何让一个小烧杯消失在大烧杯中?试设计一个实验。

第9章　单个电子的电量是多少？
——罗伯特·密立根的油滴实验

科学靠两条腿走路，一是理论，一是实验。有时一条腿走在前面，有时另一条腿走在前面。只有使用两条腿，才能前进。

——罗伯特·密立根

【学习目标】

1. 了解电是如何产生的。
2. 了解自然闪电如何产生。
3. 了解维姆胡斯感应起电机。
4. 了解静电魔球的原理。
5. 了解生活中的电学知识。
6. 了解密立根油滴实验的背景、实验过程及结论。

【教学提示】

1. 以自然界中的闪电的形成为例，引出电的话题。
2. 以魔球为例，讲解静电对生活的影响。
3. 会利用电的知识判断并解释生活中的电学现象，将知识生活化。
4. 借助起电机讲解摩擦生电可以产生高压电。
5. 了解密立根是第一个在美国出生的获得诺贝尔物理学奖的人，以他的生平引出油滴实验。

人类历史上对电的认识经历了很长的一段时间。很早以前，人们就在研究电。人们知道这种无形的物质可以从天上的闪电中得到。那么闪电是如何产生的呢？闪电是云与云之间、云与地之间或者云体内各部位之间的强烈放电现象（见图9-1）。通常是暴风云（积雨云）产生电荷，底层为负电，顶层为正电，而且还在地面产生正电荷，如影随形地跟着云移动。正电荷和负电荷彼此相吸,但空气却不是良好的导体。正电荷奔向树木、山丘、高大建筑物的顶端甚至人体之上,企图和云层中的负电荷相遇;负电荷枝状的触角则向下伸展,越向下伸越接近地面。最后正负电荷终于克服空气的阻碍而连接上。巨大的电流沿着一条传导通道从地面直向云端涌去,产生出一道明亮夺目的闪光。

图 9-1 自然形成的闪电

乌干达首都坎帕拉和印尼的爪哇岛,是最易受到闪电袭击的地方。据统计,爪哇岛有一年竟有 300 天发生闪电。而历史上最猛烈的闪电,则是 1975 年袭击津巴布韦乡村乌姆塔里附近一幢小屋的那一次,当时死了 21 个人。为了防范闪电的危害,需要在建筑物顶端安装避雷针。当带电云层靠近建筑物时,建筑物带上异号电荷。避雷针的尖端放电,可以中和云层中的电荷,从而起到避雷的作用,保护建筑物。

除了自然界中的闪电,人们自然而然产生这样的疑问:能否通过人工的方法产生电?电的本质到底是什么?如何科学地精确地研究电?带着这些疑问,人类开始了历史上伟大的探索。对电的认知推动着人类社会进化到新的电气化时代。

第一节 电是什么

一、维姆胡斯感应起电机——人工摩擦起电

1882 年,英国维姆胡斯(Wimshurst)创造了圆盘式静电感应起电机(见图 9-2),其中两同轴玻璃圆板可反向高速转动,摩擦起电的效率很高,并能产生高电压。这种起电机一直沿用至今,在各中学的物理课堂上做电学演示实验时,就经常用到它。

图 9-2 维姆胡斯感应起电机

用于静电研究的维姆胡斯起电机是由一套安装在基架上的透明塑料盘和莱顿瓶组成。配合其他仪器可以进行很多实验,例如关于导体表面的电荷分布,静电场的电力线,尖端放电和真空管的放电等。也可以独立进行静电感应、火花放电和电容器的电容量的变化等静电实验。

这种由人工产生的摩擦起电的新奇现象的出现,引起了社会广泛的关注,不仅一些王公贵族观看和欣赏,连一般老百姓也受到吸引。整个社会都对电现象

感兴趣，普遍渴望获得电的知识。电学讲座成为广泛的需求，演示电的实验吸引了大量的观众，甚至大学上课时的电学演示实验，公众都挤过去看，以至达到把大学生都挤出座位的地步。摩擦起电机的出现，也为实验研究提供了电源，对电学的发展起了重要的作用。

二、静电魔球

静电魔球也叫静电起电机，或叫范式静电起电机，是利用静电力的作用，当人体头发带上静电后，在静电力的作用下相互排斥，头发散立。静电越高，散发效果越好，达到“怒发冲冠”的效果。

220V 交流电会电死人，那么几千伏静电会电死人吗？答案是：绝对不会！因为静电至少要几千伏以上才有被电的感觉。当流过人体电流小于几毫安时，虽有电击感，无论电压多高也不会有生命危险，而静电起电机在工作时最大电流不到这种电流的几百分之一，所以是绝对安全的。即使一不小心挨了电击，因放电电流极小，也不会对人身造成伤害，而且当人接近或接触发生电击时，其电压会迅速降到安全电压以下，所以可放心使用。

三、生活中的电学知识

生活中常见的电灯是如何工作的呢？电灯的灯丝是用什么材料做的？为什么有的灯泡要抽成真空，有的灯泡要充入惰性气体？电灯是根据电流的热效应原理进行工作的。电流通过灯丝将灯丝加热到白炽状态就会发出明亮的光。电灯的灯丝是用熔点高的钨丝做的，这是因为灯泡发光时灯丝的温度在 2000 摄氏度以上，钨丝更加耐用。为了防止钨丝在高温下氧化，小功率的灯泡都抽成真空，而 60 瓦以上的灯泡要充入惰性气体，这些气体可以阻止灯丝在高温下的升华。

保险丝的工作原理是什么？保险丝是由电阻率大、熔点较低的铅锑合金制成。当过大电流通过时，保险丝产生较多的热量使它的温度达到熔点，于是保险丝熔断，自动切断电路，起到保险作用。

远距离输电为什么需要高压？这是因为远距离输电所需的导线是存在电阻的。一般情况下，若是电阻较小的话，可以忽略，但是远距离输电所使用的导线较长，已经不能忽略，此时使用高压输电是为了提高远距离输电的效率，尽可能地减少导线的发热量，降低损失，保护输电线路，使得更多的电量直接传输到用电用户中去。

油罐车的尾部为什么要挂一条铁链直达路面？这样做有利于使运输过程中因颠簸而产生的电荷迅速传到大地上，避免因静电放电而带来灾难。

小贴士:欧姆

图9-3 乔治·西蒙·欧姆

电荷的流动产生电流,电压提供动力,电阻带来阻力。关于电压、电流、电阻这三者之间的数学关系,归功于德国科学家乔治·西蒙·欧姆。欧姆出生于1789年,父亲是一名锁匠,母亲是一个裁缝的女儿。欧姆依靠自学成才,他的兄弟马丁也成为了著名的数学家。1805年,欧姆进入埃尔朗根大学。因其在大学里不学无术,沉迷于跳舞、滑冰和打台球,他的父亲十分恼怒,于是在1806年,把他送到瑞士。在瑞士,欧姆做了数学老师。后来回到埃尔朗根大学,于1811年获得博士学位,成为埃尔朗根大学的数学讲师。随后不久,他放弃了大学教职,在不知名的学校任教。在此期间,他写了一本关于初级几何的书。普鲁士国王威廉三世对这本书印象深刻,于是给欧姆提供了一个在科隆的教师职位。欧姆的工作涉猎范围很广,但是在当时没有引起人们的重视。1841年,英国皇家学会才认可了他的工作,颁发了著名的科普利奖章给他。最终欧姆成为了慕尼黑大学的实验物理学教授,直到65岁去世。国际单位制中电阻的单位,欧姆(Ω),就是以他的名字命名的。

第二节 第一个在美国出生的获诺贝尔物理学奖的人

一、罗伯特·密立根生平介绍

罗伯特·安德鲁·密立根(Robert Andrews Millikan,见图9-4),美国著名实验物理学家。1868年3月22日出生于伊利诺伊州的莫里森,1886年进入俄亥俄州的奥柏森大学。在大学期间,密立根最喜欢的就是希腊语和数学。1893年取得硕士学位,同年获得哥伦比亚大学物理系攻读博士学位的奖学金。1895年密立根博士毕业,成为哥伦比亚大学物理系建系以来毕业的第一位物理学博士。随后他留学德国的柏林和哥廷根大学。1896年回国任教于芝加哥大学。1896—1921年,密立根在芝加哥大学进行了一系列测定电子电荷以及光电效应的卓越工作,包括著名的油滴实验,因而获得1923年诺贝尔物理学奖。1921年,密立根离开芝加哥大学,转职到了加州理工学院并担任诺曼·布里奇物理实验室(Norman Bridge Laboratory of Physics)的主

图9-4 罗伯特·安德鲁·密立根照片

任。1953 年 12 月 19 日,由于心脏病发作,密立根死于他在加州的家中,时年 85 岁。

二、测量元电荷

密立根以其实验的精确著名。从 1907 年开始,他致力于改进威耳逊云雾室对 α 粒子电荷的测量,并得到卢瑟福的肯定。卢瑟福建议他努力防止水滴蒸发。1909 年,他做了一个试验,使带电云雾在重力与电场力平衡下把电压加到 10 000 伏,他发现云层消散后“有几颗水滴留在机场中”。他根据这个实验创造出测量电子电荷的平衡水珠法、平衡油滑法,但有人攻击他得到的只是平均值而不是元电荷。1910 年,他第三次做了改进,使油滴可以在电场力与重力达到平衡时上上下下地运动,而且在受到照射时还可看到因电量改变导致油滴突然变化,从而求出电荷量改变的差值;1913 年,他得到电子电荷的数值:$e=(4.774\pm0.009)\times10^{-10}$静库仑[等于 $1.5924(17)\times10^{-19}$库仑],这样就从实验上确证了元电荷的存在。他测量的精确值最终结束了关于对电子离散性的争论,并使物理常数的计算获得较高的精度。

三、元素火花光谱学研究

密立根还对电子在强电场作用下逸出金属表面进行了实验研究。他还从事元素火花光谱学的研究工作,测量紫外线与 X 射线之间的光谱区,发现了近 1000 条谱线,波长达到 13.66 纳米,使紫外光谱远超出了当时已知的范围。他对 X 射线谱的分析工作,为乌伦贝克(G.E.Uhlenbeek)等人在 1925 年提出电子自旋理论奠定了基础。

四、测量普朗克常量

密立根还致力于光电效应的研究。1916 年,经过细心认真的观测,他的实验结果完全肯定了爱因斯坦光电效应方程,并且测出了当时最精确的普朗克常量 h 的值。由于上述工作,密立根赢得 1923 年度诺贝尔物理学奖。

五、宇宙射线研究

密立根在宇宙线方面也做过大量的研究。他提出了“宇宙线”这个名称。研究了宇宙粒子的轨道及其曲率,发现了宇宙线中的 α 粒子、高速电子、质子、中子、正电子和 V 量子。改变了过去“宇宙线是光子”的观念。尤其值得一提的是,他用强磁场中的云室对宇宙线进行实验研究,导致他的学生安德森在 1932 年发现了正电子。

第三节 单个电子的电量是多少?
——密立根油滴实验

一、实验背景

1897年汤姆逊发现了电子的存在后,人们进行了多次尝试,以精确确定它的性质。汤姆逊又测量了这种基本粒子的比荷(荷质比),证实了这个比值是唯一的。许多科学家为测量电子的电荷量进行了大量的实验探索工作。电子电荷的精确数值最早是美国科学家密立根于1913年用实验测得的。密立根在前人工作的基础上,进行基本电荷量e的测量。他做了上百次测量,一个油滴要盯住几个小时,可见其艰苦的程度。密立根通过油滴实验,精确地测定基本电荷量e的过程,是一个不断发现问题并解决问题的过程。

二、实验过程

1909年罗伯特·密立根开始测量电流的电荷。电子的电量很小,且获得单个电子并不容易,密立根油滴实验通过研究电场中的带电油滴的下落,测定电子的电量。发现所有油滴所带的电量均是某一最小电荷的整数倍,该最小电荷值就是电子电荷。

1.【实验设备】

实施设备主要由电源、观察显微镜、油滴室、照明系统等组成。观察显微镜带有刻度分划板,便于读出油滴运动的距离,配合计时停表,可测定油滴运动速度,利用齿轮、齿条的调焦,能清晰观察油滴。油滴室内是两块水平放置的平行金属板组成的电容器,改变电压的大小和方向可以控制油滴在电场中运动的快慢和方向;照明系统采用灯泡为光源,发热量小,发出的光经聚光镜将平行极板内的油滴照亮,它可绕转臂旋转,便于调节视场照度。仪器配有喷雾器、钟表油和水准器等附件(见图9-5)。

2.【实验人员】

密立根及其学生哈维·福莱柴尔(Harvey Fletcher),共两人。

3.【实验思路】

主要是平衡重力与电力,使油滴悬浮于两片金属电极之间。并根据已知的电场强度,计算出整颗油滴的总电荷量。对油滴实验进行多次重复操作之后,密立根发现所有油滴的总电荷值皆为同一数字的倍数,因此认定此数值为单一电子的电荷。

4.【实验步骤】

用喷雾器将油滴喷入电容器两块水平的平行电极板之间,油滴经喷射后,一般都是带电的。在不加电场的情况下,小油滴受重力作用而降落,当重力与空气的浮力和黏滞阻力平衡时,它便匀速下降。

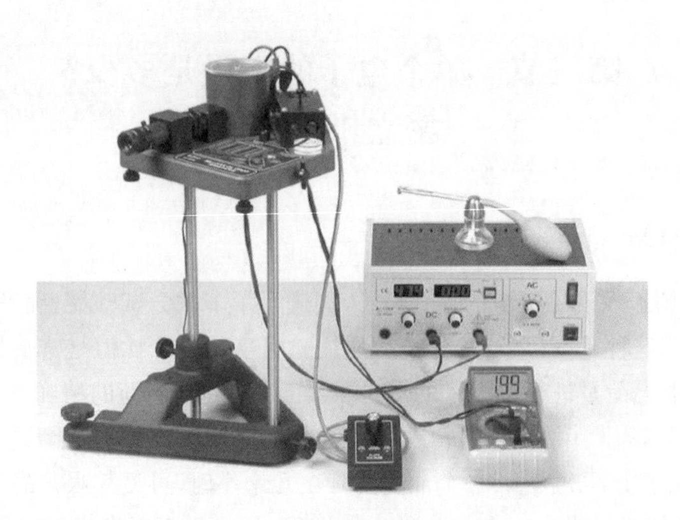

图 9-5 密立根油滴实验设备

当平行电极板间加上电场时,适当选择电势差 U 的大小和方向,使油滴受到电场的作用向上匀速运动。

5.【实验现象】

用喷雾器将油滴喷入油滴室内,从显微镜中观察油滴运动情况。实验时先找一个合适的油滴,使它自由落下,然后再加上电场使它向上运动(上升太快或太慢就适当调节电压)。这样在重力和电场力交替作用下,让油滴反复上升、下落若干次。

6.【实验结果】

由测定的油滴不加电场时下降速度和加上电场时油滴匀速上升的速度,就可以求出所带的电量。用上述方法对许多不同的油滴进行测量。实验结果表明,油滴所带的电量总是某一个最小固定值的整数倍,这个最小固定值就是电子所带的电量 e。

7.【实验分析】

密立根的计算值为 $4.774(5)\times10^{-10}$ 静库仑(等于 $1.5924(17)\times10^{-19}$ 库仑),到 2006 年为止,已知基本电荷值为 $1.60217653(14)\times10^{-19}$ 库仑。现在已知的数值与密立根的结果差异小于百分之一。

8.【密立根所作的推论】

经过反复试验,密立根得出结论:电荷的值是某个固定的常量,最小单位就是单个电子的带电量。他认为电子本身既不是一个假想的也不是不确定的,而是一个"我们这一代人第一次看到的事实"。他在诺贝尔奖获奖演讲中强调了他工作的两条基本结论,即"电子电荷总是元电荷的整数倍,而不是分数倍"和"这一实验的观察者几乎可以认为是看到了电子"。

"科学是用理论和实验这两只脚前进的",密立根在他的获奖演说中讲道。他用非常形象的比喻说明了理论和实验在科学发展中的作用。作为一名实验物理学家,他不但重视实验,也极为重视理论的指导作用。

三、密立根油滴实验所受到的质疑

密立根油滴实验60年后,史学家发现,密立根一共对外公布了58次观测数据,而他本人一共做过140次观测。他在实验中通过预先估测,去掉了那些他认为有偏差的数据。这严重违反了科学实验的原则。

密立根的论文发表后,其他实验室试图重复其实验。其主要对手是维也纳大学的菲里克斯·厄仑霍夫特。在1911—1913年,厄仑霍夫特重复了油滴实验,但是却未能发现像密立根所说的油滴所带的电量总是某一个最小固定值的整数倍。1913年,密立根发表了一篇论文,其数据非常清楚地说明了基本电荷的存在,并算出了基本电荷的精确值,结束了争论。

1981年,阿兰·富兰克林对密立根的实验记录本进行了研究,发现在记录本中有密立根对其观察结果进行打分,从“一般”到“最好”。根据记录本,密立根在1913年发表的论文依据的是140次观察,但他只根据91次认为较好的观察结果的数据进行计算,其他49次观察的数据全部舍弃不用。但是,在论文中,密立根却声称该论文“代表了所有的油滴实验”。如果密立根把所有的观察数据都包括进去,则会加大误差。这样,密立根通过有选择性地删除数据,获得了漂亮的实验结果。

第四节　艰苦的实验

一、油滴实验评价

许多科学家为测量电子的电荷量,进行过大量的实验探索工作。电子电荷的精确数值最早是由美国科学家密立根于1913年用实验测得的。密立根在前人工作的基础上,进行基本电荷量 e 的测量,他做了几千次测量实验,可见其艰苦的程度。

为了实现精确测量,他创造了实验所需的环境条件,例如油滴室的气压和温度。开始他是用水滴作为电量的载体的,后来为了避免蒸发所致的误差改用了挥发性小的油滴。最初,由实验数据通过公式计算出的 e 值随油滴的减小而增大,针对这一情况,密立根通过分析和实验对斯托克斯定律作了修正,得到了合理的结果。

二、油滴实验启示

密立根的实验装置随着技术的进步而得到了不断的改进,但其实验原理至今仍在当代物理科学研究的前沿发挥着作用,例如,科学家用类似的方法确定出基本粒子——夸克的电量。

油滴实验中将微观量测量转化为宏观量测量的巧妙设想和精巧构思,以及用比较简单的仪器,测得比较精确而稳定的结果等都是富有启发性的。

小贴士:爱迪生

托马斯·阿尔瓦·爱迪生(见图9-6),1847年2月11日出生于美国俄亥俄州米兰镇,1931年10月18日逝世于美国新泽西州西奥兰治。爱迪生是人类历史上第一个利用电气工程研究的实验室从事专利发明而对世界产生重大影响的人。他有超过2000项发明,丰富并改善了人类的生活。在美国,爱迪生名下拥有1093项专利,而他在美国、英国、法国和德国等地的专利累计超过1500项。1878年9月,爱迪生开始研究电灯,10月,电灯研制成功,他为此使用了接近1600种材料进行试验。他解决了发电机、电缆系统和连接的问题,点亮了整个纽约市。他使电话能够正常工作,使人们能够录制音乐和电影。他在新泽西州的实验室是现代工业研究实验室的先驱。

图9-6 托马斯·阿尔瓦·爱迪生

【本章小结】

本章讨论了电学的内容,主要讲解了密立根油滴实验。人类对电的认识和应用,跨越了很长的时间。无论是自然界中的闪电,还是人工摩擦都可以生电。我们要了解生活中很多关于电的知识,比如避雷针、静电魔球、电灯等。那么单个电子的电量是多少呢?通过密立根的油滴实验,我们可以精确地测定单个电子的电量,为 $1.5924(17)\times10^{-19}$ 库仑。认识电,了解电,才能在生活中更好地利用电。

【大事年纪】

1747年 富兰克林提出电气之“火”(电荷)守恒

1780年 伽伐尼发现“生物电”现象

1800年 伏特发明了电池

1820年 奥斯特发现了电流的磁效应

1820年 安培提出了载流导线之间作用力定律

1831年 法拉第和亨利发现了电磁感应

1897年 汤姆逊确认阴极射线是负粒子(电子)

1913年 密立根测量了单电子的电量

1925年　古德米斯特和乌伦贝克提出了电子的自旋
1927年　戴维孙、革末和汤姆孙证实了电子的波动性质
1932年　安德森发现反物质形式的正电子
1947年　巴丁、布拉顿、肖克利研制了晶体管

【拓展阅读】

避雷针是谁发明的?

避雷针可以有效防范闪电的破坏,那么历史上是谁首先发明了避雷针呢? 答案是:本杰明·富兰克林(Benjamin Franklin,1706—1790)。他出生于美国马萨诸塞州波士顿,是美国历史上著名的政治家、物理学家、外交家和发明家。富兰克林曾经进行多项关于电的实验,并且发明了避雷针,但是他从来没有为他的发明申请专利。

图9-7　本杰明·富兰克林

在1752年,富兰克林进行了一项著名的实验:在雷雨天气中放风筝,以证明"雷电"是由电力造成。带有锋利尖端的金属能悄无声息地收集或释放电流,这可以防止带电的云层停在建筑物上方时,建筑物上电荷的积聚。他在自家的屋顶上安装了一根带有锋利尖端的铁棒,用一根导线从棒的下端连到下面的地面。他的假设是铁棒会从云中把"电火花"悄悄地导走,防止它们从云中以闪电的形式导出来。他对这项实验结果很满意,在1752年他鼓励费城学院(即现在的宾夕法尼亚大学)和宾夕法尼亚州的州议会大厦安装了避雷针。富兰克林因为对电的研究,在1753年被英国伦敦皇家学会选为院士。

除了电学领域,他对其他学科的研究也极其广泛。在热学方面,他改良了取暖的炉子,使其能够节省四分之三的燃料。光学方面,他发明了老年人用的双焦距眼镜,既能看清楚近处又能看清楚远处的事物。他发现了墨西哥湾的海流,最先绘制暴风雨推移图。他最先解释清楚北极光。他还被称为近代牙科医术之父。有评价说他是18世纪仅次于华盛顿的名人。富兰克林没有显赫的家世,没有富裕的生活,仅仅靠自己对教育的重视,以及持续的奋斗获得了在各个领域的成功。

【思考与讨论题】

9-1　关于电压,下列说法正确的是:(　　)。
A.有电源就一定有电压且有电流
B.同一个小灯泡在不同的电压下的亮度是一样的
C.电压是形成电流的条件之一

D.有电压就一定能形成电流

9-2 关于电流表和电压表的使用,下列说法错误的是:(   )。

A.如不能估计被测电压、电流的大小,可取电表的任意两个接线柱进行试触

B.电压表可直接测量电源电压,而电流表不能直接接在电源两极间

C.测量前都必须选择合适的量程

D.都必须使电流从"+"接线柱流进电表,从"-"接线柱流出

9-3 为架设一条输电线路,有粗细相同的铁线和铝线可供选择,下面叙述最合理的是:(   )。

A.因铁线坚硬,应选铁线

B.因铝线易于架设,应选铝线

C.因铁较便宜,应选铁线

D.因铝线电阻小,应选铝线

9-4 在"伏安法测电阻"的实验中,滑动变阻器不能起到的作用是:(   )。

A.改变电路中的电流

B.改变被测电阻的阻值

C.改变被测电阻两端的电压

D.保护电路

9-5 在高压输电铁塔上一般都有"高压危险"的警示牌,然而停留在一根高压线上的小鸟却不会触电,这可能是因为(   )。

A.小鸟本身能耐高压

B.小鸟是绝缘体,所以不会触电

C.高压线外包着一层绝缘层

D.小鸟两爪间的电压很低

9-6 "珍爱生命、注意安全"是同学们日常生活中必须具有的意识,下列有关安全的说法,错误的是(   )。

A.如果发生触电事故,应立即切断电源,然后施救

B.雷雨天,人不能在高处打伞行走,否则可能会被雷击中

C.使用验电笔时,手必须接触笔尾金属部分

D.洗衣机、电冰箱、电脑等许多家用电器均使用三脚插头与三孔插座连接,在没有三孔插座的情况下,可以把三脚插头上最长的插头去掉,插入二孔插座中使用家用电器

9-7 有一个额定电压为220伏的电炉,想把它接在110伏的电路上,而不改变电炉的功率,办法是(   )。

A. 把电炉的电阻丝截去一半

B. 把电炉的电阻丝截成相等的两段,再并联起来

C. 用另一根和它相同的电阻丝串联

D. 用另一根和它相同的电阻丝并联

9-8 电流表的使用要求：

A.必须让电流从电流表的________接线柱进入，从________接线柱流出。

B.电流表必须与被测电路上的用电器________联。

C.不能用电流表测量大于其量程的电流。

D.电流表不能用来直接与电源串联。

【分析题】

9-9 生活中我们常常看到用久的电灯泡会发黑，亮度也较低，请你应用所学知识解释其中原因。

9-10 假如你家里购买了一台电热水器，使用时发现通电不长时间，其电源线很热，甚至能闻出很浓的橡胶焦味，于是你决定用学过的物理知识向消费者协会投诉，可从哪个方面的鉴定提出投诉。

9-11 在电风扇、电熨斗、电磁起重机、扬声器和动圈式话筒中，利用“电磁感应原理”工作的有哪些？利用“通电导体在磁场中要受到力的作用原理”工作的有哪些？

9-12 发电机都有一定的输出功率，远距离输电后，发电厂如何知道用户需要的用电量呢？如果发出的电用不完，多余的电去哪里了？

9-13 通信公司如何区分手机是关机还是不在服务区？

9-14 哪些材料做的锅不能在电磁炉中使用。

【实验设计题】

9-15 试设计实验，利用身边的器材（如手机等），检验家里的微波炉是否有微波泄漏。

9-16 试设计实验，利用直流电源和万用电表等，测量灯泡、二极管、电阻的伏安特性。

9-17 试设计实验，利用铁钉、铜钉、稀硫酸、烧杯、导线等，根据氧化还原反应知识和电学知识，自己动手设计一个原电池。

9-18 试设计实验，用充气的气球，利用摩擦生电原理，把它粘到门边上。

9-19 你的朋友需要 20Ω 和 30Ω 电阻各一个，但是你只有 40Ω 的电阻，试设计实验，组合这些电阻得到 20Ω 和 30Ω 的等效电阻。

第三篇

物理原理之美

美与真的关系历来为物理学家所重视,并为之做出过许多有益的探索。过去人们在科学活动中判断科学真理性时,向来坚持逻辑标准和经验标准;但如今越来越多的自然科学家提出并深入探讨了科学真理的美学标准问题。这样,美学标准就与逻辑标准、经验标准一起参与科学真理的检验,使得科学真理中的真与美两个方面紧密地结合起来。也正是真理的这种美,是科学家们热衷于探索自然的一种驱动力。

本篇通过四个专题,从不同角度向同学们呈现物理原理之美。

第10讲通过开普勒为天空立法的科学历程,给同学们展现:开普勒为了追求科学的真理,是如何彻底背离其个人所信奉的毕达哥拉斯"数学和谐";最终又如何找回其终生所追求的美学标准——数学和谐。正是开普勒这位"和谐宇宙"最突出的强调者为后人开辟了当今的航天事业。

第11讲是在牛顿美丽的实验室展开的,通过苹果树下的思考引发了宇宙间最伟大的定律——万有引力定律的发现。正是万有引力定律让人类发现了海王星和冥王星;也正是万有引力定律让"扫帚星"变成了举世瞩目的"哈雷彗星";还是万有引力定律让"新视野"号探测器成功拜访了冥王星。

第12讲从"有序"和"无序"展开,由历史上的能量"失窃案"入手,向同学们介绍了热力学定律,并提出了"熵"的概念。而"熵"是当今社会的热词,小到玩扑克牌、收拾房间及股市分析,大到中微子的发现、黑洞理论及宇宙大爆炸理论,都与"熵"这个热词有关。由此,由"熵"给同学们呈现出一幅大自然和谐之美的画面。

第13讲由与我们日常生活息息相关的电磁波开始。而电磁波之父——麦克斯韦是一位了不起的诗人物理学家,他从美学入手研究,以美的形式呈现其发现成果,就有了具有对称之美的数学方程组——麦克斯韦方程组。正是这一组数学方程组向人类展示了"场"的魅力,将电和磁融合在了一起,不仅描述静电场和稳恒磁场的性质,还说明变化电场产生磁场,变化的磁场产生电场,同时通过真空中光速的计算向世人宣布:光是一种电磁波。

美是物理学发展中的一种强大的推动力,而物理学家的想象力成果最终必须建立在与实验定量一致的基础上。物理学与艺术在美学动机之间,有一个根本的区别就是物理原理必须遵从由实验和观测所体现的"真理"的最后裁决。不管一个可疑的定理如何漂亮,它必须为实验验证后,才能被接受为定理。不过不论是在这条定理的初始拟定,还是在其被证明接受后其价值的认同方面,美都起着重要的作用。

对于作者来讲,更认同的一种"美"是物理原理可能为人类所用,为人类所用就是"真"。如:开普勒的"天空立法"可以将卫星送上天,将人类送上太空;牛顿的"万有引力"可以算出"哈雷彗星"的回归,让"新视野"号探测器成功拜访冥王星;"熵"可以解释大自然的各种自然变化规律;而具有对称之美的麦克斯韦方程组可以在100多年前预言"电磁波"的存在,而在当今社会,"电磁波"已经是人类生活不可缺少的一部分。

这正是物理原理的魅力所在,让我们一起开始本篇的学习。

第10章 正多面体的灵感与开普勒之行星轨道

> 我不辞辛劳，夜以继日地进行计算；我不怕任何麻烦，这个发现所得到的极度喜悦是无法用言语来表达的。
>
> ——约翰尼斯·开普勒

【学习目标】

1. 了解开普勒的生平。
2. 理解开普勒行星运动三大定律，领略和谐宇宙之美。
3. 引导学生学会查资料(传统+网上)学习。
4. 可以用开普勒三定律解决具体问题，如计算行星的变轨时间等。

【教学提示】

1. 问题引入：①什么是人造卫星？②人造卫星需要满足什么条件？
2. 问题解决：介绍开普勒行星运动三定律。
3. 名人简介：开普勒其人及其研究。
4. 典型案例：研究“神七”的变轨时间。
5. 归纳总结：开普勒是“天空立法者”。

神舟十号飞船是中国第五艘载人的航天飞船，2013 年 6 月 11 日 17 时 38 分，由长征二号 F 改进型运载火箭成功发射。在轨飞行 15 天，并成功与“天宫一号”实现自动交会对接，中国航天员王亚平首次开展太空授课活动。

中国人正在一步步实现人类登月的“航天梦”，从嫦娥二号成功“奔月”、“逐日”到“天宫一号”对接“神八”、“神九”和“神十”，作为一名中国人该是多么自豪。

在普通人的脑海中，浩瀚太空异常神秘。而人类能实现上九天揽月的“航天梦”，是因为约翰尼斯·开普勒，他用毕生的精力，为天空制定了法律，成为“天空立法者”。

图 10-1 “神十”飞船

第一节 “天空立法者”开普勒

约翰尼斯·开普勒(J. Kepler,1571—1630),杰出的德国天文学家、数学家、物理学家和哲学家,以数学的和谐性探索宇宙,在天文学方面做出巨大贡献,发现了行星运动的三大定律,分别是轨道定律、面积定律和周期定律。他是“日心说”的捍卫者之一,由于他在天文学方面的突破性成就,被后人称为“天空立法者”。

图 10-2 约翰尼斯·开普勒

开普勒出生在德国威尔的一个贫民家庭,是一个早产儿。他 4 岁时患上了天花和猩红热,虽侥幸死里逃生,身体却受到了严重摧残,视力衰弱,一只手近乎残废。但开普勒身上有一种顽强的进取精神,坚持努力学习,成绩优异。

开普勒于 1587 年进入图宾根大学,在校期间恰好接触到哥白尼的日心学说,并认识了宣传哥白尼学说的天文学教授麦斯特林,在其影响下,很快成为哥白尼学说的忠实维护者。大学毕业后,开普勒获得了天文学硕士的学位,被聘请到格拉茨新教神学院担任教师,并成为卓越的丹麦天文学家和占星学家第谷·布拉赫的天文观测助手。开普勒和第谷一起专心从事天文观测工作,利用其数学才能和富有创见性的思想,分析所得到的天文观测数据,取得了天文学上的累累硕果。这一段合作也被认为是科学史上最富有成效、最富有启发性的合作,后人称之为“神的旨意”。

第谷对于自己的观测资料是十分保密的,从不让外人过目。而当第谷发现了开普勒的才能,就开始欣赏这位年轻人,并允许其接触他那珍贵的、一般人不能接触的火星观测资料。在第谷的帮助和指导下,开普勒的学业有了巨大的进步。第谷死后,开普勒接替了其职位,被聘为皇家数学家,开普勒的余生就一直任此职位。

小贴士:第谷·布拉赫生平简介

第谷·布拉赫(Tycho Brahe,1546—1601),丹麦天文学家和占星学家。生于斯坎尼亚省基乌德斯特普的一个贵族家庭,1601年10月24日,第谷逝世于布拉格,终年55岁。第谷曾受丹麦国王腓特烈二世的邀请,在汶岛建造天堡观象台,经过20年的观测,发现了许多新的天文现象。第谷提出一种介于地心说和日心说之间的宇宙结构体系,他编制的一部恒星表至今仍然具有价值。

图10-3 第谷·布拉赫

对火星轨道的研究是开普勒研究天体运动的起点。伽利略的思想深深影响着开普勒,他用哥白尼的理论计算火星轨道,用第谷遗留下的火星观测资料进行计算后的验证,最终得到了行星运动三大定律,并于1609年、1619年分别出版了《新天文学》与《宇宙和谐》。行星运动三定律的发现为经典天文学奠定了基石,并为牛顿在数十年后万有引力定律的发现奠定了实验基础。

第二节 正多面体带来的灵感

数学上正多面体只有五个:正4面体、正6面体、正8面体、正12面体、正20面体。开普勒开始了神奇的构想,神奇多面体的内切圆轨道和外接圆轨道的套叠不正好是6个球吗?即:行星运行在这些多面体的内切圆轨道里面,然后这些正多面体又像俄罗斯套娃一样一个一个地套在一起,这是不是有点儿太神奇和美妙了呢?

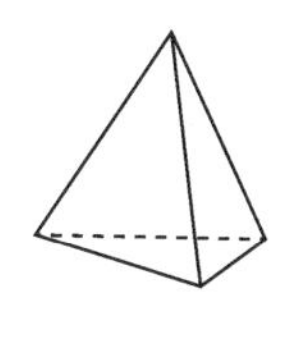

正4面体

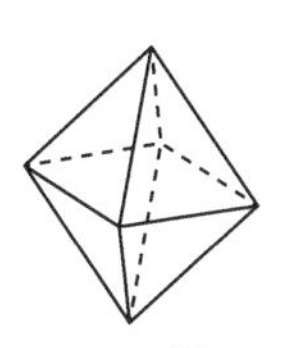

正8面体

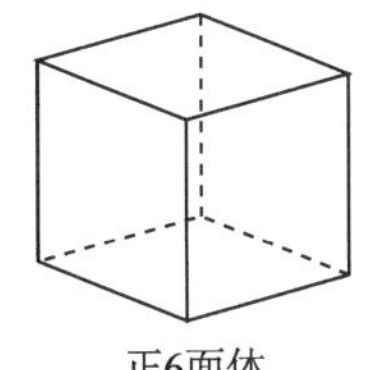

正6面体

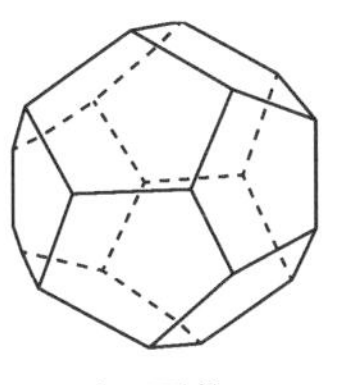

正12面体

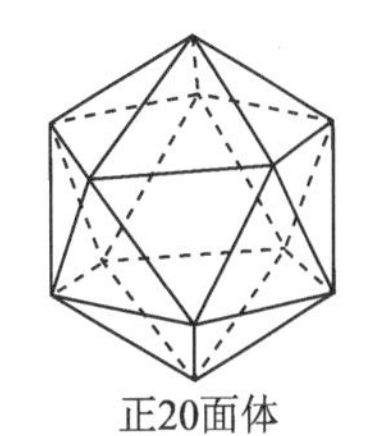

正20面体

图10-4 正多面体

开普勒这样想:开始以一个球形作地球的轨道,地球轨道球形外切一个正12面体,其12个面与里面的圆球相切,在12面体外面作一个外接圆球,这个圆球是火星的运动轨道;火星圆球轨道外面做外切正4面体,再在其外面作一个外接圆球,得出木星轨道;木星圆球轨道外做外切正6面体,正6面体的外接球就是土星轨道;在地球轨道的圆球内接正20面体,正20面体内切圆球是金星的轨道;金星圆球轨道内接正8面体,其内接圆球就是水星的轨道。根据这种方法得出各轨道半径的比值,与天文观测结果大体相同,这使开普勒非常兴奋和愉快。

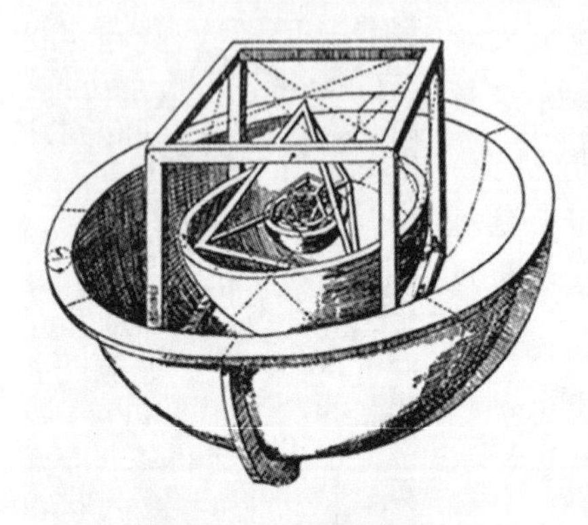

图10-5　开普勒构想

这一结果最大可能地模仿了古希腊哲学家柏拉图的《蒂迈欧篇》里被确认为神的形象的天体,这是一个被开普勒当成信仰的概念。为此,开普勒在1596年底出版的《宇宙的奥秘》中写道:如果你们追求新奇——这是我本人第一次向全人类提出这一课题。如果你们要广度——再没有比宇宙更宏伟更广阔的了。如果你们向往尊严——没有什么比上帝的壮丽殿堂更尊贵更瑰丽。如果你们想知道奥秘——自然界中没有(或从来没有)比这更奥秘的了。只有一个原因使我的论题不能让每个人都感到满意,因为无思想者是看不到其用处的。

现代科学告诉我们:开普勒重视的5种正多面体图形与行星运动轨道只是一种巧和,而且即使在当时与观测资料也并不是完全吻合。但是我们万万不可低估开普勒当时的可贵努力,正如爱因斯坦所说,在根本没有确信自然界是受规律支配的情形下,开普勒勇敢地去寻找“规律”,这本身就很了不起。开弓没有回头箭,开普勒一直沿用这种几何数学的美学思路,最终完成了不朽的“行星运动三大定律”。

小贴士:柏拉图生平简介

柏拉图(Plato,约前427—前347),古希腊伟大的哲学家,也是西方文化中最伟大的哲学家和思想家之一。

柏拉图、苏格拉底及亚里士多德并称为希腊三贤。创造或发展的概念主要包括:柏拉图思想、柏拉图主义、柏拉图式爱情等。柏拉图的主要作品是以对话录的形式记录的。

柏拉图是西方客观唯心主义的创始人。他继承和发展了苏格拉底的概念论和巴门尼德的存在论,建立了以理念论为核心的哲学体系。他的理念论继承旧氏族时代的因袭观点和思想方式,带有浓厚的宗教色彩和神秘主义因素。

图10-6　柏拉图

第三节 八分误差引出的卵形轨道

开普勒在研究行星运动规律时,一直坚持三个基本原则:一是哥白尼的日心说是正确的;二是坚信第谷观测资料的准确性;三是毕达哥拉斯神秘的数学和谐。

小贴士:毕达哥拉斯生平简介

毕达哥拉斯(Pythagoras,约前580—约前500),古希腊数学家、哲学家。

图10-7 毕达哥拉斯

毕达哥拉斯因为向往东方的智慧,曾历经千山万水,游历了巴比伦和印度,这可是当时世界上两个文化水准极高的文明古国,吸收了阿拉伯文明和印度文明(公元前480年)的文化。

毕达哥拉斯也到意大利的南部传授数学及其哲学思想,他允许妇女(当然是贵族妇女而非奴隶女婢)来听课。他认为妇女也是和男人一样有求知的权利,他的学派中有十多名女学者。这在当时的其他学派是不可能的。

他探求数学和谐,认为每一个人都该懂些几何。有一次他看到一个勤勉的穷人,他想教他学习几何,就对其说:如果你能学懂一个定理,我给你三个银币。这人看在钱的份上跟他学几何,过了一段时间,这人对几何产生了浓厚兴趣,要求毕达哥拉斯教快一些,并且反过来说:如果老师多教一个定理,他就给老师一个银币。久而久之,毕达哥拉斯就把他掏出去的钱全部收回了。

开普勒在意大利数学家、物理学家、天文学家伽利略(Galileo Galilei,1564—1642)的影响下,通过对行星运动进行深入的研究,逐步走上真理和科学的轨道。

开始,开普勒用正圆编制火星的运行表,发现火星老是出轨,依照这个方法来预测卫星的位置,却跟第谷的测量数据产生了8分的误差。开普勒坚信第谷的实验数据是可信的,那错误出在什么地方呢?1602年,开普勒开始思考行星的轨道不是正圆,应该是椭圆。之后又花了3年时间才确定行星运动轨道真的是椭圆。他曾写道:我,不断地思考和探求着,直至我几乎发疯,所有这些对我来说只是为了找出一个合理的解释,为什么行星更偏爱椭圆轨道……噢,我曾经是多么迟钝啊!

希腊天文学的轰然倒塌,使得行星作正圆运动的"神圣秉性"和"审美标准"也在精确的观测数据面前显得毫无说服力!进一步的研究证明:所有行星的轨道都是椭圆的。这正是开普勒行星运动第一定律。

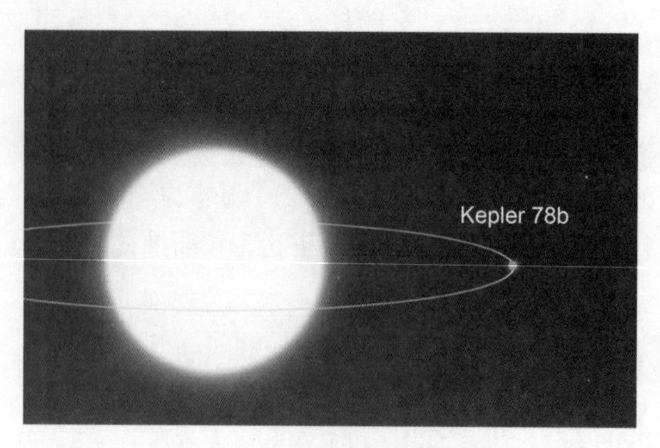

图 10-8　行星的椭圆运动轨道

在发现行星运动第一定律之后，开普勒又打破了第二个神圣的审美标准：行星都做匀速运动。行星在椭圆轨道上，有时离太阳远，有时离太阳近，离太阳远时运动得比较慢，离太阳近时运动得比较快。但行星与太阳的连线（矢径）在相同时间内所扫过的面积是相等的。又一个很美的结果展现在人们的面前，即行星运动第二定律。

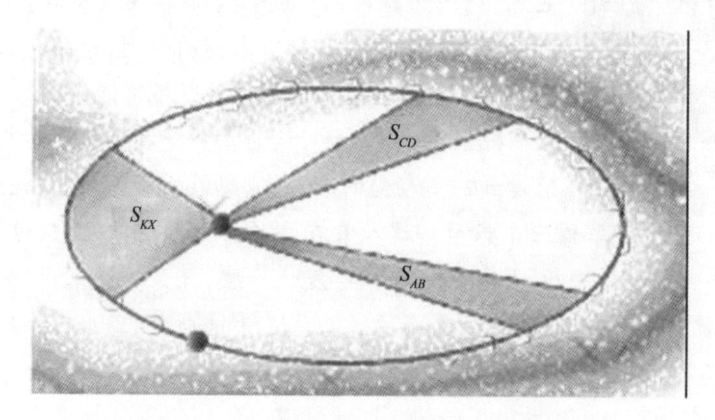

图 10-9　行星运动与太阳联线扫过的面积图

1609 年，开普勒出版了《新天文学》（*New Astronomy*），在这本书中他阐述了他发现的行星运动第一定律和第二定律。至此，他为了追求真理，彻底背离了个人所信奉的毕达哥拉斯"数学和谐"，这对于开普勒来讲是多么难，且需要多大的勇气。

第四节　宇宙是和谐的

开普勒不仅有勇气打破过时的美学传统观念，还坚信宇宙一定有一种内在的和谐，即各行星之间一定受某种简单的数学规律制约。正是这种坚定的信念，使他在发现第一和第二定律之后的十年里仍不懈地努力着，继续观测行星运动和分析第谷的观测资

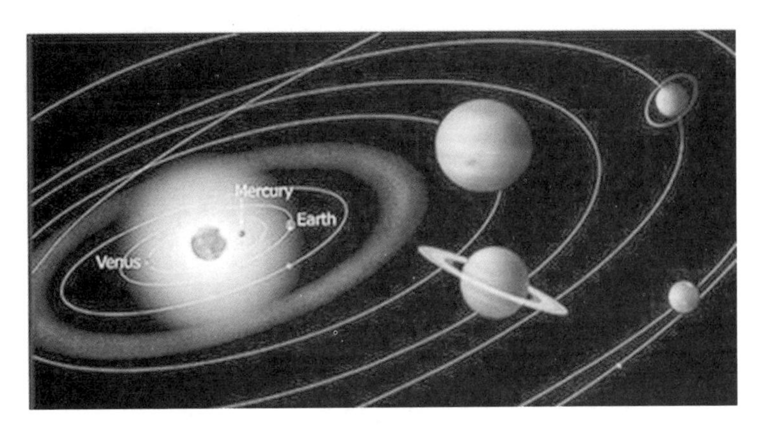

图 10-10 行星运动轨迹图

料，最终找到了他终生为之追求的美学标准——数学和谐。

火星观测资料显示：火星到太阳的距离 R（1.524 天文单位）的立方（R^3），与火星绕太阳公转一周的时间 T（1.881 地球年）的平方（T^2）基本相等，即：

$$(1.524)^3 = (1.881)^2 = 3.54$$

进一步观察计算发现，其他所有行星的 R^3 都与 T^2 相等。用文字表述：行星绕太阳转动一周的时间（称公转周期）的平方，正比于它们与太阳平均距离的立方。这就是开普勒行星运动第三定律。

1596 年，开普勒在《宇宙的奥秘》一书中，继承了毕达哥拉斯学派，将正多面体与行星轨道联系起来，由六个行星的天球依次外切于一个正多面体构成几何化宇宙模型。而 1619 年问世的另一部巨著《宇宙的和谐》，提出了著名的行星运动第三定律。正是因为他相信天体可以用音乐的音符来表达，尽管这种音乐只能为心智所理解而不是被耳朵所听到。

与以前的其他天文学家相比，开普勒应该算是“和谐宇宙”最突出的强调者。在“和谐宇宙”中，包括了数学、音乐的内容，又远远超出了数学和音乐的范畴。作为一种科学认识中的美学原则，“和谐”在科学世界的发展中有着重要的作用，将前伽利略时代的科学研究的层次和意义提上更高的台阶。

第五节 神舟七号的变轨

1999 年 11 月 20 日，中国第一艘无人试验飞船“神舟一号”飞船在酒泉起飞，21 小时后在内蒙古中部回收场成功着陆，圆满完成“处女之行”。这次飞行成功为中国载人飞船上天打下坚实的基础。2013 年 6 月 11 日“神舟十号”第三次承载中国宇航员进入太空，预示中国的航空航天事业已跻身世界前列。

下面以“神舟七号”飞船的轨道数据计算为例，讨论一下飞船由椭圆轨道变为近圆

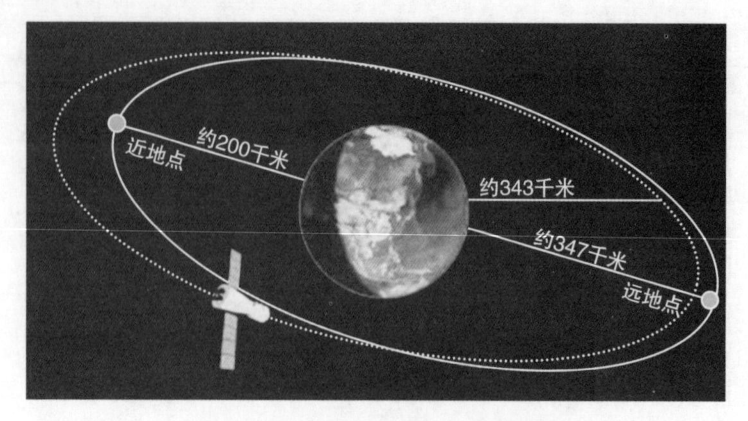

图 10-11 神舟七号运动轨迹数据图

工作轨道的变轨过程。"神舟七号"发射升空后，进入距地球表面近地点高度约 200 千米、远地点高度约 347 千米的椭圆轨道。实施变轨控制，就是将飞船推入距地球表面约 343 千米的近圆工作轨道。能否实施精确变轨，对飞船能否按计划在轨飞行和准确返回预定着陆场区具有重要的影响。

现在，我们用开普勒第三定律来讨论一下"神舟七号"的变轨运动。

设地球半径为 R，地球表面的重力加速度为 g，近圆轨道半径是 $r(343+R)$，如图 10-12 所示。飞船与火箭分离后进入预定近地圆形轨道飞行，某一时刻飞船在近地点启动发动机加速，经过较短时间后飞船速度增大并转移到与地球表面相切的椭圆轨道，飞船在远地点再一次点火加速，将沿半径为 r 的圆形轨道绕地球运动，若不计空气的阻力，试求，"神州七号" 从近地点运动到远地点的时间 t（变轨时间）是多少呢？

根据万有引力定律：

$$\frac{GMm}{r^2}=mr\left(\frac{2\pi}{T}\right)^2 \tag{10-1}$$

得到：

$$T^2=\frac{4\pi^2}{GM}r^3\text{（开普勒第三定律）} \tag{10-2}$$

其中，$r=343+R, t=T/2, mg=\dfrac{GMm}{R^2}$

综合以上各式得：

$$t=\frac{\pi(343+R)}{R}\cdot\sqrt{\frac{343+R}{g}} \tag{10-3}$$

由以上式子可以得到神州七号从近地点运动到远地点的时间（变轨时间）。

综上所述，开普勒第三定律再一次为我们呈现了"和谐"，飞船可以在不同轨道上变轨，使人类可以控制飞船的轨道，让飞船在空中与各大星系和平共处，形成一个完美的“和谐”太空，后世学者尊称开普勒为“天空立法者”。

【本章小结】

本章通过介绍“天空立法者”开普勒，讨论了行星运动三大定律，并且让同学们尝试用行星运动第三定律计算行星的变轨时间。在学习过程中，同学们体验各种查资料的方法，体会科学家为科学奉献的精神，同时也感受到了大数据时代的到来。而在回顾中国航天事业的历程和成就时，让同学们为祖国的强大而自豪，当然也美美地欣赏了和谐宇宙的大画面。

【大事年纪】

中国航天事业发展历程

1. 1958年4月开始兴建中国第一个运载火箭发射场。

2. 1970年4月24日21点35分“东方红一号”人造卫星发射成功。这是中国发射的第一颗人造卫星。毛泽东主席等领导人于“五一”节在天安门城楼接见了卫星和运载火箭研制人员代表。

3. 1975年11月26日中国发射了一颗返回式人造卫星。卫星按预定计划于29日返回地面。

4. 1986年2月1日中国发射一颗实用通信广播卫星。20日，卫星定点成功。这标志着中国已全面掌握运载火箭技术，卫星通信由试验阶段进入实用阶段。

5. 1990年4月7日21点30分中国自行研制的“长征三号”运载火箭在西昌卫星发射中心，把美国制造的亚洲1号通信卫星送入预定的轨道，首次取得了为国外用户发射卫星的圆满成功。

6. 神舟一号：1999年11月20日中国第一艘无人试验飞船“神舟”一号飞船在酒泉起飞，21小时后在内蒙古中部回收场成功着陆，圆满完成“处女之行”。这次飞行成功为中国载人飞船上天打下非常坚实的基础。

7. 神舟二号：2001年1月9日 第一艘正样无人飞船。飞行试验的主要目的是对工程各系统从发射到运行、返回、留轨的全过程进行考核，检验各技术方案的正确性与匹配性，取得与载人飞行有关的科学数据和实验数据。

8. 神舟五号：2003年10月15日首次载人飞行，承载的宇航员是杨利伟，成功围绕地球运行14圈。

9. 神舟七号：2008年9月25日首次承载三名宇航员进入太空，承载的宇航员是翟志刚、刘伯明和景海鹏，成功进行出舱活动（又称太空行走）。

10. 天宫一号：2011年9月29日中国第一个目标飞行器和空间实验室在酒泉卫星发射中心发射。标志着中国迈入中国航天“三步走”战略的第二步第二阶段。

11. 神舟八号：2011 年 11 月 1 日由改进型“长征二号”F 遥八火箭顺利发射升空。3 日凌晨，与组合天宫一号成功实施首次交会对接任务，成为中国空间实验室的一部分。

12. 神舟九号：2012 年 6 月 16 日下午肩负首次载人交会对接任务的神舟九号搭载 3 名航天员进入太空，3 名航天员分别是景海鹏、刘旺和刘洋（中国首位女航天员）。6 月 18 日下午，神舟九号成功与天宫一号目标飞行器实现自动交会对接。6 月 24 日，航天员刘旺操作飞船顺利完成与天宫一号的手控交会对接。标志着中国完全掌握了载人交会对接技术。

13. 神舟十号：2013 年 6 月 11 日 17 时 38 分神舟十号搭载三位航天员飞向太空，将在轨飞行 15 天，并首次开展我国航天员太空授课活动。飞行乘组由男航天员聂海胜、张晓光和女航天员王亚平组成，聂海胜担任指令长。

14. 新一代长征七号：2016 年 6 月 25 日 8 点我国自主研制的新一代运载火箭长征七号飞越海洋，飞入太空，成功完成首秀。

【拓展阅读】

从开普勒到大数据

丹麦天文学家第谷·布拉赫去世前，把其多年的天文观察数据都赠予约翰尼斯·开普勒。精确的观察数据是所有理论的最终审判者。开普勒很快发现他构想的那个和谐优美的宇宙与事实相差太遥远，而行星的运行轨道也不是哥白尼的圆形轨道。

对于这些数据，开普勒都是进行手工处理的。他要一点点地把星星的移动规则按时间顺序描绘在大纸上来绘制星表。然后，开普勒使用古希腊人对圆锥曲线的几何方法和创造性的计算（高等数学，当时并没有此学科）方法，终于总结出行星运动的三大定律，而这三大定律又为牛顿发现万有引力定律奠定基础。

通过开普勒的工作可见，科学研究中精确的数据和合适的数学分析方法对于发现规律是多么重要。而今天，对于我们理工科大学生、研究生来讲，只要能获得开普勒的数据，用数学分析软件很快就能建立模型并得出分析结果了。

当今有一个热点词叫“大数据”，展现给世人是一幅怎样的愿景呢？谷歌公司已经把世界很多大图书馆的书籍通过扫描和文字识别技术数字化了；通过 Google map 我们可以获得丰富的地理信息；物联网、智能家具、智能交通，又正在企图把世界所有的物件信息联网在一起；方兴未艾的身体测量技术（如 Nike 的智能手环），正在记录我们身体每一刻的心率、血压、血糖、运动量等等，并给出改善的建议……

相比开普勒的时代，我们有更多精确的数据，有更快的计算工具，研究的目标更加多元化，我们的研究也不单停留在世界是什么样的，也正在转向通过挖掘数据中的规律来研究我们的社会，我们的经济，我们的身体等等。

现实中已经有很多实践者。IBM 前阵子公布了一个成果,他们可以通过一种算法,分析一个人几百条的微博来大致确定他的政治经济倾向;TED 演讲上有一个演讲者,通过对文献分析,用数据挖掘和数学定量方法来分析历史等等。

"大数据"的时代正在到来,可以为不同目的所用的数据也越来越多,只要我们能够正确分析数据,就会有惊人的发现。每一个学生都应该做一个有心人,在学习中,用正确的计算软件分析所需要的数据,体会当年"开普勒"的乐趣,发现未来和创造未来的机会将在每一位学生自己的实践中。

(《中山日报》2013 年 11 月 23 日)

【思考与讨论题】

10-1　中国的第一颗人造地球卫星是________上天的?卫星播放的是________音乐?

A.1968 年　东方红　　B.1970 年　东方红　　C.1970 年　在北京金山上

10-2　人类第一颗人造地球卫星________上天的?是________完成的首次发射?

A.1968 年　美国　　B.1957 年　日本　　C.1957 年　苏联

10-3　中国的载人航天飞船叫什么?截至目前,中国已经发射了几艘飞船?有几位航天员上天?有女的吗?

10-4　开普勒为天空立了什么法?所写成的书稿叫什么?

10-5　开普勒《宇宙的奥秘》所描写的主要内容是什么?

【分析题】

10-6　在开普勒的一生中,对其影响最大、帮助最大的科学家是哪一位?

10-7　简单叙述在失重情况下,单摆如何运动?

10-8　简单叙述在失重情况下,如何测量体重?

10-9　在失重情况下,可以做哪些科学实验?

10-10　简单回顾中国的航天成就。

【行星轨道拓展题】

10-11　开普勒的"天空立法"与当今的"大数据"有什么关系?

10-12　通过这一讲的学习,请同学们简单总结一下开普勒的成功秘诀。

10-13　模仿教材中的实例,查资料发现一个飞船相关数据,并试着计算飞船的相关变轨时间。

第11章　牛顿美丽的实验室

如果说我比别人看得更远些，那是因为我站在巨人的肩膀上。

——艾萨克·牛顿

【学习目标】

1. 了解牛顿的生平。
2. 理解牛顿的万有引力定律，领略万有引力定律的神力。
3. 理解万有引力定律可以让人类认知未知世界。
4. 如何用万有引力定律解决具体问题。

【教学提示】

1. 问题引入：①月亮为什么高挂在空中？②苹果为什么会从树上掉下来？③两者有关系吗？
2. 问题解决：介绍牛顿的万有引力定律。
3. 名人简介：牛顿其人。
4. 定律的应用：彗星、海王星的发现正是万有引力定律应用的实例。
5. 典型案例："新视野"号探测器。
6. 归纳总结：一切的一切都来自牛顿美丽的实验室。

2015年7月14日，"新视野"号探测器顺利到达目的地——冥王星附近，人类第一次真正揭开了冥王星的神秘面纱。

"新视野"号是目前为止速度最快的太空飞行器。采用核动力，在太空中飞行时时速达到5.7万千米（即每秒走16千米），用了9年半时间跑到了近48亿千米。"新视野"号可以在9个小时内就越过月球轨道，只花了13个月就可以到达木星，相比之下，当年阿波罗号花了3天才到达月球。

7月15日，据美国科学家弗兰·巴吉纳尔介绍说，他们从1989年就开始推进这个项目,并于 2001 年向美国宇航局正式提出申请,2006 年“新视野”号发射,现在终于成功了。“新视野”号所有工程设计中最主要的一个目标是尽快到达冥王星。比如,“新视野”号大小犹如一台三角钢琴,重量不到 500 千克,却带有 5 个固态火箭助推器,以给予其最大推力。

“新视野”号脱离火箭,以时速 5.7 万千米离开地球,这个速度超过了其他太空飞行器脱离地球引力时的速度,打破了 1972 年“先锋号”离地时速(5.2 万千米),比喷气式客机快了几十倍。

图 11-1 “新视野”号探测器

“新视野”号轻装上阵,飞行 9 年半,穿越近 50 亿千米,却只携带 77 千克的助推剂。事实上,在“新视野”号长达 9 年半的旅程中,大部分时间是不需要助推剂的。路过木星时,还被木星引力“踢了一脚”得以加速,令“新视野”号往冥王星方向继续前进。“新视野”号自身所带燃料只是在必要的轨道调整和旋转操作时使用。事实告诉我们:引力助推是令太空飞行器进行星际旅行加速的很好办法。

在阳光下对冥王星进行拍摄至关重要。而冥王星距离太阳平均距离有 39.4 天文单位(1 个天文单位约等于从地球到太阳的平均距离),太阳光到达冥王星需要 5.5 个小时。冥王星绕太阳公转的周期是 248 年,这意味着一旦错过阳光普照下的冥王星,它很快就会被阴影包围变成一个冰冻星球,下一次再有如此好的机会见到冥王星,将是 200 年之后的事情。

可见时间掌握非常重要,如果推迟发射,木星相对地球和冥王星的位置发生变化,就没法借助木星引力加速了。下次再借助木星引力要等到 2018 年,那时冥王星远离太阳,也就难以探测了。

同样没有办法选择的是探测方式。为了快速飞行,尽可能快地到达冥王星,只能采用“飞掠”的探测方式,边经过边探测。冥王星的引力很小,如果要进入轨道,就需要相当多的燃料来减速，而采用“飞掠”探测方式，只需选用很轻的飞行器，带少量科学仪器，尽快到达，拍下照片发回来。

“新视野”号飞行了9年半，但最漫长的等待却是在确认“新视野”号成功飞掠冥王星的那几个小时内。总体非常顺利，完全按照预先的计划进行。

飞掠冥王星时，地面向飞行器发出信号，9个小时后带来了好消息：“新视野”号确认飞掠了冥王星。

冥王星是柯伊伯带中最典型的天体，这些天体是太阳系形成的重要要素，人们可以通过“新视野”号探视冥王星的秘密，最终了解太阳系的形成。

然而，这一切成功最终还是要归功于科学巨人牛顿，是牛顿划时代地发现了万有引力定律，令人类有可能精确计算冥王星的轨道、了解冥王星的日照时间以及计算出如何被木星及时“踢一脚”得以加速，最终实现了今天“新视野”号成功飞掠冥王星。

第一节　科学巨人牛顿与苹果树

艾萨克·牛顿（Isaac Newton，1643—1727）自幼就是一个热衷动手的孩子，自己动手做玩具、小器械等，他制作的灯笼、风筝十分精巧，很受身边同学的喜欢。传说牛顿还把风车的机械原理摸透后，自己制造了一架磨坊的模型，他将老鼠绑在一架有轮子的踏车上，并在轮子前面放上一粒玉米，让老鼠可望而不可即；牛顿曾经做过一个“水钟”，在水桶壁上画上均匀的横线，让水从桶底向外滴，水面不断下降，根据刻度线读出时间，水滴尽了，正好是中午时刻。这个钟类似于我国古代的漏壶。

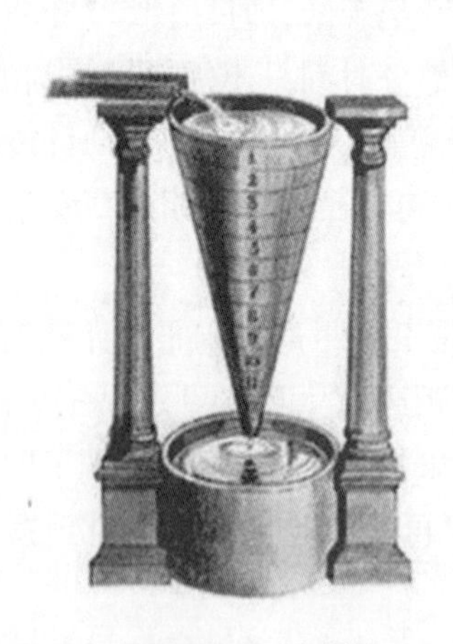

图 11-2　水钟

图 11-3　日晷

牛顿做的“太阳钟”就是在木板上画线，中间钉一枚铁钉，在阳光照射下，看钉子的影子与哪条线重合，就能读出时间。这种“太阳钟”类似于我国古代的日晷。

牛顿富于想象的大脑和灵巧的手工制作爱好，为他日后的科学研究创造了良好的自身条件。

1665 年夏,英格兰流行瘟疫。剑桥大学关闭,牛顿回到位于伍尔斯瑟普的家庭农场,在与世隔绝的情况下思考和学习。而这两年正是牛顿发明创造时期的顶峰,当时他尤其对哲学和数学感兴趣。历史性的苹果遭遇就发生在这段时间。无论这个故事真实与否,这个苹果能引发牛顿去创造引力理论的兴趣,这的确是一个好故事,而且苹果在基督教中是智慧之果。

那么,苹果与月亮又如何发生关联呢?

图 11-4 苹果与月亮

牛顿“不停地想”(牛顿对于他如何发现万有引力定律的回答),他发现物体之间具有吸引力,但是吸引力的大小又是如何依赖于质量和物体间的距离呢?

当时一般认为,当两个物体分开的距离达到一定程度而超出一个被称为力程的距离时,物体间的吸引力可能剧减为零。在力程之外,引力就不存在了。地球对苹果有引力,如果力程是 100 米,则只有苹果距地球 100 米以内,吸引力才起作用;如果力程大于 100 米,吸引力不再起作用。

实际情况是,当两个物体间距逐渐增大时,他们间的引力逐渐减小而趋于零,但并不等于零,即引力的力程为无限大。

地球半径为 6400 千米,从地球的尺度来看,牛顿无法达到这个高度。他没有办法把苹果举高到距离地球上万千米的高空,怎么办?他还是“不停地想”。

八月十五的晚上,晴空万里,明月当空!牛顿在农场“举头望明月,低头思力场。”他突然感悟到那悬挂在空中向他微笑的月亮不正是他日思夜想的被高高举起的“苹果”吗?

牛顿以其敏锐的洞察力意识到,地球对月亮的引力正好提供维持月亮绕地球转动所需要的向心力。牛顿多么走运啊!运用开普勒观测的大量数据进行验证,推理出:引力具有无限大的力程。

引力的无限力程对于宇宙的演化具有重要意义。宇宙中所有物体都受到其他物体的引力，当然远处物体的引力是微小的，但其总体效果是可观的。牛顿进而研究得出万有引力定律及其计算公式。

根据牛顿的发现，人们可以测定太阳和行星的质量，并推导出克服地球引力、飞向太阳系和飞出太阳系所需的最低速度，它们分别为每秒 7.9 千米、11.2 千米和 16.6 千米，并依次命名为第一、第二和第三宇宙速度。

所有这一切都来自于牛顿当年看到的红灿灿的苹果落地和夜空中高高悬挂的月亮！

第二节　宇宙最伟大定律的发现

牛顿经过长时间地思考，终于想明白：月亮不落地是因为它绕地球旋转，如果苹果也以适当的速度运动，照样不会落地，而是绕地球旋转。

某个时刻月亮处于圆轨道上的 A 点，由于惯性的存在，在没有其他外力作用时，经过很短的时间，月亮应该沿着直线轨道运动到 B 点。但是，月亮实际沿圆轨道运动到 C 点。对于圆轨道上的运动，我们可以用矢量的概念认为是由两种运动合成来实现：月亮由于惯性从 A 点运动到 B 点，由于吸引力的作用月亮从 B 点下落到 C 点。由此得出吸引月亮使其偏离直线运动的力应该是由 B 指向 C 的方向。由于时间很短，A 到 B 的距离很小，这个方向非常靠近半径的方向。当设想的这段时间趋近零时，这个方向实际上就指向地球的中心。即：月亮做圆周运动的向心力的方向。

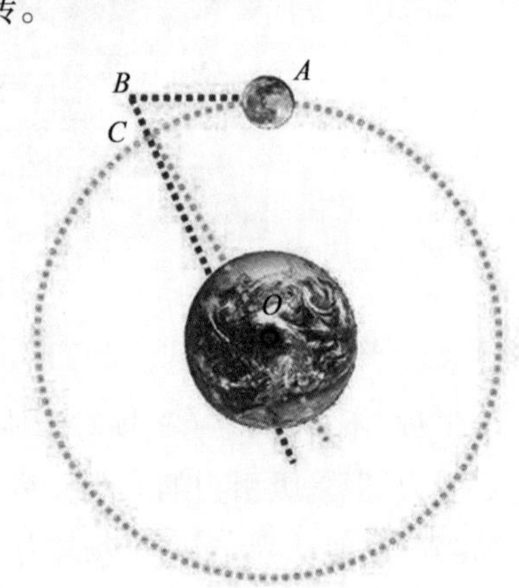

图 11-5　引力维系月亮绕地球旋转

通过以上的分析我们发现，作用在月亮上的力和作用在苹果上的力是极其相似的，这两种表面上看起来如此不同的力实际上有相同的来源，它们都来自地球对它附近物体的吸引力，并且其方向指向地球的中心。若将月亮由苹果替代，苹果也不会落到地球上，而是离开地球，飞到浩瀚的宇宙深处，像月亮一样绕着地球作圆周运动。

问题是：月亮（或苹果）向地球自由下落的加速度是多少呢？

于是，牛顿运用其特有的数学才能，经过严格的数学计算，恰巧用上法国天文学家皮卡德测得的地球半径的精确数值，直到 1684 年，算出月亮（或苹果）向地球自由下落的加速度是：

$$a_{月} = 2.7 \times 10^{-3} \mathrm{m/s^2}$$

至此，牛顿的研究一发不可收拾。有开普勒定律作为坚强后循，1684 年 1 月，牛顿在《论运动》初稿中，只考虑太阳对行星的引力，证明得到行星绕太阳运动的轨道是严格的椭圆运动。1684 年 12 月《论运动》的修改稿中，牛顿开始提到，只有承认行星彼此之间也有引力作用，才能精确说明行星运动。到了 1685 年，牛顿更进一步认识到：一切物体都互相吸引，无一例外，这就是万物皆有的“万有引力”了，并得到万有引力公式

$$F_{向} = G \cdot \frac{m_1 \cdot m_2}{r^2} \tag{11-1}$$

其中：m_1和m_2分别为两物体的质量；r 是两物体之间的距离；G 为万有引力常量，近似值为

$$G = 6.67 \times 10^{-11} \mathrm{N} \cdot \mathrm{m}^2 \cdot \mathrm{kg}^{-2}$$

1687 年 7 月，牛顿《自然哲学之数学原理》正式出版。这是一本划时代的巨著，为经典力学奠定了基础，成为力学中一部最有权威性的经典著作，也为其他学科提供了深刻的科学思想和方法论思想。

万有引力定律正式提出后，并没有立即被人们普遍接受，直到 1740 年以后才得到世界的公认。

牛顿万有引力定律不仅将苹果和月球的运动规律统一，还成功地解释了开普勒行星运动三大定律，说明了潮汐等自然现象，最辉煌的成就是推算哈雷彗星的回归和对一颗新行星（海王星）的预言，该预言推算的误差仅 1°，令人惊叹！

小贴士：《自然哲学的数学原理》简介

《自然哲学的数学原理》（*Philosophiae Naturalis Principia Mathematica*）在物理学、数学、天文学和哲学等领域产生过巨大影响。牛顿在写作方式上遵循古希腊的公理化模式，从定义、定律（即公理）出发，导出命题；对于具体问题的讨论，将理论导出结果和观察结果比较。

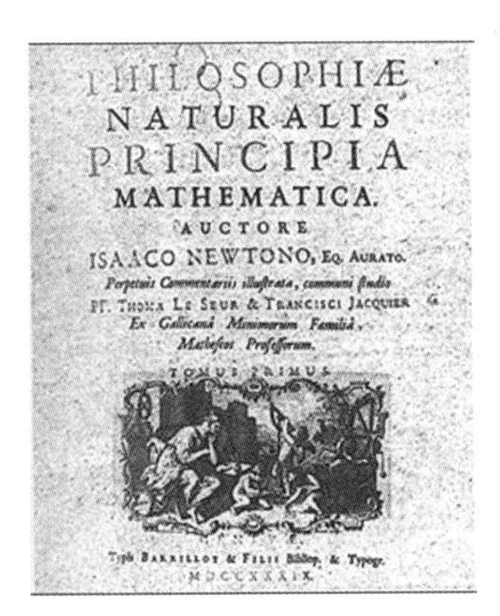

图 11-6 《自然哲学的数学原理》

全书共分五部分，第一部分是“定义”，给出物质的量、时间、空间、向心力等的定义。第二部分是“公理或运动的定律”，包括著名的运动三定律。后三部分内容以卷的形式呈现，前两卷标题一样，都是“论物体的运动”。第一卷研究在无阻力的自由空间中物体的运动；第二卷研究在阻力给定的情况下物体的运动、流体力学以及波动理论；第三卷的标题是“论宇宙的系统”。

第三卷是其压轴之作，由第一卷的结果及天文观测，牛顿导出了万有引力定律，并由此研究地球的形状，解释海洋的潮汐，探究月球的运动，确定彗星的轨道等。

当然，第三卷中的“研究哲学的规则”及“总释”对哲学和神学也有很大的影响。

第三节 “万有引力”之美的力量

牛顿“美的冲动”让大自然展示出一种深远而迷人的美。

万有引力的公式 $F_{向}=G\cdot\frac{m_1\cdot m_2}{r^2}$ 是一个简洁明晰而美丽的公式，却统一了整个浩渺无垠的宇宙万物的运动规律。

彗星在我国民间多半被称为“扫帚星”，因为它的形状像一把大扫帚，从天上扫过去。人们经常把它看成是披头散发的妖魔。每次彗星出现，迷信的人们总把它看成是大灾大难的来临。1704 年，牛津大学数理教授哈雷，完全相信彗星也是绕太阳运动的一种星体，同样受万有引力的作用。他应用万有引力定律，把所有能找到的彗星的观测资料一个一个进行推算，发现三颗彗星的轨迹彼此之间有相似之处，猜想这三颗彗星是同一颗彗星的 3 次回归。后来，法国数学家克莱罗根据更完善的数学力学知识预言这颗慧星 1759 年 4 月 13 日到达近日点。结果，1759 年 3 月 14 日，这颗慧星比克莱罗预言时间提前一个月回归了，从此，这颗彗星就成了举世瞩目的“哈雷彗星”。

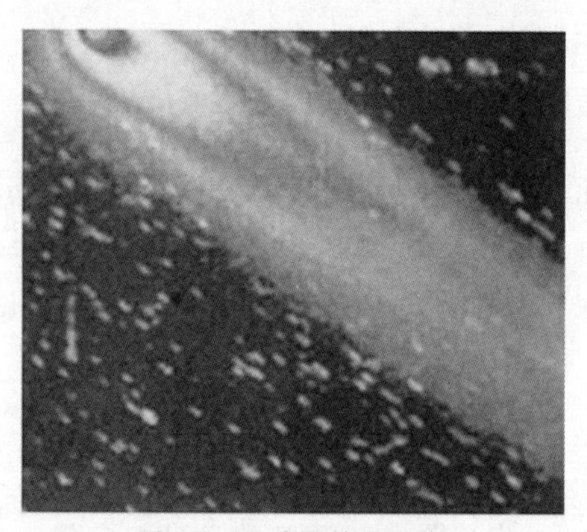

图 11-7 哈雷慧星图像

人类很早以来只知道五大行星，即水星、金星、火星、木星和土星，但在 1781 年 3 月 13 日，英国天文学家威廉·赫歇尔发现了一颗新的行星。它的大小大约是地球的 100 倍，它的轨道半径几乎是土星的两倍。这颗新的行星后来用希腊神话中的天空之神乌拉诺斯来命名，这就是天王星。虽然这是一次了不起的发现，但天王星的实际轨道与理论计算结果总是不相符合。在牛顿万有引力已经拥有不可动摇地位的当时，面对天王星的轨道“反常”，天文学家猜想可能在天王星轨道外面更远的地方，还有一颗行星。1843 年，刚从剑桥大学毕业的亚当斯对此猜想非常感兴趣，并用万有引力定律来寻找这颗未知的行星。经过两年含辛茹苦地计算，1845 年 9 月终于有了满意的结果。但是亚当斯太年轻了,没人相信他。直到第二年(1846 年)9 月底法国天文学家勒威耶宣布,他也得到了同样的结果。1846 年 9 月 23 日,德国柏林天文台的加勒与他的助手按照勒威耶预言的星区,不到半小时就在附近 51′的地方找到了这颗小行星,第二天晚上继续观测,发现它的运动速度也与勒威耶的预言完全相符。这颗行星后来被命名为海王星。

图 11-8 海王星影像

后来,人们又用万有引力定律找到了冥王星。由此可见万有引力定律的价值是无可质疑的了。诺贝尔物理学奖获得者、德国物理学家劳厄说得好:的确,没有任何东西像牛顿对行星轨道的计算那样,如此有力地树立起人们对物理学的尊敬。

在此,我们也应该像浪漫的法国人一样,将万有引力视为美的化身,而这一切都出自牛顿美丽的实验室。

【本章小结】

本章通过牛顿实验室的实验,介绍了牛顿著名的万有引力定律,并且带着同学们欣赏了“新视野”号探测器一路飞行中的力学过程,了解“新视野”为什么选择掠过冥王星,如何让木星“踢”一脚而获得加速,等等。在学习过程中,通过万有引力定律让同学们将两个毫不相干的东西(月亮和苹果)联系在了一起;也是万有引力定律让人类发现了彗星、海王星;还是万有引力定律让人类将“新视野”号送到了太空,让冥王星的发现者——康德成为最近距离观察这些神秘星体的旅行者。

【大事年纪】

太阳行星的发现

1. 水星:公元前 3000 年左右已被苏美尔人发现,1978 年冥王星被准确测定以前,人们一直认为水星是太阳系中体积最小质量也最小的行星。

2. 金星:17世纪初,伽利略发明了第一台望远镜,观测到了金星的圆亏,这一发现驳斥了地心说,为哥白尼的日心体系提供了一个强有力的证据。

3. 地球:首先提出地球是球形这一概念的是公元前五、六世纪的希腊哲学家毕达哥拉斯。随后,亚里士多德根据月食时月面出现的地影给出了地球是球体的第一个科学证据,公元前3世纪,古希腊天文学家埃拉托斯特尼第一次算出了地球的周长。

4. 火星:有许多地方与地球类似,但由于早期天文观测条件有限,火星观测靠的只是主观记录,误差很大。20世纪六七十年代,美国的空间探测器在火星着陆。

5. 木星:木星的亮度仅次于金星,中国古代用它来定纪年,西方天文学家则称木星为"朱庇特",1979年3月宇宙飞船"旅行者"一号发现木星也有环,但非常昏暗,在地球上几乎看不到。

6. 土星:伽利略于1610年用自制望远镜观测土星时,曾误以为土星是由两个形体组成,并没有想到自己是第一个看到土星光环的人。半个世纪后,荷兰天文学家惠更斯揭开了土星光环之谜。

7. 天王星:1783年,天王星被证实存在。由于天王星公转周期相当缓慢,在历史上曾多次被误认为是恒星。

8. 海王星:天王星发现不久,人们便注意到它的运动有些奇怪,总是偏离天体运行的轨道,于是有人推测这可能是另一颗行星的干扰造成的。1846年9月18日,法国天文台的勒威耶计算出了这颗行星的轨道和质量,并将其命名为海王星。

9. 冥王星:发现最晚的一颗行星,1930年2月18日,克莱德·汤博洛在双子星座的底片中发现了这颗行星,2010年被降为"矮行星"。

【拓展阅读】

航天技术基础知识

一、卫星绕地球运转所具备的条件

所谓卫星就是绕行星运转的天体,月球就是地球的卫星,这种卫星被称为自然卫星。而人造卫星是指在一定轨道上绕地球运转并完成一定使命的人造天体。卫星绕地球运转必须具备一定的条件:一个是速度;一个是高度。

1. 速度

当物体围绕地球做匀速圆周运动时,需要受到指向圆心的合力即向心力。如果物体所受万有引力正好可以提供这个向心力,这个物体将沿圆形轨道以一定速度绕地球运行而不掉回地面。这个速度是第一宇宙速度(环绕速度)。大约等于每秒7.9千米。

介绍几个概念:

航空:一般把在地球周围稠密大气层以内的飞行活动(例如:飞机、气球的飞行)称为航空。

航天:把在稠密大气层以外、太阳系以内的飞行活动(例如人造卫星、载人飞船的飞行)称为航天。

航宇:把太阳系以外的飞行活动称为航宇。

第二宇宙速度:当速度达到每秒11.2千米时,物体将挣脱地球的引力场,而变成绕太阳运转的人造卫星。这时的速度称为第二宇宙速度(亦称脱离速度)。

第三宇宙速度:如果物体运动的速度再增加到16.7千米/秒,这时太阳的引力也拉不住它了,它将成为银河系的一个人造天体。这时的速度称为第三宇宙速度。第三宇宙速度是能脱离太阳系引力场所需的最小速度。

从理论上讲,以第三宇宙速度飞出太阳系是可以实现的。但这个速度在星际间运动太慢,并没有实际意义。要实现恒星之间航行,就必须以接近光的速度(即30万千米/秒)航行才行。这就需要运载技术来一个革命性的飞跃。

2. 高度

1960年第53届巴塞罗那国际航空联合大会决议规定,“地球表面100 km以上空间为航天空间,为国际公共领域,100 km以下空间为航空空间领域。”而在120 km以下的高空,气象因素复杂,空气阻力比较大,卫星速度提不上去,是比较容易掉下来的。

所以,卫星通常都在离地面120千米以上的空间飞行。

二、卫星是怎样上天的?

卫星是通过发射上天的,在目前有三种发射卫星的方法:

第一,通过多级火箭发射。

多级火箭就是由若干单级火箭组合而成的运载火箭。单级火箭的速度只能达到4-7公里/秒,并不能满足卫星的速度要求。

一般来说,火箭的级数越多,速度就越快。但是级数越多,结构就越复杂,可靠性也就越低。所以在满足速度要求的条件下,尽量使级数减少。发射低轨道人造地球卫星一般用二级或三级火箭,而发射大椭圆轨道卫星、地球同步卫星多用三级或四级火箭。

第二,用航天飞机发射。

航天飞机是一种可以载人的运输工具。它能像火箭一样垂直起飞,又能像卫星一样在轨道上运行,还可以像普通飞机一样水平着陆。一架航天飞机可以重复使用100多次,大大降低发射费用(150万美元/吨),简化卫星设计,又能向近地轨道发射、回收与修复已失效的各种卫星。航天飞机设计寿命100次,结果使用次数最高的才30次,“挑战者”更是才用了十几次就爆炸了。

从安全角度来看,航天飞机故障率远高于一次性航空器,这是由于重复使用必然导致其结构疲劳损伤和表面防热层损伤,这个问题在数十年内都难以得到良好解决。

中国曾经考虑过设计制造自己的航天飞机——“长城一号”,后来放弃了。

第三,用飞机发射。

只有美国人做到了,1990年4月,美国首次将一颗200千克重的卫星从B-52轰炸机上,用三级“飞马”火箭高空发射成功。显然,这是非常经济的。

【思考与讨论题】

11-1 第一宇宙速度是多少?

A. 11.2 km/s　　B.7.9 km/s　　C.7.9m/s　　D.16.7 km/s

11-2 “新视野”选择________冥王星的探测方式。

A.登陆　　B.绕行　　C.掠过　　D.撞击

11-3 牛顿在苹果树下的思考是哪一年?

11-4 牛顿哪一年正式发表《自然哲学之数学原理》?

11-5 利用万有引力定律,发现了哪些行星?

【分析题】

11-6 用万有引力定律证明开普勒三定律。

11-7 用万有引力定律计算第一宇宙速度和第二宇宙速度。

11-8 计算一下两个相距1米的苹果(0.5 kg/个)之间的万有引力,与其所受重力比较,用数学计算来说明你为什么看不到两个苹果相互吸引?

11-9 哪一位天文学家促成牛顿《自然哲学之数学原理》一书正式出版,其主要做了些什么?

11-10 简单介绍一下你所了解的冥王星。

11-11 用自己的语言,真实地描绘一下“牛顿美丽的实验”。

【牛顿实验室中的小研究】

11-12 人类观察到太阳系最后一个星体叫什么?所用的探测器叫什么?到达此星体飞行了多长时间?并以什么方式(登陆、绕行、飞掠)探测此星体?

11-13 查一下有关“新视野”号和冥王星的资料,计算冥王星的第一宇宙速度是多少?第二宇宙速度是多少?人类若想实现对冥王星的绕行,“新视野”号需要降速多少?

第12章　大自然是“和谐”的交响乐

我的手指还能活动，我的大脑还能思维；我有终身追求的理想，我有我爱和爱我的亲人朋友；对了，我还有一颗感恩的心……

——斯蒂芬·威廉·霍金

【学习目标】

1. 了解焦耳的生平与热功当量的概念。
2. 理解热力学定律。
3. 理解“熵”的物理学意义，领略“熵”现象之美。
4. 用“熵”解释各种自然现象。

【教学提示】

1. 实例引入概念“熵”：

①扑克牌的有序和无序；

②人体系统的有序和无序；

③“熵”是什么？

2. 三个小故事与热力学定律。
3. 基本定律：热力学定律的描述及物理意义。
4. 典型案例：中微子的发现里程；股熵与股市行情。

“有序”和“无序”是人类生活中时常出现的两个词。举一个通俗易懂的例子：一副扑克牌按黑桃、红桃、草花、方块的顺序，从小到大排列，我们说它“有序”，洗牌之后就变得“无序”。

只要确定了某种规则，符合这个规则的，就对应一个宏观态。在符合此规则下有不同的情况，每一种情况就是一个微观态。一个宏观态常常会包括多个微观态。如果一个宏观态对应着较多微观态，则此宏观态较为无序（熵高）。图12-1所示的状态自上向下的“有序”程度减少，也可以说是“无序”程度增加。

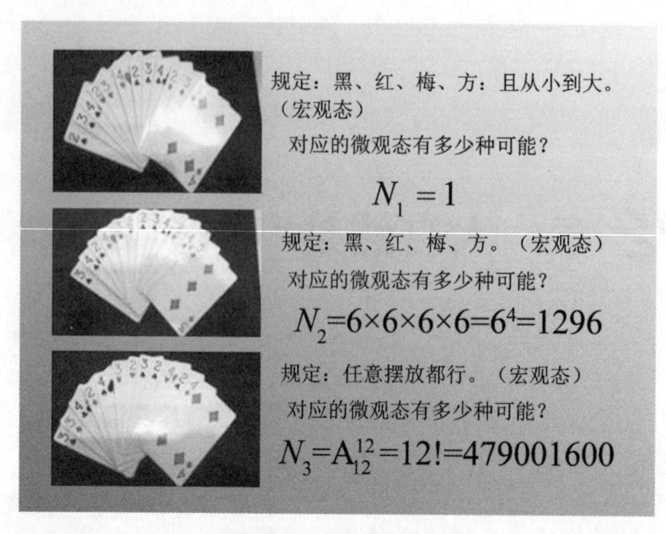

图 12-1　有序和无序

从有序(即:低熵)到无序(即:高熵)是很容易的,只要洗牌就行(属于自然过程),即"熵"增加了;要想让牌有序(即:低熵),需要有人去理牌,也就是与外界交换,保持"熵"不变。

人体也是一个系统,处于健康状态的人体靠热辐射、排泄废物等方式调节代谢(减小"熵"),使体温恒定("熵"不变)。

中暑是一种"熵"病。由于暑天环境温度高,湿度大,几乎使人的机体向绝热状态逼近,体内积"熵"过多就会引起身体机能的严重失常,即"熵"增加。

感冒源于运动过量或劳累过度,身体消耗大量能量,产生大量废热,如能迅速排除,人就相安无事。但如此时或吹风或着凉,皮肤感到过凉,此信息被传到大脑的调温中心,进行调温以暖皮肤,并下令皮肤毛细血管收缩阻止身体散热,这样体内原有的积"熵"排不出,还进一步产生积"熵",以致积"熵"过剩,因此人体内开始混乱,使人产生头痛、发烧、畏寒畏冷、全身无力等症状。

中医说:内有虚火,外感风寒。治疗方法是发汗清热。

西医说:感冒了,有炎症。治疗方法是退热消炎。

物理说:积"熵"过剩,熵增加了。治疗方法是消除积"熵"。

以上可以看到,"熵"这个物理学名词早已经被广泛用于现实生活之中,让我们一起来认识一下这个物理学名词。要想搞明白"熵",还是先来认识几位科学家与热力学的定律。

第一节 三个小故事及热功当量的由来

一、德国医生迈耶的发现

图12-2 迈耶

迈耶(J. R. Mayer,1814-1878)是德国物理学家,也是德国巴伐利亚省海尔布隆的一位医生。1840年,他作为一名医生在一个偶然的机会发现病人的静脉血在热带地区比在亚热带地区要红一些。他的解释是:热带地区的气温比较高,人体需要吸收食物中的热量比较少,食物的“燃烧”过程减弱,人体维持体温所需新陈代谢速率降低,因此静脉血中的氧气比较足,血的颜色也就相对较红。

正是这样一个简单的发现,迫使迈耶不断地从能量角度来解释世间万物所发生的一切都与能量及能量的变化有关。

他曾经做了一个非常简便的实验:首先定义了1千卡,即将1千克的水从0 ℃加温到1 ℃所需的热量;接着将同量(1千克)的水从365米高度下落1米,结果水的温度也升高1 ℃,即两者产生的热量是一样的。

迈耶首次用最容易理解的方法将做功和热量发生关联,做功可以产生热量,得到热功当量是365千克·米/千卡。如果将其结果转化为国际单位,即3.577焦耳/卡,已经非常接近目前国际单位通用的热功当量值4.1840焦耳/卡。

这个实验又让迈耶回到了前面的小故事,原来食物中的能量都以化学能的形式存在。人体的各类活动都需要消耗“食物”,即将化学能转化成其他形式的能量(如机械能、热能等)。

1842年迈耶发表了《论无机界的力》一文,第一次提出了力(即现在所说的能量)的不灭性和可转化性的原理,并初步计算了热功当量。

也正是这位医生,通过多年的观察和研究,从哲学的因果关系分析,提出所有的结果都必须有原因,一个原因可以引发多个结果,而多个结果之缘应该等于原来的原因。这完全是哲学家讨论问题的方式。正是这位医生、物理学家、哲学家第一次颇具哲学气质地向世人提出,能量具有两种属性:第一种属性是能的不灭性;第二种属性是能可以采取不同形式的能力。如果将两种属性结合起来可知:能(在量上)是不可灭的,(在质上)是可以转化的东西。这就是物理学中了不起的能量守恒定律和“熵”增加原理,即热力学第一定律和第二定律。

二、焦耳的热功当量实验

图 12-3　焦耳

英国物理学家焦耳(J. P. Joule,1818-1889)从小就跟父亲参加酿酒劳动,没有受过正规学校教育。但他的一生前后却花费了 40 年时间,作过 400 多个实验,仅仅为了精密测定热功当量,据说他一生的大部分时间是在实验室里度过的。

图 12-4 所示的是焦耳测定热功当量的一种实验装置,若左右两边的重物质量共为 $m = 26.320$ kg,每次下落的高度均为 $h = 160.5$ cm ,下落 $n = 20$ 次,共做功:

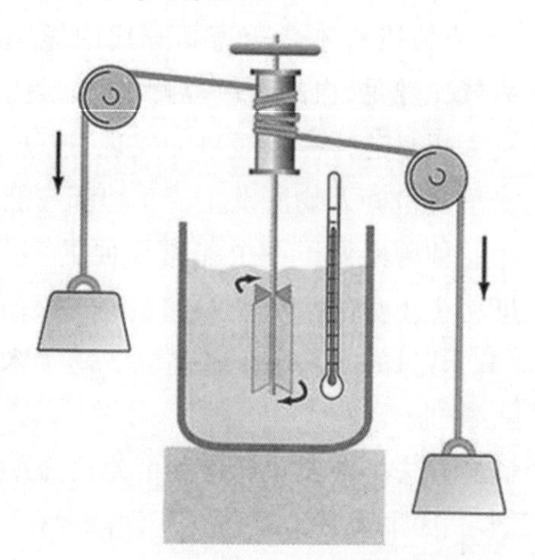
图 12-4　测定热功当量的实验图

$$W = n \times mgh \tag{12 - 1}$$

量热器中的水及容器等温度升高 Δt 需吸热,所吸收的热量:

$$Q = C \times \Delta t \tag{12 - 2}$$

C 是平均热容量,$C = 6316$ cal/℃,实验中测得温度升高 $\Delta t = 0.31$,计算可以得到热功当量的值:

$$J = \frac{W}{Q} = \frac{n \times mgh}{C \times \Delta t} = \frac{20 \times 26.320 \times 9.8 \times 1.605}{6316 \times 0.31} = 4.23 \text{ J/cal} \tag{12 - 3}$$

可以看出,焦耳完全从物理学的角度计算热功当量,所做实验精度也要高很多,所计算值与国际单位中的热功当量值 4.1840 焦耳/卡的误差非常之小。

三、亥姆霍兹与能量守恒定律

赫尔曼·路德维希·斐迪南德·冯·亥姆霍兹(Hermann Ludwig Ferdinand von Helmholtz,1821—1894)是德国物理学家、数学家、生理学家、心理学家。1821 年 8 月 31

图 12-5 亥姆霍兹

日生于柏林波茨坦,中学毕业后由于经济原因未能进大学,以毕业后需在军队服役 8 年的条件取得公费进入了在柏林王家医学科学院学习的机会。学习期间,他还在柏林大学听了许多化学和生理学课程,自修了拉普拉斯、毕奥和伯努利等人的数学著作和康德的哲学著作。1842 年获医学博士学位后,被任命为波茨坦驻军军医。这期间他开始研究生理学特别是感觉生理学。1847 年他在德国物理学会发表了关于力(能量)的守恒讲演,在其演讲中,第一次以数学方式提出能量守恒定律。

亥姆霍兹发展了迈耶、焦耳等人的工作,讨论了已知的力学的、热学的、电学的、化学的各种科学成果,严谨地论证了各种运动中的能量守恒定律。他根据这次演讲内容后来写成专著《力之守恒》,并正式出版。

1868 年亥姆霍兹的研究方向转向物理学,于 1871 年任柏林大学物理学教授。在电磁理论方面,他测出电磁感应的传播速度为 314 000 km/s,由法拉第电解定律推导出电可能是粒子。由于他的演讲,麦克斯韦的电磁理论才得以引起欧洲大陆物理学家的注意,并且导致他的学生赫兹于 1887 年用实验证实电磁波的存在并取得一系列重大成果。在热力学研究方面,他于 1882 年发表论文《化学过程的热力学》,他将化学反应中的“束缚能”和“自由能”加以区分,指出前者只能转化为热能,后者却可以转化为其他形式的能量。

以上三个故事告诉人们:三位科学家从不同的角度(化学能、机械能、电能等)研究了能量的守恒和转换,但得到的结论是基本统一的:孤立系统中的能量是守恒的,各种能量之间是可以相互转换的,但能量的转换具有一定的方向性,有些转换过程是不可逆的。由此产生了一个重要的物理学名词:熵。

第二节 “熵”描绘了一个绚丽多彩的大自然

先让我们完整地看一下理论物理学家是如何研究“熵”的。

理论研究的主要目的之一就是使事物简单化。这与自然哲学家们的信念是完全一致的。不同的只是他们不只空谈这种审美判断,而是要用实验和数学推导来证实、巩固这种带有哲学气息的审美判断。我们一起来看一看物理学家眼中的热力学定律:

热力学第零定律:如果两个热力学系统均与第三个热力学系统处于热平衡,那么它们也必定处于热平衡 。也就是说热平衡是可以传递的。

热力学第零定律是热力学三大定律的基础。

热力学第一定律:也就是能量守恒定律。自从焦耳以无可辩驳的精确实验结果证明机械能、电能、内能之间的转化满足守恒关系之后，人们就认为能量守恒定律是自然界的一个普遍的基本规律。

热力学第二定律有几种表述方式：

克劳修斯表述 热量可以自发地从温度高的物体传递到温度低的物体，但不可能自发地从温度低的物体传递到温度高的物体。

开尔文—普朗克表述 不可能从单一热源吸取热量，并将这种热量完全变为功，而不产生其他影响。

“熵”表述 随时间进行，一个孤立体系中的“熵”总是不会减少。

热力学第三定律：通常表述为绝对零度时，所有纯物质的完美晶体的熵值为零。或者绝对零度（$T=0$ K 即-273.15 ℃）不可达到。

本讲重点运用热力学第一定律和第二定律来描绘大自然。

先介绍一下著名的玻耳兹曼气室实验：

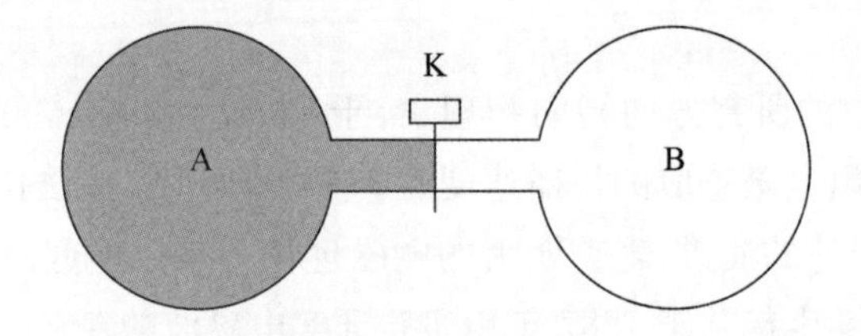

图 12-6 气室试验

两气室 A、B 用一个挡板开关 K 隔开，在 A 室里有 1 克分子气体（即有 6.02×10^{23} 个气体分子），B 室为真空。把挡板开关 K 打开，A 室气体向 B 室扩散，最后两室气体分子大体上一样多。

请问：有没有可能所有气体分子又都自动回到 A 室，B 室中一个分子也不留呢？相信所有的人都会说：那怎么可能！那么，究竟有没有可能呢？

奥地利物理学家和哲学家玻耳兹曼（L. E. Boltzmann，1844—1906）算了一下，所有分子都回到 A 室的机会是有的，但这个机会只有 $\dfrac{1}{2^{6\times10^{23}}}$

这种机会小得几乎等于零，以致实际上不可能。这种概率就好比让 1 岁的小孩子在电脑上任意瞎敲可以敲出唐诗三百首。

当然，这也揭示出：自然界的某些自然现象是不可逆的过程。

“熵”是什么？

“熵”是热力学中表征物质状态的参量之一，通常用符号 S 表示。在经典热力学中，可用增量定义为：

$$dS=\left(\frac{dQ}{T}\right)_{\text{不可逆}} \qquad (12-4)$$

式中 T 为物质的热力学温度；dQ 为“熵”增加过程中加入物质的热量，下标“不可逆”表示加热过程所引起的变化过程是不可逆的。“熵”最初是根据热力学第二定律引出的一个反映自发过程不可逆性的物质状态参量。热力学第二定律是根据大量观察结果总结出来的规律。解释几个现实的例子：

(1)摩擦使一部分机械能不可逆地转变为热，其符合能量守恒定律，并使“熵”增加。即摩擦产生的热量使物体加热，温度由 T_1(低温)变成 T_2(高温)，摩擦系统物体的熵增加 $dS>0$。

(2)高温(T_1)物体将热量传至低温(T_2)物体，高温物体的熵减少 $dS_1=dQ/T_1$，低温物体的熵增加 $dS_2=dQ/T_2$，把两个物体合起来当成一个系统来看，熵的变化是 $dS=dS_2-dS_1>0$，即熵增加。

(3)著名气室实验中的，因物理内能做功，气体由 A 室(内能高，温度 T_1高)扩散到 B 室(内能低，温度 T_2低)，扩散前 A 室的熵减少 $dS_1=dQ/T_1$，扩散后 A、B 两室的熵增加 $dS_2=dQ/T_2$，整体系统的熵的变化是 $dS=dS_2-dS_1>0$，即熵增加。

(4)在故事 1 中，消耗“食物”的化学能，促使新陈代谢，将动脉血(含氧高)变成静脉血(含氧低)，食物和血液所构成的循环系统“熵”增加。

(5)在故事 2 中，重物多次下落做功，使杯中水温从温度 T_1(温度低)升高到温度 T_2，熵增加。

类似于以上的例子还可以找到很多，可能是物理学的，也可能是化学的，还有可能是来自日常生活的，等等。即：用“熵”描绘绚丽多彩的大千世界。下面让我们一起来看一看发生在近代物理学中的两个重要事件，它们都与“熵”有关。

第三节 中微子(neutrino)的发现与一桩“失窃案”有关

1914 年，英国物理学家查德威克(J. Chadwick, 1891—1974)在作放射性实验时，核 A 在放射出 β 粒子后，变成另一种核 B，根据能量守恒定律，β 粒子的能量应该是：

$$E_\beta = E_A - E_B \tag{12-5}$$

而根据能量公式 $E=mc^2$ 可以算出核 A 和核 B 的能量，且为确定的，因此 β 粒子的能量也应该是确定的。但查德威克的实验结果却明确显示，β 粒子的能量是不确定的，可以在零到某一个最大值之间连续分布，即能量减少了。

研究者发现，在量子世界中，能量的吸收和发射并不是连续的。不仅原子的光谱是不连续的，而且原子核中放出的 α 射线和 γ 射线也是不连续的。这是由于原子核在不同能级间跃迁时释放的，是符合量子世界规律的。但物质在 β 衰变过程中释放出的由电子组成的 β 射线的能谱却是连续的，而且电子只带走了总能量的一部分，还有一部分能量“失踪”了。物理学上著名的哥本哈根学派领袖尼尔斯·玻尔据此认为，β 衰变过程中能量守恒定律失效。即能量“失窃”了。

图 12-7 查德威克

原来是因为中微子在作怪,中微子只参与非常微弱的弱相互作用,具有最强的穿透力。穿越地球直径那么厚的物质,在 100 亿个中微子中只有一个会与物质发生反应,因此中微子很不容易被检测到。正因为如此,在所有的基本粒子中,人们对中微子了解最晚。实际上,大多数粒子物理和核物理过程都伴随着中微子的产生,例如核反应堆发电(核裂变)、太阳发光(核聚变)、天然放射性(贝塔衰变)、超新星爆发、宇宙射线等等。宇宙中充斥着大量的中微子,大部分为宇宙大爆炸的残留,大约为每立方厘米 100 个。

1998 年,日本超级神岗实验以确凿的证据发现了中微子振荡现象,即一种中微子能够转换为另一种中微子。这间接证明了中微子具有微小的质量。此后,这一结果得到了许多实验的证实。

2001 年,加拿大 SNO 实验证实失踪的太阳中微子转换成了其他中微子。最早提出建设思路的是华裔物理学家陈华生博士(Herbert H. Chen,美国普林斯顿大学理论物理博士学位,加州大学欧文分校物理学家)。

正因为此,2015 年诺贝尔物理学奖颁给了日本科学家梶田隆章和加拿大科学家阿瑟·麦克唐纳。他们获奖理由是“发现了中微子振荡,表明中微子具有质量。”

中国科学家王贻芳为探索中微子的振荡模式做出了巨大贡献,2015 年 11 月 9 日,王贻芳获得基础物理学突破奖(中国科学家首次获得该奖项)。“科学突破奖”单项奖金高达 300 万美元,远超诺贝尔奖,堪称科学界“第一巨奖”,获奖理由是王贻芳团队发现了中微子的第三种振荡模式。

小贴士:对中微子发现有重大贡献的中外物理学家简介

梶田隆章,日本公民。1959 年出生于日本东松山。1986 年从日本东京大学获得博士学位。目前为日本宇宙线研究所主任及东京大学教授。

阿瑟·麦克唐纳,加拿大公民。1943 年出生于加拿大悉尼。1969 年从美国加州理工学院获得博士学位。目前为加拿大皇后大学名誉教授。

王贻芳,中国公民。1984 年毕业于南京大学物理系,现任中国科学院高能物理研究所所长。

对于中微子来讲,科学界从预言它的存在到发现它,用了 20 多年时间,称其为宇宙间的“隐身人”,真是名不虚传。而在这个发现过程中能量守恒定律起了决定性的作用。

2013 年 11 月 23 日,科学家首次捕捉到宇宙“隐身人”。他们利用埋在南极冰下的

图 12-8　梶田隆章

图 12-9　阿瑟·麦克唐纳

图 12-10　王贻芳

粒子探测器，首次捕捉到源自太阳系外的高能中微子。

以上事件告诉我们：核反应中出现了“中微子失窃案”，其发现完全有赖于能量守恒定律，而中微子逃离原子核的束缚正说明整个系统的熵增加了。

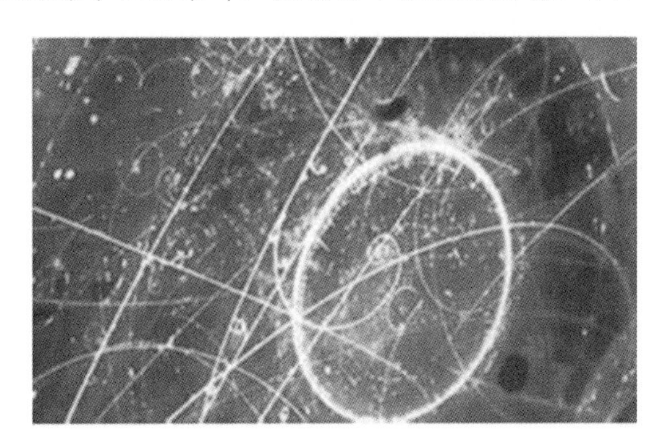
图 12-11　中微子的发现

第四节　霍金的发现与黑洞热力学

英国剑桥大学著名物理学家斯蒂芬·威廉·霍金（S. W. Hawking，1942.1—　）被誉为继爱因斯坦之后最杰出的理论物理学家之一。他是肌肉萎缩性侧索硬化症患者，全身瘫痪，不能发音。

1973 年初的一天晚上，霍金在床上的时间比往日长得多。他的大脑中整夜都浮现出黑洞几何图形有时会相互碰撞，就像两个星球有时会相互碰撞一样，这种浮想使霍金把宇宙和一门古老的物理学理论——热力学联系到了一起。

霍金将黑洞的表面积只会增大与封闭系统的“熵只会增大”忽然联系到了一起，这是一个了不起的飞跃。

霍金说：我对自己的发现如此激动，以至于当天晚上几乎彻夜未眠。霍金发现的这一规律被称为“面积定律”（Law of areas）。

图 12-12　霍金

关于热力学第二定律能不能用来研究黑洞,霍金与一位美国年轻物理学家贝肯斯坦发生激烈争论。

贝肯斯坦(J. Bekenstein,1947—　)根据霍金的"面积定律",依赖其雄厚的数学功底,直接将热力学第二定律应用到黑洞的研究中去。利用数学的方法证明黑洞的"表面积"可以直接作为黑洞"熵"的量度。他在博士论文中宣称:热力学概念对于黑洞的确是适用的。

霍金认为:在相对论物理学看来,黑洞的温度是绝对零度,任何东西(包括光和热)都不可能从黑洞里逃逸出来。即:年轻人滥用了"面积定律"。

后来的事实证明,霍金错了,热力学中的熵的确可以用在黑洞研究上。霍金后来在《时间简史》一书中写道:最后发现,他(贝肯斯坦)基本上是正确的,虽然是在一种他肯定没有遇到的情形下。这也促使霍金进一步证明黑洞向外辐射的公式,这种辐射被称为"霍金辐射"。有此争论才有了20世纪另一个伟大的理论——量子引力破土而出。

小贴士:《时间简史》简介

图 12-13　时间简史

《时间简史》的作者是斯蒂芬·威廉·霍金,该书是一部通俗化的物理科普读物,用通俗易懂的语言讲述了狭义相对论和时间、宇宙起源等宇宙学问题。

自1988年首版以来,已成为全球科学著作的里程碑。它被翻译成40种文字,销售量超过2500万册,成为国际出版史上的奇迹。书中内容都是关于宇宙本性的最前沿知识,给宏观和微观的宇宙观测技术指明了方向。而之后的宇宙观测又进一步证实了霍金在该书第一版中的许多理论预言,其中包括宇宙背景探险者(COBE)的最新发现,它在时间回溯上探测到离宇宙创生的30万年之内的某些情况,显露了霍金超人的时空感知能力。

霍金1975年在形式上得出了"熵"。当人们对此追根溯源时,发现这个"熵"的概念和热力学统计学中"熵"的概念是完全一致的。

霍金预言:未来200年内,基本可以确定的是地球会因某场大灾难而毁灭,如核战争或者温室效应。因此他强调人类必须移居其他星球。"万一地球毁灭,人类就必须在火星或太阳系中的其他星体生活，但这在最近 100 年内还不会发生”。“人类灭绝是可能发生的，但却不是不可避免的，我是个乐观主义者，我相信科学技术的发展和进步最终可以带人类冲出太阳系，到达宇宙中更遥远的地方。”

霍金和贝肯斯坦把宇宙与热力学联系到一起，用熵增加原理来研究黑洞问题，产生了“黑洞热力学”。

“熵”来自于物理学研究，最早被应用于化学领域，而今其应用越来越广泛。即适用于研究微观和宏观的物质运动，又令人惊异地用于研究宇宙运动；同时还可以用“熵”来解释各类经济学、社会学问题，甚至小到诸如健康、收拾房间、玩扑克牌等生活小事。

“熵”这个概念的出现，让我们的大千世界得到了统一，成为一个“和谐”的整体。各种自然现象只是交响乐中的每一种乐器，通过“熵”这个总指挥，奏响了大自然“和谐”的交响乐，展现给人类真正美妙的世界。

【本章小结】

本章通过“有序”和“无序”引入“熵”的概念，通过三个小故事向同学们介绍了热力定律，又通过典型实例让“熵”走近同学们的日常生活和各个领域。“熵”是当社会的一个热词，但源自物理学，化学家利用其讨论化学反应；物理学家用其讨论事物发展规律（如宇宙大爆炸）；经济学家用其解释经济现象（如经济危机）；社会学家用其解释社会现象（如温室效应）等。

【大事年纪】

中微子的大事年纪

1930 年，德国科学家泡利预言中微子的存在。

1956 年，美国莱因斯和柯万在实验中直接观测到中微子，莱因斯获 1995 年诺贝尔奖。

1962 年，美国莱德曼、舒瓦茨、斯坦伯格发现第二种中微子——缪中微子，获 1988 年诺贝尔奖。

1968 年，美国戴维斯发现太阳中微子失踪，获 2002 年诺贝尔奖。

1985 年，日本神岗实验和美国 IMB 实验发现大气中微子反常现象。

1987 年，日本神岗实验和美国 IMB 实验观测到超新星中微子。日本小柴昌俊获 2002 年诺贝尔奖。

1989 年，欧洲核子研究中心证明存在且只存在三种中微子。

1995 年，美国 LSND 实验发现可能存在第四种中微子——惰性中微子。

1998 年，日本超级神岗实验以确凿证据发现中微子振荡现象。

2000年,美国费米实验室发现第三种中微子——陶中微子。

2001年,加拿大SNO实验证实失踪的太阳中微子转换成了其他中微子。

2002年,日本KamLAND实验用反应堆证实太阳中微子振荡。

2003年,日本K2K实验用加速器证实大气中微子振荡。

2006年,美国MINOS实验进一步用加速器证实大气中微子振荡。

2007年,美国费米实验室MiniBooNE实验否定了LSND实验的结果。

2012年3月8日,王贻芳团队实验测得新的中微子振荡模式,并获得2015年基础物理学突破奖。

【拓展阅读】

股熵与股票行情

股市的技术分析对于投资股市的人来讲是一个非常重要的手段,但抛开从时间发展角度去看待某一个股票的涨跌趋势分析,从短期来讲,股市的不可预测性是显而易见的,即无理性的。利用物理学中对于无理性的客观粒子群体研究的基本概念和理论("熵"理论)可以解释股市中的现象。

"熵"在物理学中作为一个表征热力学系统混乱程度的函数,把热力学系统运行的方向进行了规律性的描述。他的数学表达式在微分形式下为 $dS=\frac{dQ}{T}$,表明任何一个封闭系统中,"熵"总是增加的。"熵"值越高系统的混乱程度越高,系统越趋于均匀,各个子系统之间将趋于无法区分和没有界限。反之,"熵"值越低,说明系统越有序,系统内部各个子系统具有良好的区分和界限。从能量意义上讲就是封闭系统内能量转换后的基本代价就是过程的不可恢复性。如果不是一个封闭系统,维持系统朝有序方向发展的只有外界提供能量。

一个通俗的例子可以讲清热力学规律的基本含义。比如,有染着红黄两色的水分别装在一个具有隔板的盒子两侧。由于隔板的阻挡,开始时两个颜色分隔在两边。这样的一个系统在开始时由于分隔的边界明显所以其"熵"为最低。当隔板打开后时间足够长,红黄两色的水会自动向对方混合直至完全均匀。这时,系统的"熵"值最大而稳定,且此过程不可逆。

这就是在热力学第二定律的揭示下一个封闭系统的运动规律。若系统处于非封闭状态,如果有外力或者能量不断地进入,系统则有可能由原来的无序向有序转变。比如,我们人为地将混合均匀的这两种颜色的水的中间放置一种单向渗透膜,并使用外力改变一边的盒子的容积,我们会发现,这种外力的施加能让两种颜色的水重新分离出来。所以,热力学第二定律表明了系统的有序来源于外界的能量。

假设一:假定股票市场中的投资个体的投资行为结果在一定的条件下可以理想化

为热力学系统中的无理性粒子的运动。

假设二:资金以及在一定的条件下舆论指导所带来的投资行为分化和特定偏好就是股票市场的有序化倾向,他们可以被类比为一个热力学系统的能量。

假设三:假定股市在一定的时间间隔内总可以理想化为一个资金既不流出也不流入的封闭状态(只要这个时间间隔足够短)。

有了上述三个假定,我们就可以在股市建立我们的“熵”理论模型了,股市中的板块划分和价值划分可以被类比为一个个被预先染上了不同颜色的小盒子。这些不同的小盒子被视为是一个市场有序化的象征。总的股市是各个不同小盒子的总和。每一个投资个体都毫无例外地分布在这些不同的小盒子里。如果市场在资金或者其他影响下朝着一致的投资行为发展的时候,比如我们假定金融股(红色的小盒子)在一段时间内被大家看好,投资金融板块的人就越来越多,就好比我们把红颜色的粒子都装入了金融股的小盒子内,同样,其他板块好比其他颜色的粒子按照颜色区分后装入其他小盒子里一样,我们可以说这个市场是有序化的。这时,市场将会是“熵”值的低状态。

在假设三下,当我们让资金在股市内部运动时,这相当于我们打开这些不同颜色的盒子的隔板,按照热力学第二定律,系统将向无序化的“熵”增加方向运动,最后的结果是系统将达到某种“熵”最大的状态,也就是趋于均衡的状态,好像小盒子里的各色粒子都处在均匀分布的状态下一样。

比如2004年以前的熊市下,绩优股与绩差股一样变动不大,那时,系统可以理想化为一个封闭系统,表现为无论是什么股票都没有行情,此时,在增量资金未进入的初态下,“熵”处于这个初态下的最大值,各个股票是均衡的,各自达到各自的相对稳定点。

当第一笔增量资金进入时,无论是由于技术分析还是舆论诱导,导致投资人一致地偏好于某些股票时(这都好比是外力或者能量),这些股票价格就会上升。举例来说,2005年6月股市启动的时间点上,市场对绩优大盘股的价值预测导致这些绩优股的领涨,股价大大高于股市的平均价格。

增量资金无疑就是股票市场的能量。能量增加,有序度就提高,这恰好符合非封闭系统能量流入系统可使系统的“熵”减少这个热力学规律。

当处于一个新的稳定而没有增量资金的状态下时股市又如何运行呢?这样,系统内部的资金就会自动地流向那些促使“熵”增加的股票。肤浅地说就是向低价股的方向移动。如2007年第一季度绩差股出乎意料地超出大盘的走势一样。系统又向混乱的方向发展,即系统是向着“熵”增加方向运动。

最重要的股票市场的系统条件就是每一个个体投资行为结果所构成的系统的资金总量(注意:这个总量并不是总市值,比如,某甲用2元购入一个股票市值为2元的股票,市值上涨到5元时某乙购买了该股。如果某甲的2元获利后退出股市,则股票的资金总量仅仅是3元,而不是市值的5元。若某甲获利后全部资金退出股市,则即使市值是5元,股票的资金量减少为零)。资金就相当于热力学系统中的热量。这可以很好地找到类比,即热力学系统是热量的运动。股票系统是资金的运动。所以,股票市场的资金变化可以用一个股票系统的"熵"来描述。

让我们建立一个股票系统"熵"(股熵)的模型:类比热力学系统中"熵"的变化是热量的变化,股票市场"熵"(股熵)的变化就是资金量的变化或者说是资金流向的变化。即:

S 表示股熵,既可以表示为一个板块的子熵也可以是市场的总的熵。

Q 表示股票市场资金,既可以表示一个板块的资金也可以是整个市场的资金。

T 作为某一个时点下的市场初始量。也许可以是市场启动初期的市场资金总量。

由此想到一点:股票市场的熵也像热力学系统一样,不是一个状态量而是一个系统变量。所以股票市场中的股价、市值、成交量等状态量就像热力学系统的压力、温度等变量一样,并不是"熵"的直接体现。

则股票市场或其中某一板块的股熵的微分表达就是:

$$dS = dQ/T \tag{12-6}$$

其意义在于,在总量不变的情况下,股票市场最终会把所有的个股的价格向一个相对均衡的方向运动,即向系统的股熵为最大的方向运动。就是说资金会在出现个股价格划分后自动向某种均衡的方向分配(这种均衡不是简单意义上的价格平均),股票市场资金增量的存在是股票市场总体上涨的决定因素。所有其他因素都是通过这个因素最终影响股价的。即只要看看股熵的变化就可以预料价格的变化。

从大盘的意义上讲,股票市场总的资金量变化方向是系统整体下跌和上涨的指征,因此熊市的总股熵一定减少,牛市的总股熵一定增加。判断牛市和熊市的指标不是指数的高低,而是资金总量的变化趋势。由此可以推定:股熵就是资金的变化与初始状态之比的指征。举例说明:假设一只股票,甲股票由 2 元提升到了 7 元卖出,当 7 元成交后,市值提高了 5 元,但如果交易后获益者的资金全部撤出了市场,那么,股市的资金的增量为零,如果全部市场的股票都是如此获利后出局,就没有资金增量,股票市场的总熵就没有变化,股市就不会有实质上的上涨动力。所以,这和市值的上涨没有关系。

(豆丁网《熵——股市的断想》)

【思考与讨论题】

12-1 2015 年基础物理学突破奖颁给了哪一位物理学家?( )。

A.日本科学家梶田隆章　　B. 中国物理学家王贻芳

C.加拿大科学家阿瑟·麦克唐纳

12-2 历史上的能量"失窃案"发现了什么?( )。

A.中微子　　B.引力波　　C."熵"

12-3 "熵"只是一个物理学概念吗?

12-4 2015 年的诺贝尔物理学奖授予了谁？获奖原因是什么？

12-5 霍金的预言是什么？可以改变吗？

【分析题】

12-6 简单描述焦耳的热功当量实验,并简介热功当量的概念。

12-7 如何理解迈耶关于能量守恒定律的描述？

【应用“熵”诠释大自然】

12-8 用“熵”的概念解释一种日常生活现象。

12-9 用“熵”的概念解释人的一生。

12-10 用“熵”的概念解释历史的进步。

12-11 自选一种自然现象,用“熵”的概念来解释之。

12-12 通过本讲的学习,如何理解大自然的美妙与“和谐”？

第13章 麦克斯韦方程组的对称之美

电和磁的实验中最明显的现象是，处于彼此距离相当远的物体之间的相互作用。因此，把这些现象化为科学的第一步就是，确定物体之间作用力的大小和方向。

——唐姆斯·克拉克·麦克斯韦

【学习目标】

1. 了解科学家麦克斯韦的生平。
2. 掌握麦克斯韦方程组的简洁、对称和完美。
3. 掌握麦克斯韦方程组为人类解释电磁波的正确性。
4. 理解不同频率范围的电磁波与人类生活的关系。
5. 理解电磁波的发现和应用的历程。

【教学提示】

1. 问题引入：①什么是电磁波？②电磁波有哪些？③电磁波是如何被发现的？
2. 麦克斯韦是电磁波之父。
3. 简介麦克斯韦方程组的对称性。
4. 电磁波的发现及应用。

在日新月异的当今世界中，电磁波无所不在，我们的生活中已经少不了小家电设备，如手机、电视机、电风扇、吹风机、果汁机、微波炉等。这些设备都会产生电磁波，生活环境中充满了电磁波，只要是使用小家电设备，都会产生电磁波，人类社会发展到今天，我们大家已经离不开电磁波了。那么，什么是电磁波呢？

电磁场是物质的特殊形式，它具有一般物质的主要属性，如质量、能量、动量等。客观上永远存在着与观察条件无关的统一的电磁场。电磁场包含电场与磁场两个部分，这两部分是紧密相联的。电场与磁场互相激励导致电磁场的运动而形成电磁波的传播，电磁波的传播速度与光速相等，在真空中，电磁波传播的速度为 $c=3\times10^8$m/s，即 30 万千米/秒。

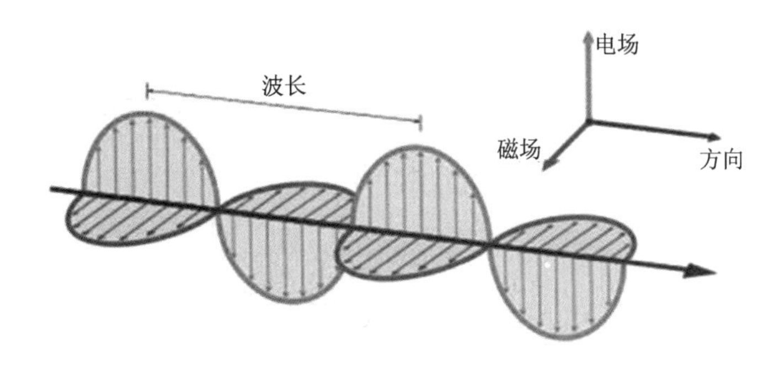

图 13-1　电磁波是横波

电磁波是横波，电场与磁场相互垂直，且垂直于传播方向。

按其波长可以分为无线电波、红外线、可见光、紫外线、X 射线和 γ 射线等，如图 13-2所示：

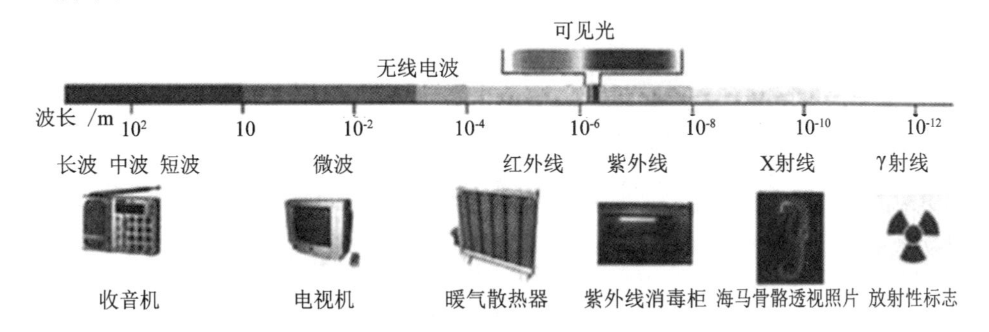

图 13-2　电磁波的波长与日常生活

自然界中早就存在电磁波，人类是如何发现电磁波的呢？

就“电”或“磁”本身而言，科学家们对它们的认识已经有很长一段时间了。“电”(electricity)和“磁”(magnetism)这两个英文单词是源于古希腊语的。而人们直到 18 世纪，才真正开始了解电磁现象。在 19 世纪早期时，科学家们才意识到“电”与“磁”之间必然存在某种关联。

1820 年，丹麦物理学家奥斯特(H.C.Oersted, 1777—1851)发现，当导线中有电流流过时，放在它附近的磁针会发生偏转；学徒出身的英国物理学家法拉第(M.Faraday, 1791—1867)明确指出，奥斯特的实验说明了电能生磁。他还通过艰苦的实验，发现了导线在磁场中运动时会产生电流，这就是所谓的“电磁感应”现象。著名的科学家麦克斯韦用数学公式表达了法拉第等人的研究成果，并且把法拉第的电磁感应理论推广到了空间,认为在变化磁场的周围能产生变化的电场,且变化的电场周围也能产生变化的磁场,如此推演下去,交替变化的电磁场就会像水波一样向远处传播。于是,麦克斯韦在人类历史上首先预言了电磁波的存在。被后人尊称为电磁波之父。

伦敦国王学院约翰·埃利斯(John Ellis,1946.1—)说:2015 年是麦克斯韦方程组确立 150 周年,不管是对于我们对宇宙的理解,还是对于现代科技的发展,这一方程组都意义重大。

小贴士:约翰·埃利斯简介

约翰·埃利斯 1946 年 7 月 1 日出生于英国,目前是伦敦国王学院克拉克·麦克斯韦理论物理学教授,当年的麦克斯韦就是这里的一名教授。

埃利斯的主要研究兴趣集中在粒子物理和宇宙学之间,并已经形成特殊的专业:粒子天体物理。

图 13-3 约翰·埃利斯

埃利斯经常应邀做有关粒子物理学的讲座及科普讲座。由于他与各国高校、科研机构协调沟通,促进了欧洲核子研究中心的国际交流,并在世界范围开放了科学教育的途径。

然而,麦克斯韦这位了不起的物理学家却又是一位诗人,他可以将其世界观及物理思想融入诗篇之中,让我们在诗中感悟到世界和物理学的真谛。

第一节　物理学家与诗

一、似是而非的颂诗

我的灵魂乃是一个繁绕之结，
卷入流动的精致的旋涡之中，
那是毗邻智慧的未知的天堂，
你的衣服就如同量刑的座椅，
一切工具甚至海员的解索针，
都拿来解开我这异乡的灵魂，
不料那繁绕的纠缠一如当初，
在四维空间所在的宽广之处，
其中点缀着你繁星般的幻想，
克莱因和克利福德用那平坦，
有限无边的平坦填满了虚妄，
开始思考无限现在终归灭亡。

小贴士:原文诗

My soulis an amphicheiral knot
Upon a liquid vortex wrought
By Intellect in the Unseen residing,
While thou dost like a convict sit
With marlinspike untwisting it
Only to find my knottiness abiding,
Since all the tools for my untying
In four-dimensioned space are lying,
Where playful fancy intersperses,
Whole avenues of universes;
Where Klein and Clifford fill the void
With one unbounded, finite homaloid,
Whereby the Infinite is hopelessly destroyed.

这首诗节选自发表于 1882 年的由路易斯・坎贝尔和威廉・加内特写的全面且最

具权威的传记《詹姆斯·克拉克·麦克斯韦的一生》上，是一篇有关拓扑学、宇宙论和进化论术语表述的令人费解的诗篇，这首诗是詹姆斯·克拉克·麦克斯韦(James Clerk Maxwell,1831—1879)写给他的密友，苏格兰物理学家彼得·加斯里·泰特(Peter Guthrie Tait)的。其内容主要反映了他对于科学和宗教、选择和机会以及死亡和永生之间关系的个人想法。

诗人为我们展示了一个神秘不解、浩瀚无垠的宇宙世界。

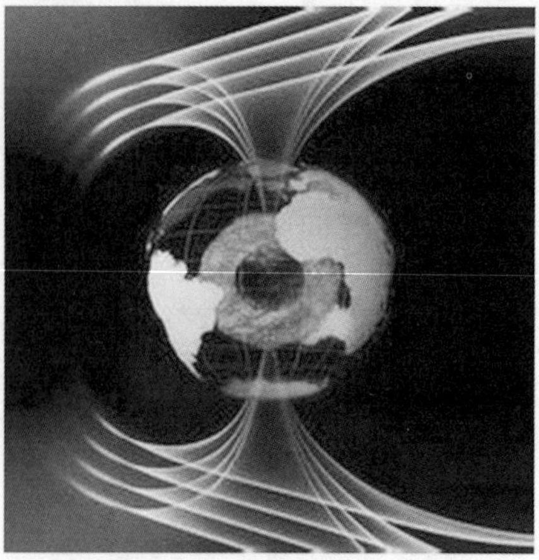

图 13-4　浩瀚无限的宇宙世界

二、用诗为淑女介绍电流计

灯照在黑色的墙上，
光穿过细细的小孔，
光束在刻度板上拖曳，
带着渐渐衰减的振荡。
流呀电流，流呀，让光点快快飞翔，
流呀电流，回答我，光斑为何闪烁、颤抖而又熄灭？
看！多么奇妙！又细又清楚，
越来越细，越来越清楚，线条变得更分明了，
它似与中心线圈一起摇曳的火！
精细的刻度无与伦比。
摇吧线圈，摇吧，朝前又朝后，
摇吧线圈，回答我，亲爱的，你的最后读数是多少？
啊！亲爱的，你没有读对刻度，
它精确到一格的十分之一。
不是因为方法精确，
而是因为镜子的乐园中有了那双眼睛。
断开触点，断开，让光点自由飞翔，
断开触点，让你休息吧，线圈，你摇摆，微动，再停下。

麦克斯韦用诗的形式向我们展示汤姆孙的镜式电流计，将原本深奥的物理学以优美的诗句形式向淑女学生讲解。

正是这位诗人物理学家在任何地方都会以美的方式来呈现其发现。这也就不难想象，最终以美的形式向人类展示其成果：数学方程的对称之美。

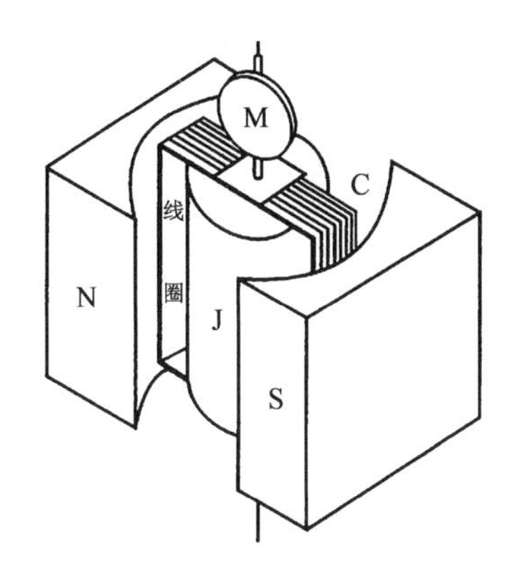

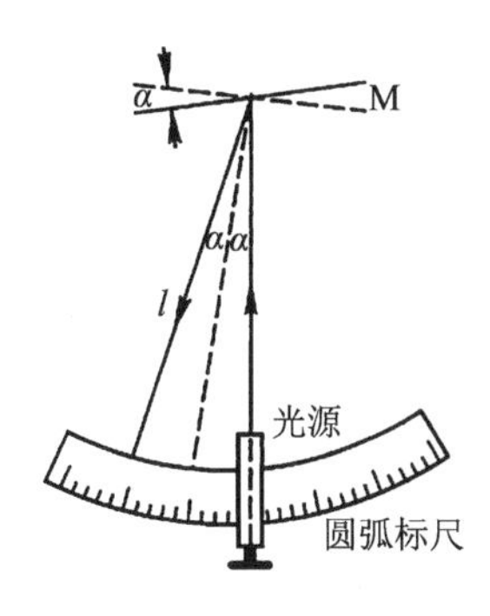

图 13-5 汤姆孙的镜式电流计

第二节 物理学家麦克斯韦

詹姆斯·克拉克·麦克斯韦于 1831 年 6 月 13 日出生在苏格兰爱丁堡,1847 年进入爱丁堡大学学习数学和物理,毕业于剑桥大学。他成年时期的大部分时光是在大学里当教授,最后是在剑桥大学任教。他在 1873 年出版的《电磁通论》,也被尊为继牛顿《自然哲学的数学原理》之后的一部最重要的物理学经典。麦克斯韦被普遍认为是对物理学最有影响力的物理学家之一。没有电磁学就没有现代电工学,也就不可能有现代文明。麦克斯韦建立的电磁场理论,将电学、磁学、光学统一起来,是 19 世纪物理学发展的最光辉的成果。

图 13-6 麦克斯韦

大约在 150 年以前,人们并不知道电和磁之间的关系,是麦克斯韦最终找到了两者之间的联系,并预言了电磁波的存在,这种理论预见后来得到了充分的实验验证。他为物理学树起了一座丰碑,造福于人类的无线电技术,就是以电磁场理论为基础发展起来的。

麦克斯韦大约于 1855 年开始研究电磁学,他潜心研究了法拉第关于电磁学方面的新理论和思想,坚信法拉第的新理论包含着真理。于是他抱着给法拉第的理论"提供数学方法基础"的愿望,决心把法拉第的天才思想以清晰准确的数学形式表示出来。

他在前人成就的基础上,对整个电磁现象作了系统、全面的研究,凭借他高深的数学造诣和丰富的想象力接连发表了电磁场理论的三篇论文:《论法拉第的力线》(1855 年 12 月—1856 年 2 月);《论物理的力线》(1861—1862 年);《电磁场的动力学理论》(1864 年 12 月 8 日)。麦克斯韦对前人和他自己的工作进行了综合概括,将电磁场理论用简洁、对称、完美的数学形式表示出来,经后人整理和改写,成为经典电动力学主要基础的麦克斯韦方程组。据此,1865 年他预言了电磁波的存在,认为电磁波只可能是横波,并推导出电磁波的传播速度等于光速,同时得出结论:光是电磁波的一种形式,揭示了光现象和电磁现象之间的联系。1888 年德国物理学家赫兹用实验验证了电磁波的存在。

麦克斯韦于 1873 年出版了科学名著《电磁通论》。系统、全面、完美地阐述了电磁场理论。这一理论成为经典物理学的重要支柱之一。

小贴士:《电磁通论》简介

图 13-7 《电磁通论》

《电磁通论》是一部经典的电磁理论著作。由英国物理学家詹姆斯·麦克斯韦于 1873 年完成。

在本书中,麦克斯韦比以前更为彻底地应用了拉格朗日的方程,推广了动力学的形式体系,系统地总结了人类在 19 世纪中叶前后对电磁现象探索研究的轨迹,其中包括库仑、安培、奥斯特、法拉第等人不可磨灭的功绩,更为细致、系统地概括了他本人的创造性努力的结果和成就,建立起了完整的电磁理论体系。

第三节 两位科学家的互相欣赏得到了美丽的方程组

麦克斯韦在剑桥大学读书时,就认真研读过法拉第的《电学实验研究》,对法拉第提出以电力线形象地表示电场的概念十分重视。虽然法拉第的整本书里连一个数学公式都没有,但麦克斯韦却感觉到在法拉第的实验记录里,有一种光辉的思想在朦胧处闪着光。是什么呢?“场”(field)的概念是法拉第物理思想的精髓。1855 年,麦克斯韦从法拉第的大量定性实验记录里总结出了非常优美的数学公式。麦克斯韦按捺不住内心的兴奋,在还没有完成全部工作时就将自己的部分结果寄给了法拉第。

图 13-8 迈克尔·法拉第

小贴士:迈克尔·法拉第简介

迈克尔·法拉第(Michael Faraday,1791—1867)是英国物理学家、化学家,也是著名的自学成才的科学家。生于萨里郡纽因顿一个贫苦铁匠家庭,仅上过小学。1831 年,他做出了关于电力场的关键性突破,永远改变了人类文明。

迈克尔·法拉第是英国著名化学家戴维的学生和助

手，他的发现奠定了电磁学的基础，是麦克斯韦的先导。1831 年 10 月 17 日，法拉第首次发现电磁感应现象，在电磁学方面做出了伟大贡献。

当法拉第看到这些优美的公式，兴奋地给麦克斯韦写了回信：

我亲爱的先生：

收到了你的文章我很感谢。这并不是因为你肯定了我的电力线，而是因为我知道你做这项工作是缘于对哲学真理感兴趣。但你必定猜想它对我是一件愉快的工作，并鼓励我去继续考虑它。当我初次得知要用数学方法来处理电磁场时，我有不可名状的担心；但现在看来，这一内容竟被处理得非常美妙。

麦克斯韦看到了这种赞扬，当然十分兴奋，但并不满足于已取得的成果，他还渴求着新的突破，最终于 1873 年前后得到了著名的麦克斯韦方程组。麦克斯韦方程组有两种形式，即微分形式和积分形式。

(1)麦克斯韦方程组的微分形式：

$$\nabla \cdot E = \frac{\rho}{\varepsilon_0} \qquad (13-1)$$

$$\nabla \times E = -\frac{\partial B}{\partial t} \qquad (13-2)$$

$$\nabla \cdot B = 0 \qquad (13-3)$$

$$\nabla \times B = \mu_0 J + \mu_0 \varepsilon_0 \frac{\partial E}{\partial t} \qquad (13-4)$$

(2)麦克斯韦方程组的积分形式：

$$\oiint_S E \cdot \mathrm{d}S = \frac{\sum Q_i}{\varepsilon_0} \qquad (13-5)$$

$$\oiint_S B \cdot \mathrm{d}S = 0 \qquad (13-6)$$

$$\oint_L E \cdot \mathrm{d}l = -\iint_S \frac{\partial B}{\partial t} \cdot \mathrm{d}S \qquad (13-7)$$

$$\oint_L B \cdot \mathrm{d}l = \mu_0 I_0 + \mu_0 \varepsilon_0 \iint_S \frac{\partial E}{\partial t} \cdot \mathrm{d}S \qquad (13-8)$$

无论是微分方程还是积分方程，其物理意义是完全等同的。

第四节 麦克斯韦方程组的对称之美

1. 从方程组的表面来看其对称性

四个方程中，两个是关于电场 E 的，两个是关于磁场 B 的；两个是曲面积分或者是散度,两个是曲线积分或者是旋度。不要管这些术语真实含义,单纯看等式左边,我们就能看出四个式子分别描述电场和磁场的两个东西,非常对称。

2. 从物理意义看,麦克斯韦方程组总结了电磁场的基本性质

(1)在稳恒场中,$\frac{\partial E}{\partial t}=0$, $\frac{\partial B}{\partial \mathrm{t}}=0$,四个方程的积分形式变化为:

$$\oiint_S E\cdot \mathrm{d}S=\frac{\sum Q_i}{\varepsilon_0}\qquad \nabla\cdot E=\frac{\rho}{\varepsilon_0}\tag{13-9}$$

电荷产生静电场,静电场是有源场

$$\oiint_S B\cdot \mathrm{d}S=0\qquad \nabla\times B=0\tag{13-10}$$

稳恒磁场是无源场,磁感应线总是闭合的

$$\oint_L E\cdot \mathrm{d}l=0\qquad \nabla\times E=0\tag{13-11}$$

积分与路径无关,静电场是保守力场

$$\oint_L B\cdot \mathrm{d}l=\mu_0 I_0\qquad \nabla\times B=\mu_0 J\tag{13-12}$$

积分与路径有关,稳恒磁场是非保守力场

以上四个公式告诉我们:静电场是有源的保守力场,稳恒磁场是无源的非保守力场。

(2)非恒定场中,可以看到电场和磁场的相互影响

$$\oint_L E\cdot \mathrm{d}l=-\iint_S \frac{\partial B}{\partial t}\cdot \mathrm{d}S\tag{13-13}$$

$$\nabla\times E=-\frac{\partial B}{\partial t}\tag{13-14}$$

这两个公式就是法拉第定律,告诉我们变化的磁场会产生电场。

$$\oint_L B\cdot \mathrm{d}l=\mu_0 I_0+\mu_0\varepsilon_0\iint_S \frac{\partial E}{\partial t}\cdot \mathrm{d}S\tag{13-15}$$

$$\nabla\times B=\mu_0 J+\mu_0\varepsilon_0\frac{\partial E}{\partial t}\tag{13-16}$$

而这两个公式是安培—麦克斯韦定律,告诉我们传导电流 I_0 和变化的电场 $\frac{\partial E}{\partial t}$ 都会产生磁场 B。

这正是麦克斯韦方程组美妙之处,它向世人揭示:变化的磁场产生电场,变化的电场产生磁场。尽管由以上的结果得到此结论还不十分准确(传导电流 I_o 也可以产生磁场),但确实发现了电磁波的存在。

(3)光是一种电磁波

光是一种电磁波,这是众所周知的一个事实。对于光来讲,真空中没有电荷 $\rho=0$,

图 13-9 电磁波的存在

没有电流 I_0 ,当然也没有电流密度 $J = 0$。对于光来讲,麦克斯韦方程的微分公式可以写成如下公式:

$$\nabla \cdot E = 0 \tag{13-17}$$

$$\nabla \times E = -\frac{\partial B}{\partial t} \tag{13-18}$$

$$\nabla \cdot B = 0 \tag{13-19}$$

$$\nabla \times B = \mu_0 \varepsilon_0 \frac{\partial E}{\partial t} \tag{13-20}$$

积分公式如下:

$$\oiint_S E \cdot \mathrm{d}S = 0 \tag{13-21}$$

$$\oiint_S B \cdot \mathrm{d}S = 0 \tag{13-22}$$

$$\oint_L E \cdot \mathrm{d}l = -\iint_S \frac{\partial B}{\partial t} \cdot \mathrm{d}S \tag{13-23}$$

$$\oint_L B \cdot \mathrm{d}l = \mu_0 \varepsilon_0 \iint_S \frac{\partial E}{\partial t} \cdot \mathrm{d}S \tag{13-24}$$

此时,四个公式(无论是微分式还是积分式)的对称性实在是太好了。这是真正意义上的变化磁场产生电场,变化电场产生了磁场,即为电磁波,电场和磁场相互交替传播能量。经过一定的数学计算会发现,电磁波的速度就是:

$$c = \frac{1}{\sqrt{\varepsilon_0 \cdot \mu_0}} \tag{13-25}$$

这是一个定值,是由真空中的介电常数($\varepsilon_0 = 8.85 \cdot 10^{-12}$ 法拉/米)和真空中的磁导率($\mu_0 = 4\pi \cdot 10^{-7}$ 牛顿/安培^2)得到的,计算结果正好是 30 万千米/秒($3.0 \cdot 10^8$ m/s),恰恰是真空中的光速,也就是由这一个重大发现得出结论:光是一种电磁波。有人说:上帝要有光,于是便有了麦克斯韦方程组!这是科学史上最激动人心的瞬间之一,这种灵光乍现的瞬间在英语里被称为 the Eureka moment,缘于阿基米德发现浮力定律时所说的话:“Eureka!(我明白了!)”

3. 麦克斯韦方程组的科学意义

(1)麦克斯韦的主要功绩是他能够跳出经典力学框架的约束:在物理上是以“场”而不是以“力”作为基本的研究对象,在数学上引入了有别于经典数学的矢量偏微分运算符,这正是发现电磁波方程的基础。

(2)物理对象是在更深的层次发展成为新的公理表达方式而被人类所掌握,建立了一种新的具有认识意义的公理体系。

(3)麦克斯韦方程组揭示了电场与磁场相互转化过程中产生的对称性优美,这种优美以现代数学的形式得到充分表达。我们一方面应当承认,恰当的数学形式才能充分展示经验方法中看不到的整体性(电磁对称性);另一方面,我们也不应当忘记,这种对称性的优美是以数学形式反映出来的电磁场的统一本质。

4. 电磁波的物理实在性

然而,麦克斯韦方程组仅仅是预言了电磁波的存在,直到 25 年后才真正有人探测到它。海因里希·赫兹(Heinrich Hertz,1857—1894)在实验室产生了周期性振荡电流,然后隔空在接收器中检测到了相应的无线电波信号,由此证明了电磁波的物理实在性。而后,伽利尔摩·马可尼(G.M. Marconi,1874—1937)又成功地让无线电波穿越了大西洋,彻底改变了人类沟通的方式,而所有这些都源于麦克斯韦方程组。

麦克斯韦方程组引导着我们更加深刻地理解我们所生活世界的本质。物理学家的工作就是搞清楚世界是如何运转,又是如何演变成现在的样子的,试图寻找不同现象之间的联系,或者它们背后隐藏的原因——所谓的“统一”。用统一化的方法去描述自然界的各个层面,是物理学家永恒的追求。同时,了解宇宙中各个事件之间有着隐藏的联系给物理学家带来了智力上的满足感,而电磁波的出现也给整个社会带来了难以想象的巨大变化。

小贴士:赫兹和马可尼简介

海因里希·鲁道夫·赫兹(Heinrich Rudolf Hertz),德国物理学家,于 1888 年首先证实了电磁波的存在,国际单位制以他的名字赫兹命名了频率的单位。1894 年 37 岁的赫兹因为败血症在波恩逝世。

伽利尔摩·马可尼(G. M. Marconi),意大利无线电工程师,企业家,实用无线电报通信的创始人,1874 年生于意大利的博洛尼亚市。他在博洛尼亚大学学习期间,成功实现了用电磁波进行 2.7 千米的无线电通讯实验。1909 年他与布劳恩一起获诺贝尔物理学奖,被称作“无线电之父”,1937 年逝世。

【本章小结】

本章通过电磁波的发现和应用过程,介绍了奥斯特、法拉第、麦克斯韦、赫兹等物理学家,并重点介绍了麦克斯韦的数学和美学天分。正是麦克斯韦对数学和美学的追求,才有了其一生最重大的发现——麦克斯韦方程组,也正是这一完美的方程组预言了电磁波的存在,发现了光的本质就是电磁波。最终他被人类尊称为电磁波之父。学生在欣赏麦克斯韦方程组的对称之美的同时,探索了电磁场的真谛,并且发现物理学和美学并不是完全对立的,而是通过相互补充和完善,更好地解释和呈现大自然的规律。

【大事年纪】

电磁波的发现

1820 年　丹麦物理学家奥斯特发现,通电导线周围存在磁场。
1839 年　法拉第发现了电磁感应现象。
1855 年　麦克斯韦完成了《论法拉第的力线》。
1862 年　麦克斯韦完成了《论物理的力线》。
1864 年　麦克斯韦完成了《电磁场的动力学理论》。
1865 年　麦克斯韦预言了电磁波的存在。
1888 年　赫兹验证了电磁波的存在,是科学史上的里程碑。
1895 年　马可尼第一次实现了无线电发射和接收,发射器和接收器相距 2.7 千米。

【拓展阅读】

电磁波和引力波比较

当年麦克斯韦根据其电磁波理论预言了电磁波的存在;而今爱因斯坦也根据其广义相对论理论预言了引力波的存在,因为它们都满足相应的波动方程。让我们一起来比较一下:

电磁波方程从麦克斯韦理论得到,引力波方程从广义相对论得到。麦克斯韦方程是线性的,引力波方程本来是非线性的,但研究引力波向远处传播时,可以利用弱场近似将方程线性化而得到与电磁场类似形式的波动方程。即图 13-10 所示的两个波动方程,是一个同类型的等式。等式左边的方框是波动微分算子(称为 4 维闵可夫斯基空间的达朗贝尔算子),作用在波动的物理量上,右边则是产生波动的波源。

电磁波的情况,电磁势(及相关的电磁场)是波动物理量,是一个矢量。电荷电流是波源。

引力波的情况,波动的物理量及波源的情况则比较复杂,它们都是张量。由图 13-

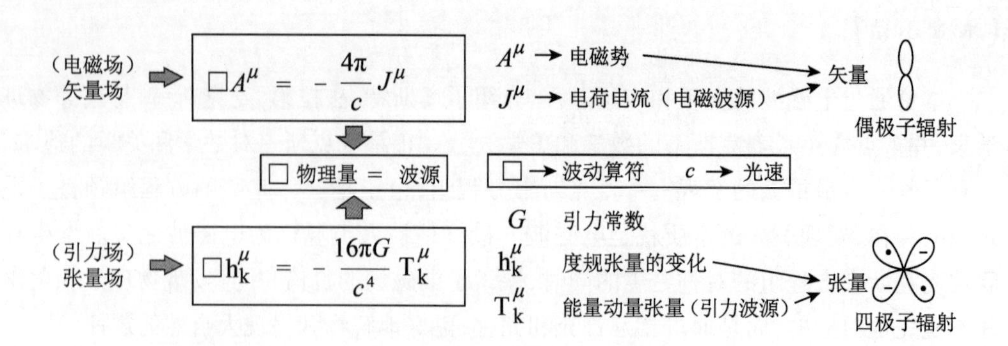

图 13-10　电磁波与引力波的比较

10可见，矢量用一个指标表示，张量用两个指标表示。因而，张量比矢量有更多的分量。广义相对论中用度规张量来描述引力场。度规就像是度量空间的一把尺子，或者可以把它想象成解析几何中的坐标，这也就是为什么我们在解释时空弯曲时经常用类似坐标的“网格”来比喻的原因之一。因为所谓时空弯曲了，就是度规张量扭曲了，或者说坐标格子变形了。

图13-10最右边的两个图案，说明电磁波源和引力波源辐射类型的区别：电磁波起源于偶极辐射（如图13-11所示），引力波起源于四极子辐射（如图13-12所示）。

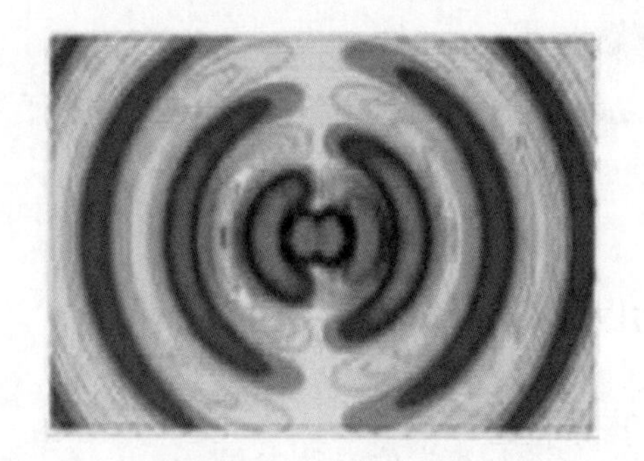

图 13-11　偶极辐射

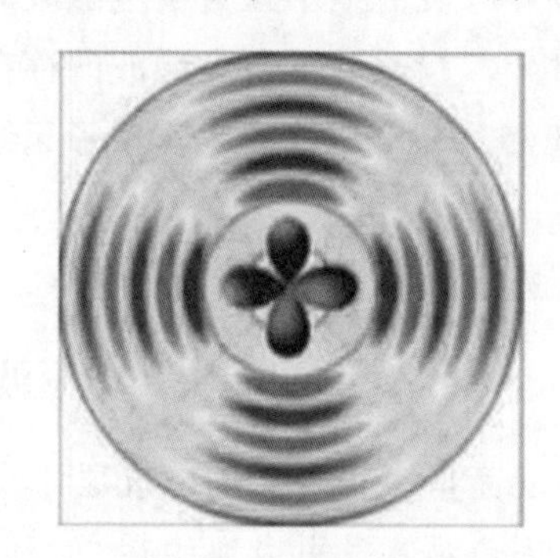

图 13-12　四极子辐射

引力源与电磁源有一个很重要的区别：电磁作用归根结底是电荷 q 引起的（因为至今没有发现磁单极子），引力是由质量 m 引起的，也可以将其称为“引力荷”。但是，电荷有正负两种，质量却只有一种。因此，电磁辐射的最基本单元是偶极辐射，而引力辐射的最低序是四极子辐射。其辐射图形是一个像“哑铃形状”的物体旋转而产生随时间变化的四极矩，在天文上可以由双星系统来实现。当一个大质量物体的四极矩发生迅速变化时，就会辐射出强引力波，双黑洞的旋转并合过程中正好提供了巨大的引力四极矩变化。

此外，正负电荷间有同性相斥、异性相吸的特点，使得电磁力既有吸引力，也有排斥力。但引力却只有吸引力一种。

也正因为电荷有正负之分，可以利用这个正负抵消的性质来屏蔽电磁力。而引力场不能靠类似的方法屏蔽。不过，因为广义相对论将引力场解释为几何效应，在局部范围内，可以用等效原理，借助一个自由落体坐标系将引力场消除。电磁场则不能几何化。

从量子理论的角度来看，电磁波是由静止质量为零，自旋为 1 的光子组成，而引力波是由静止质量为零，自旋为 2 的引力子组成。电磁波能与物质相互作用，被反射或吸收，但引力波与物质相互作用非常微弱，会引起与潮汐力类似的伸缩作用，但在物质中通过时的吸收率极低。

1887 年，赫兹发现电磁波后，他在发表文章的结束语处写道，“我不认为我发现的无线电磁波会有任何实际用途”。而当时，两位 20 多岁的年轻人，马可尼（Guglielmo Marchese Marconi）和特斯拉（Nikola Tesla），却受到赫兹报告的启发，逐步地计划并实现了将电磁波用于通讯上。如今，电磁波对当今人类文明的进步和发展之重要性已是毋庸置疑，众人皆知。

爱因斯坦预言引力波的时候，也认为人类恐怕永远也探测不到引力波，他当然也不可能预料引力波是否有任何实际用途。可见，科学技术的发展有时候是很难预料的。

四种相互作用中，只有引力和电磁力一样，具有“长程”的性质，而长程力才有可能用于远距离的观测和测量。虽然引力很弱，但既然可以在天文领域及宇宙的范围内探测到，那就有可能将来在天文和宇宙学的研究中首先得到应用。近几年来发现的暗物质和暗能量，都是只有引力效应而对电磁作用没有反应，引力波及相关的探测也许能有助于这方面的研究。

总之，引力波的探索刚刚开始，让我们期待更多令人类惊喜的结果吧！

［张天蓉科学网博文（美国得州大学奥斯汀分校理论物理博士）］

【思考与讨论题】

13-1 哪一位物理学家验证了电磁波的存在？（　　）。

A.麦克斯韦　　B.法拉第　　C.赫兹

13-2 光属于电磁波，其波长范围是？（　　）。

A.780 nm～1 mm　　B.380 nm～780 nm　　C.100 nm～380 nm

13-3 麦克斯韦是物理学家还是诗人？

13-4 麦克斯韦最具有里程碑意义的发现是什么？

13-5 最终是麦克斯韦发现了电磁场吗？

13-6 电磁波的各个波长范围是多少？

13-7　麦克斯韦的三篇著名论著是什么？

【分析题】

13-8　什么是电磁波？

13-9　电磁波就在我们生活的周围，给我们的生活带来了哪些方便？

13-10　电磁波有害吗？如何防护？

13-11　为什么说光是一种电磁波？试说明之。

【探索与发现】

13-12　引力波是电磁波吗？叙述之。

13-13　查资料了解一下引力波，你认为引力波会给人类带来什么？

13-14　查资料了解引力波的发现过程。

第四篇

物理发现之美

物理学是以物质基本结构、相互作用和基本运动规律为研究对象的自然科学,是人们认识物质世界的本质,揭示物质世界的规律,具有基础性和应用性的重要学科。它以特有的具体实在性展现出巨大的革新力和创造力。物理学的知识和方法促进了许多相关学科和生产技术的发展,有力地推动了人类社会文明的进步。物理学是一门科学,是一门智慧,是一门文化。本篇采撷若干百余年诺贝尔物理学奖的表彰内容来彰显物理学发现之美,主要内容为通过课堂实例展现物理发现与探索自然之美的"照亮人类文明的光",物理发现与创新生活之美的"微电子时代",物理发现与思维变通之美的"单摆与相对论",物理发现与解析生活之美的"多普勒声音的秘密"。

科学活动中对未知事物或规律的揭示,主要包括事实发现和理论的提出。科学发现是指人们对自然界客观存在的前所未知的物质、现象及其变化过程和客观规律的认识。2016年2月11日,美国的LIGO(激光干涉引力波观测站)相关的专家们召开新闻发布会,向全世界宣布首次直接探测到了引力波的消息,天文和物理学界的专家们欣喜不已。通常,重要事实或理论的发现是科学进步的主要标志,也是一切科学活动的直接目标。科学事实和理论这两类发现是互相联系又互相促进。历史上,电子、X射线、放射性等发现促成了原子结构和原子核理论的建立,而后者又推动了各种基本粒子的发现,为粒子物理学的诞生做好了准备。重大的科学发现,特别是重大理论的提出,往往构成某一学科甚至整个科学领域的革命,如物理科学中的相对论和量子论。科学理论的发现离不开创造思维,它往往借助于直觉、想象力的作用,这就必然涉及科学家的文化素养、心理特征等复杂的个人因素,有时还具有很大的偶然性。科学史上有大量"同时发现"的记载,说明任何发现归根结底都是在一定社会文化背景中的社会实践和科学自身需要的产物,科学事实的发现往往会受到社会生产力水平和仪器装置制造技术的制约。因此,科学发现在科学发展的总进程中具有某种必然的、合乎一定规律的"逻辑",这种逻辑有别于单纯从事实归纳出理论或者从理论演绎出事实的形式逻辑。

科学发现的方法可分为:

(1)观察发现,即通过观察方法而得到的新发现。如2011年诺贝尔物理奖获得者佩尔马特等三位科学家,他们的获奖是因为“通过观测遥远的超新星,发现宇宙正在加速膨胀”红移现象的发现。

(2)实验发现,即通过实验方法而得到的科学发现。如2010年诺贝尔物理学奖授予了英国曼彻斯特大学科学家海姆和诺沃肖洛夫,以表彰他们在石墨烯材料方面获得的卓越成就。

(3)纯理性发现,即通过纯粹理性的方法而导致的科学发现,如相对论。

(4)非理性发现,即通过直觉、灵感、想象、顿悟等跳跃式思维方法导致的科学发现。如安培提出分子电流假设时,人们还根本不了解分子的电结构,“电子”也是70多年后才发现的,因而安培假说不可能是归纳经验事实的逻辑结果。

科学既是一种人类的知识体系,又是人类认识世界的一种方式和探索过程,通常,科学方法贯穿在物理学的发现和发展过程中。牛顿说:“如果说我比别人看得远一点,那是因为我站在巨人的肩上”。本篇各讲安排有课堂动手简单实验,特别是充分应用智能手机的相关功能参与实验,以加强对物理学的理解,使学生更有兴趣与乐趣参与实验,欣赏物理之美。希望通过本篇所提供的物理学基本知识和一些相关诺贝尔物理奖项的科学发现以及推动人类社会发展和文明的成果,来欣赏物理发现之美。

第14章 物理发现与探索自然
——照亮人类文明的“光”

实验可以推翻理论，而理论永远无法推翻实验。

——丁肇中

【学习目标】

1. 掌握新型 LED 光源及对人类生活的巨大影响。

2. 掌握如何使智能手机变身为多种测量仪器。

3. 设计光源照度分布实验，使用手机照度计，比较并测量某种光源的照度分布，得到某型光源的具体的照度与距离的数学规律。学会通过实验的方法，发现客观规律，体验物理发现之美。

4. 学习计算机或手机的数学功能相关软件，会用其进行数据处理，例如处理实验的测量数据并得到其数学描述。

5. 了解几项获得诺贝尔物理学奖的科学发现与发明。

【教学提示】

1. 课堂实验与演示，测量并比较几种光源，探求光的传播规律，体会发现乐趣与发现之美。

2. 下载相关软件，使手机变成照度测量仪器。

3. 使用相关计算机或手机软件处理实验数据，如办公套件中的电子表格模块。

4. 课后开放题，分小组研讨并得到科学结论。

我国古代凿壁偷光的故事，说的是西汉时候，有一位叫匡衡的人，小时候很喜欢读书，可是因为家里穷，没钱上学，他跟亲戚学认字，才有了看书的能力。在古代，书是非常贵重的，通常不会轻易借给别人。匡衡就在农忙的时节，给有钱的人家打短工，不要工钱，只求人家借书给他看。匡衡长大了，是家里的主要劳动力，他白天做工，没有时间看书,只有晚上的时间可以看书。匡衡家里很穷,点灯的油是要节省用的。一天晚上,匡衡躺在床上背白天读过的书,突然看到东边的墙壁上透过来一线亮光。他走到墙壁边一看,原来从墙壁缝里透过来的是邻居的灯光。于是把墙缝扩大了一些。这样,透过来的光亮也大了,他就凑近透进来的灯光,读起书来。匡衡就是这样刻苦地学习,后来成了一个很有学问的人。这束光不仅照亮了匡衡的书本,也照亮了人类探索自然之路。

第一节　新世纪的绿色光源——LED 光源

人类很早就会利用火,火给人类带来光明,带来希望,火发出的光,驱散了黑暗,引领人类走向文明。2014 年 10 月 7 日,瑞典皇家科学院将本年度的诺贝尔物理学奖授予两位日本科学家和一位美籍日裔科学家,他们分别是来自日本的科学家赤崎勇和天野浩及来自美国的科学家中村修二,以表彰他们在 20 世纪 90 年代研究出能够发射出蓝光的发光二极管(LED),在很大程度上改善了人类的生活。

图 14-1　烛火与发光二极管

图 14-2　赤崎勇、天野浩、中村修二

一、三种照明光源的使用比较

现代人类的生活照明,由古时的火光源到现代的电光源,主要使用的电光源有早期的白炽灯,后来的荧光灯和目前正在换代的 LED 灯,作为对比,从市场上随机买到 25 W 白炽灯泡,20 W 日光灯管,9 W 的 LED 灯管,如图 14-3,对他们在使用中的“亮度”做一个比较。首先,用功率表测量正常发光的三种光源的实际功率,如表 14-1。

表 14-1 白炽灯、荧光灯、LED 灯实测功率

功率 \ 光源	白炽灯	日光灯	LED 灯
光源标称功率(W)	25	20	9
实际测量功率(W)	25	28(含镇流器)	10

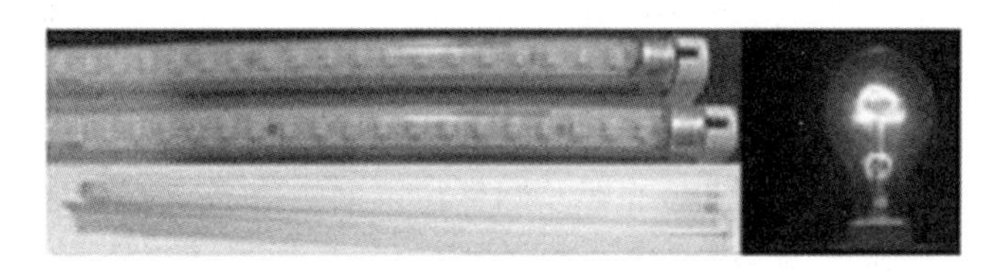

图 14-3 LED 灯、荧光灯、白炽灯

在使用中,三种光源的照明效果如何?下面,我们把自己的手机变身为测量光照度的仪器,来测量并比较三种光源的相对照度情况。

如图 14-4,用手机下载类似“照度计”这类软件,使手机变成一个光照度测量仪器(图中是某个光照度软件的界面图)。

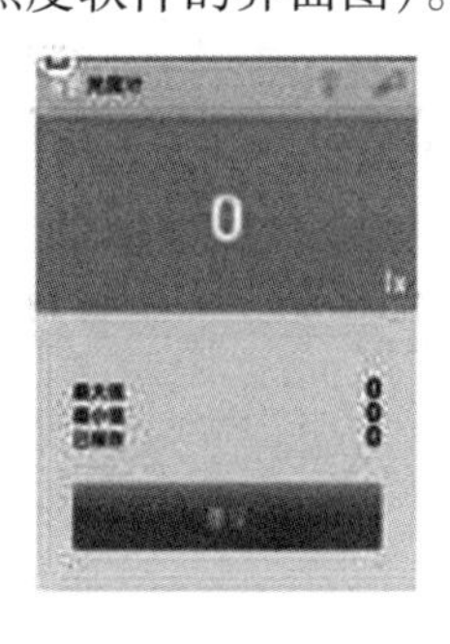

图 14-4 手机照度计

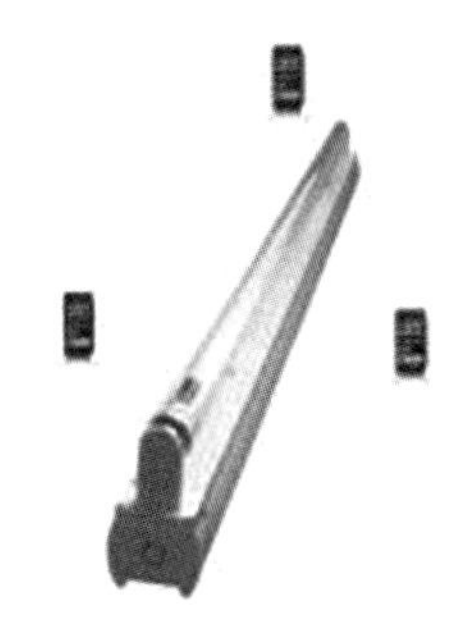

图 14-5 光源照度测量

光照强度是指在单位面积上所接受到可见光的能量,简称照度,单位勒克斯(Lux 或 Lx),是用来表示光照的强弱和物体表面被照明程度的物理量。

通过动手测量,看看三种光源实际使用的“亮度”情况。

1)光源照度空间分布对比测量

利用手机的照度计,分别等距测量三种光源正下方、右侧、左侧的照度(如表 14-2),实测示意图如图 14-5。

表 14-2 测量所得的正常使用的三种光源空间照度的比较 (单位:Lx)

分类	左侧	正下	右侧
白炽灯	55	48	35
荧光灯	60	55	52
LED 灯	56	245	95

由测量结果可知,耗电最少的 LED 光源的照明使用效果最好。(表中测量为某手机相对测量值)

2)实验测量并总结某光源照度与距离的关系

由于有了可测量照度的仪器,作为一次物理发现的乐趣,下面我们来做一个发现性实验。用某一种光源做照明,在光源的传播方向上,探究空间某点的照度与光源距离的关系,测距的仪器可以用米尺,若设光源与测量位置的距离为 x,照度为 Z,则某点的照度与距离光源的函数关系为:$Z=f(x)$。测量如图 14-6,测量结果如表 14-3。

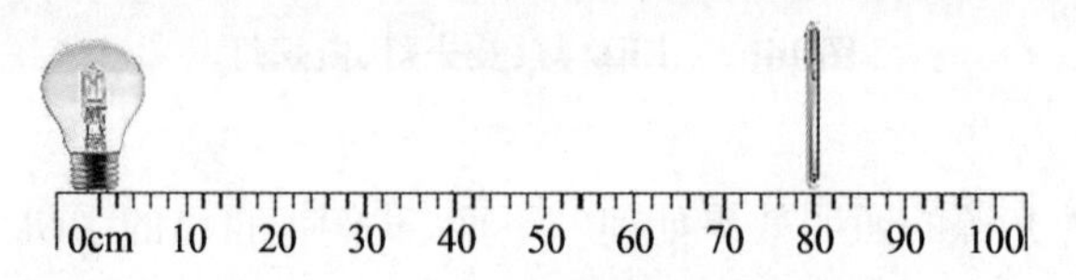

图 14-6 光源照度分布测量示意图

要得到函数关系 $Z=f(x)$ 的具体表示,可利用含有数学功能的相关软件来帮助解决,例如,可以利用办公软件套装中的电子表格来帮助完成数据处理,如图 14-7。

表 14-3 光源照度分布测量

距离 x(m)	0.20	0.40	0.60	0.80	1.00	1.20	1.40	1.60	1.80	2.00
照度 Z(lx)	10313	3338	1485	638	519	383	352	294	234	119

得到照度与距离的函数关系为:

$$Z = 561.08\, x^{-1.817} \tag{14-1}$$

上式就是某光源实测下,光在空气中的传播规律。

根据"光照度平方反比定律",对于一个点光源模型,则某位置的照度与距光源距离 x 的平方成反比。如果光的传播方向垂直照射面,理想情况,光照度与距离关系的数学公式为:

$$Z = I\, r^{-2} \tag{14-2}$$

不同的光源,不同的光照环境,光照度空间分布的数学关系会有所不同。

3)拓展实验

我们也可继续拓展实验,设计并动手实验,针对选定的光源和光照环境,通过测量

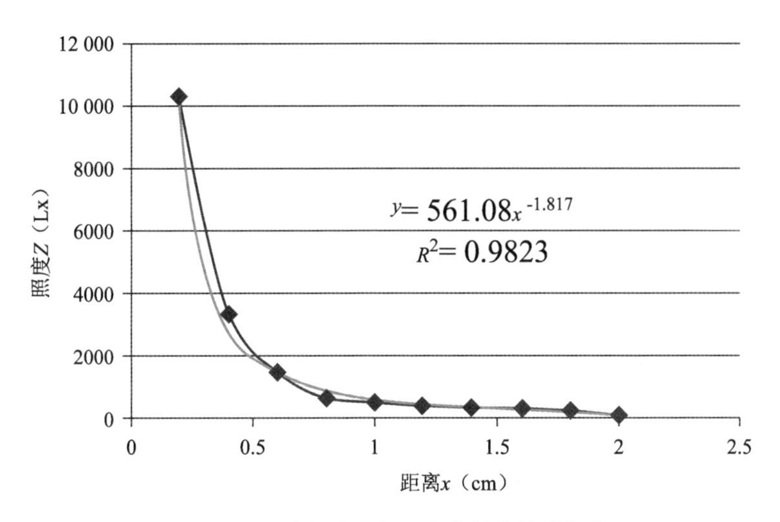

图 14-7　光源照度与距离曲线和数学规律

和运算，得到某光源的空间照度分布。

二、发光二极管的发明

发光二极管（LED），是一种能发光的半导体电子元件。第一个商用发光二极管产生于 1960 年。它的基本结构是一块电致发光的半导体材料，置于一个有引线的架子上，然后四周用环氧树脂密封，起到保护内部芯线的作用，所以 LED 的抗震性能很好。

人类使用 LED 照明的历史，只有 20 年时间。早在 20 世纪初，就开始了给半导体材料施加电压，令其发光的实验。1907 年，马可尼电子公司的一位工程师给碳化硅晶体施加微弱的电压，使其发出了黄光，而当增大电压时，更多颜色的光被激发出来。科学家们发现，在半导体晶体中掺入其他材料可以改变它的性质，发出不同颜色的光。如果光子能量恰好在人类的可见光范围内，就会被人所感知，这就是 LED 的雏形。砷化镓和磷化镓等材料首先被用来试验。1962 年，红光（能量相对较低）LED 首先被发明出来。

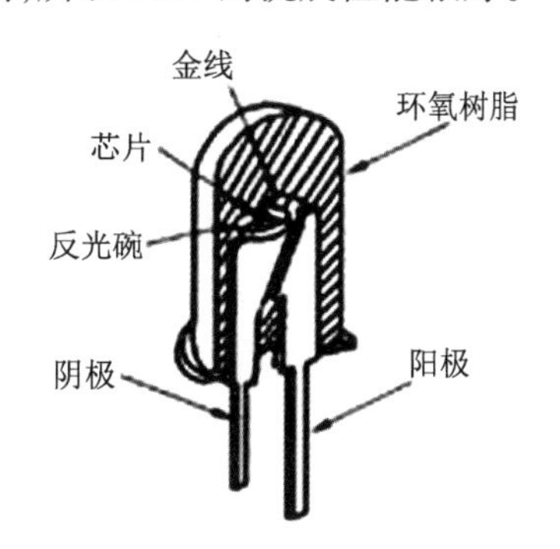

图 14-8　发光二极管的结构

随着人类对固态发光原理理解的深入和半导体晶体制造水平的不断提高，从红光到绿色光的 LED 都已经被发明出来。各种红色、黄色，或是绿色的 LED 灯可以起到很好的装饰效果，但是人类仍然无法拥有白色的 LED，就是因为此时还缺少蓝光 LED。早在 1671 年，人类就理解了白光的组成，想要得到白光，必须将红光、绿光和蓝光（即色光三原色）混合在一起。而光子能量相对较高的蓝光的缺席让越来越多的科学家们开始投入到 LED 研究中，蓝光 LED 成为 LED 光源发明中最重要也是最后的一环，得到它，就可以得到白光LED。这最后一步经历了30年。在1986年,日本科学家赤崎勇和当时的博士研究生天野浩制造出了高品质的氮化镓晶体,同时,在日本另一公司做研究的中村修二也成功制造出高质量的氮化镓晶体,为之后发明蓝光LED奠定了基础。不久,两个小组都成功制造出了蓝光LED。有了蓝光、红光和绿光LED,人类终于可以拥有白光LED了。拥有白光LED,意味着人类拥有了一种新的照明光源,相比于其他照明光源,LED的优势非常明显,所以诺贝尔委员会评价道:"白炽灯点亮了20世纪,而LED灯点亮了21世纪"。人类照明光源的进步如图14-9所示。

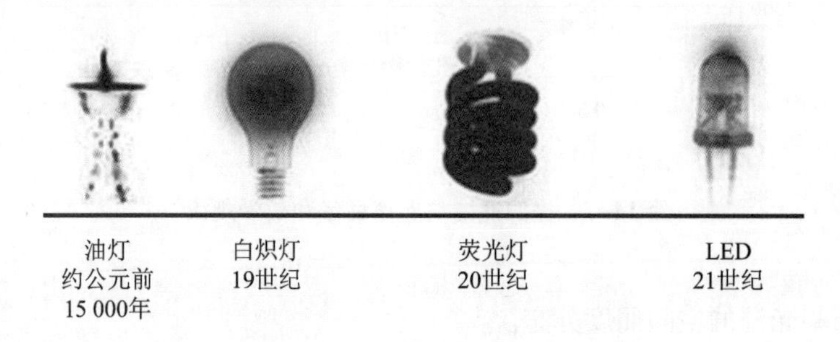

图14-9 人类照明光源的进步

人类大约有1/4的电能被用作照明,和荧光灯、白炽灯相比,LED灯更亮,也更节能环保。LED灯的普及可以为人类节约大量的能量。LED灯的寿命可以长达10万个小时,相比之下,荧光灯的寿命只有1000个小时,白炽灯的寿命也只有1万个小时。因为LED灯耗能极少,可以直接利用太阳能供电,这也为全世界多达数亿还没有被电网覆盖的人群解决了照明问题。

图14-10 白光LED灯管

蓝光LED发明后,LED用于照明的成果很快普及全世界,无论是桌上的台灯,还是电视、手机的屏幕等,都使用LED,LED已经成为现代人生活的一部分。纵观诺贝尔物理学奖的相关奖项,我们看到,物理学的研究不仅可以带我们探索宇宙最深处的奥秘,也可以改变每一个人的日常生活。

小贴士:我国淘汰白炽灯路线图

我国在2011年发布:我国逐步淘汰白炽灯路线图(如图14-11)。

第一阶段:2011年11月1日至2012年9月30日为过渡期,有关进口商、销售商应当按照本公告要求,做好淘汰前准备工作。

第二阶段：2012 年 10 月 1 日起，禁止进口和销售 100 瓦及以上普通照明白炽灯。

第三阶段：2014 年 10 月 1 日起，禁止进口和销售 60 瓦及以上普通照明白炽灯。

第四阶段：2015 年 10 月 1 日至 2016 年 9 月 30 日为中期评估期，对前期政策进行评估，调整后续政策。

第五阶段：2016 年 10 月 1 日起，禁止进口和销售 15 瓦及以上普通照明白炽灯，或视中期评估结果进行调整。

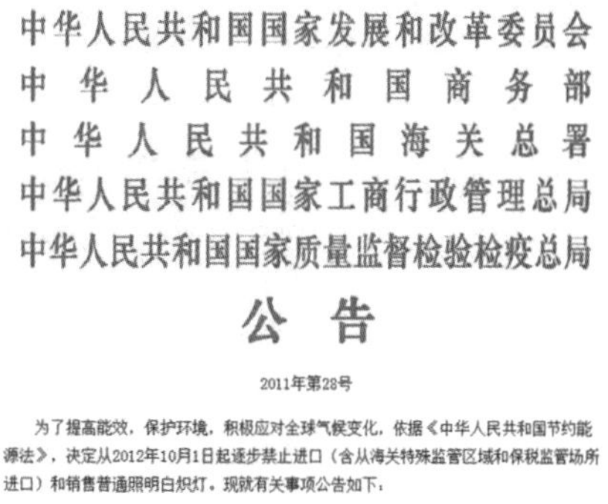

中华人民共和国国家发展和改革委员会
中华人民共和国商务部
中华人民共和国海关总署
中华人民共和国国家工商行政管理总局
中华人民共和国国家质量监督检验检疫总局

公　告

2011年第28号

为了提高能效，保护环境，积极应对全球气候变化，依据《中华人民共和国节约能源法》，决定从2012年10月1日起逐步禁止进口（含从海关特殊监管区域和保税监管场所进口）和销售普通照明白炽灯。现就有关事项公告如下：

图 14-11　国家公告

第二节　改变人类生活的各种“光”

光就是人眼能够感知到的电磁辐射，其波长范围大约在 380 nm 至 760 nm。由于人眼视网膜接收到的辐射功率以及观测者的视觉灵敏度存在一定的个体差异，因此可见光的光谱范围没有非常精确的界限。通常以为光是电磁辐射的一种形式，是一种肉眼可以看见（接收）、其亮度和颜色能够被人眼所感知到的电磁波。可见光仅仅是电磁辐射中的一小部分。因此，不可见的电磁波也可以说是一种“光”。

一、“激光”刻录世界的记忆

大数据时代，海量信息，信息传输的数字光纤通信技术主要是用激光做载体，此外，激光也应用到生活和工业的许多方面，从早期 CD 唱机，到 DVD 视盘、光盘刻录，都用到了激光技术。科学家还发明了蓝色激光，因为相比之下这种激光的波长更短，因此可以存储更多的信息。在同样的面积上，蓝色激光存储器可以存储数倍于红外存储器的信息，这使人们可以用其来制造播放图像更为清晰的蓝光 DVD（图14-13）。

图 14-12　激光 DVD

图 14-13　蓝光 DVD

1964 年诺贝尔物理学奖授予美国科学家汤斯和苏联科学家巴索夫与普罗霍罗夫

(图 14-14),以表彰他们从事量子电子学方面的基础工作,这些工作导致了基于微波激射器和激光原理制成的振荡器和放大器的发明。

图 14-14　汤斯、普罗霍罗夫、巴索夫

激光器的发明是 20 世纪科学技术有划时代意义的一项成就。激光的原理是辐射光的原子或分子通过构造强化受激辐射机制而产生强光的一种光放大原理。激光原理早在 1916 年已被著名的美国物理学家爱因斯坦发现。光是从组成物质的原子中发射出来的,原子获得能量后处于不稳定状态(也就是激发状态),它会以光子的形式把能量发射出去。而激光,就是被引诱(激发)出来的光子队列,这种光子队列中的光子们,光学特性一样,步调极其一致,威力很大,以至于人们过去常把激光称为“死光”。激光因为具有方向性好、亮度高、单色性好等特点而得到广泛应用。从 20 世纪 60 年代开始,激光理论、激光器件、激光应用各方面的研究广泛开展,各种激光器如雨后春笋般涌现。几十年来,激光科学硕果累累,已成为影响人类社会文明的又一重要因素。

小贴士:“激光之父”汤斯

汤斯 1915 年出生于美国。1951 年,汤斯基于爱因斯坦的理论,开展有关激光的研究工作。1953 年,在哥伦比亚大学制成了第一台微波量子放大器,获得了高度相干的微波束。1954 年,汤斯与研究人员成功研制出第一台微波激射放大器,即是激光的前身。1958 年,汤斯研究小组发现了一种神奇的现象,当他们将氖光灯泡所发射的光照在一种稀土晶体上时,晶体的分子会发出鲜艳的、始终会聚在一起的强光。根据这一现象,他们提出了“激光原理”,即物质在受到与其分子固有振荡频率相同的能量激发时,都会产生这种不发散的强光——激光。他们为此发表了重要论文,是公认的激光发明者。

在激光研究方面的成就使汤斯与另外两位前苏联科学家于 1964 年共同获得诺贝尔物理学奖。

激光是 20 世纪以来,继原子能、计算机、半导体之后,人类的又一重大发明,被称为“最快的刀”、“最准的尺”、“最亮的光”。图 14-15 为固体激光器。激光应用范围很广，如激光打印（图 14-16）、激光焊接、激光切割、光纤通信、激光测距、激光雷达、激光武器、激光唱片、激光矫视、激光美容、激光装饰（图 14-17）等。

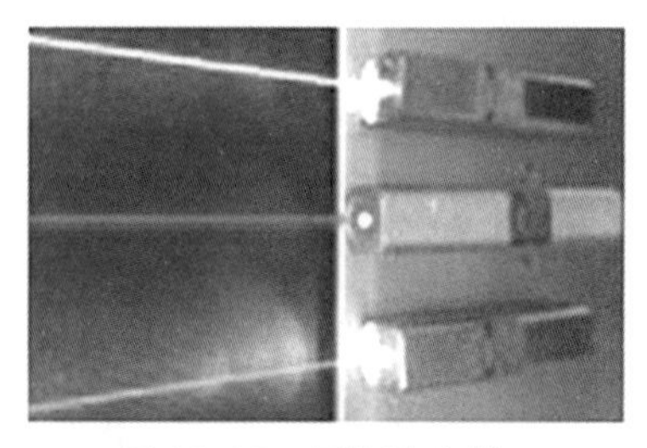

图 14-15 固体激光器

二、获首届诺贝尔物理学奖的 X 光

1901 年，首届诺贝尔物理学奖授予德国物理学家伦琴（图 14-18），以表彰他在 1895 年发现了 X 射线。

图 14-16 激光打印机

图 14-17 城市上空的激光

1895 年，物理学已经有了相当的发展，它的几个主要部门如牛顿力学、热力学和分子运动论、电磁学和光学，都已经建立了完整的理论，在应用上也取得了巨大成果。这时物理学家们普遍认为，物理学已经发展到顶点了，以后的任务无非是在细节上作些补充和修正而已。

图 14-18 伦琴

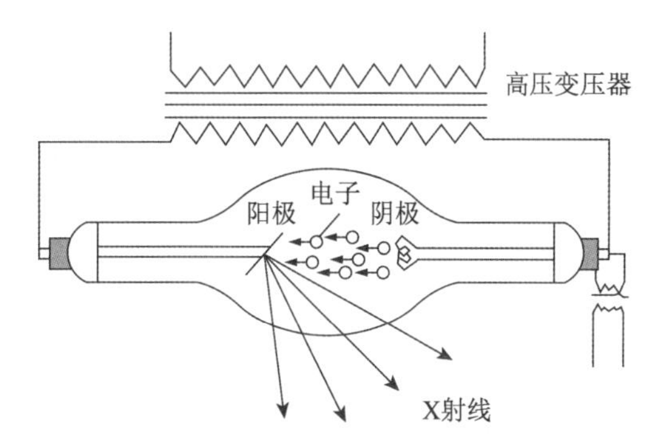

图 14-19 阴极射线实验

正是由于 X 射线的发现，唤醒了沉睡的物理学界。它像一声惊雷，引发了一系列重大发现，把人们的注意力引向更深入、更广阔的天地，从而揭开了现代物理学革命的序幕。

1845 年 3 月 27 日，伦琴生于普鲁士莱茵河流域的伦内普。1894 年，伦琴当上维尔茨堡大学校长，在研究阴极射线过程中发现了 X 射线。

1895 年 11 月 8 日,伦琴在实验室里从事阴极射线的实验工作,一个偶然事件引起了他的注意。当时,房间一片漆黑,放电管用黑纸包严,突然他看到一米远的小桌上有一块亚铂氰化钡做成的荧光屏发出光亮。他很奇怪,就移远荧光屏,可是荧光屏仍随放电过程的节拍断续出现闪光,他很好奇,就取来各种不同的物品,包括书本、木板、铝片等,放在放电管和荧光屏之间,发现不同的物品效果很不一样。有的挡不住;有的起到一定的阻挡作用。伦琴意识到这可能是某种特殊的从来没有观察到过的射线,它具有特别强的穿透力。于是立刻集中全部精力进行彻底的研究。他一连许多天把自己关在实验室里,用密封在木盒中的砝码放在这一射线的照射下拍照,得到了模糊的砝码照片,把指南针拿来拍照,得到金属边框的痕迹,把金属片拿来拍照,拍出了金属片内部不均匀的情况。他深深地沉浸在这一新奇现象的发现中。六个星期过去后,伦琴已经确认这是一种新的射线。1895 年 12 月 22 日,他邀请夫人来到实验室,用他夫人的手拍下了第一张人类 X 射线照片(图 14-20)。

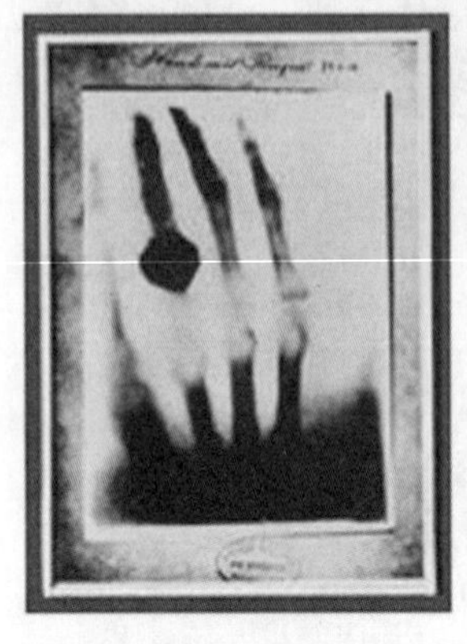

图 14-20　X 射线片

诺贝尔物理学奖,是 1900 年 6 月根据诺贝尔的遗嘱而设立的,是诺贝尔奖之一。1901 年 12 月 10 日,伦琴在瑞典的斯德哥尔摩第一个领取了首届诺贝尔物理学奖。

伦琴射线,又称“X 射线”。它是一种波长很短的电磁辐射,其波长约为$(20\sim0.06)\times10^{-8}$厘米。伦琴射线具有很强的穿透能力,能透过许多对可见光不透明的物质,如墨纸、木料等。这种肉眼看不见的射线可以使很多固体材料发出可见的荧光,如使照相底片感光以及空气电离等效应。

如何产生 X 射线? 当在真空中,高速运动的电子轰击金属靶时,金属靶就放出 X 射线,这就是 X 射线管的结构原理(图 14-21)。X 射线在电场磁场中不偏转。这说明 X 射线是不带电的粒子流。1906 年,实验证明 X 射线是波长很短的一种电磁波,因此能产生干涉、衍射等现象。

X 射线在基础科学和应用科学领域内,被广泛用于晶体结构分析,及通过 X 射线光谱和 X 射线吸收进行化学分析和原子结构的研究。工业上用于非破坏性材料的检查,医学方面用来帮助人们进行诊断和治疗。

诺贝尔物理学奖所涉及的发现与发明和不断发展的科学与技术,对今天人类生活的改变与影响日益深远,很多被认为“不可能”的事,随着科学的发展,今天都变成了现实。如今人们的交流变得更直接,网络已经成为人们生活不可分离的一部分;科技使交通变得更加便捷,科技使医疗变得更加先进,科技使人们更加健康长寿。

通过这一讲的学习和了解,使我们体会到了科学发现的乐趣,感受到了科学发现及科学之美。科学发现使我们更加了解我们的世界,并用其来改变人们的生活。

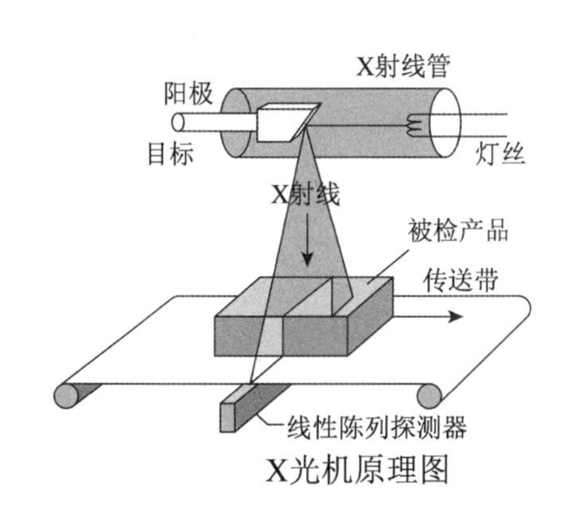

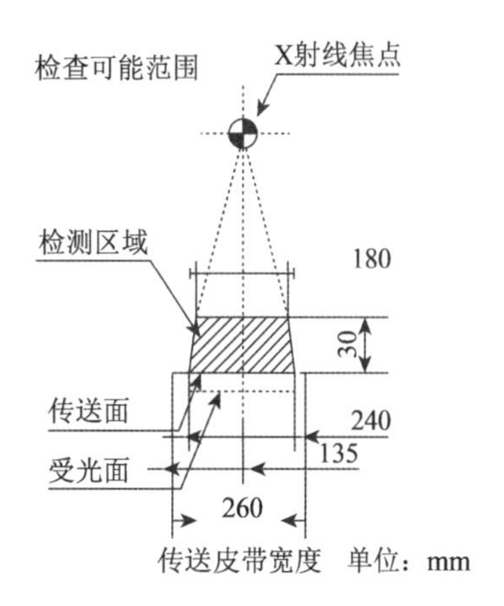

图 14-21　X 光机原理图

小贴士:诺贝尔和诺贝尔奖

阿尔弗雷德·伯纳德·诺贝尔(1833—1896),是瑞典化学家、工程师、发明家、军工装备制造商和炸药的发明者。

诺贝尔生前拥有卜福斯公司。此公司已有 350 年的历史,此前主要生产钢铁,后来诺贝尔把公司主要产品方向改为生产军工产品。在第二次世界大战中该公司多项产品曾授权多国生产,并受军队广泛好评。诺贝尔一生拥有 355 项专利发明,并在欧美等五大洲 20 个国家开设了约 100 家公司和工厂,积累了巨额财富。在他逝世的前一年,立遗嘱将其遗产的大部分(约 920 万美元)作为基金,将每年所得利息分为 5 份,设立物理、化学、生理或医学、文学及和平 5 种奖金(即诺贝尔奖),授予世界各国在这些领域对人类做出重大贡献的人。在诺贝尔的众多发明中,炸药是最为出名的一项。人造元素锘(Nobelium)就是以诺贝尔的名字命名的。

图 14-22　诺贝尔

【本章小结】

本章从人类照明用的“光”历史发展说起,观察并讨论了获得诺贝尔物理奖的 LED 新光源,并利用手机的功能,研究一种光源的光传播规律,通过设计实验,动手取得数据,运用数学相关软件,发现并得到光的传播规律。学生从中可体验物理学对客观规律认识的发展过程,学会认识与发现客观规律的方法,体会物理学的发现之美。

【大事年纪】

1907 年　发现某些材料通电会发光现象。

1936 年　电致发光现象。

1962 年　第一个红色 LED 诞生。

1972 年　绿光与黄光 LED 研制出来。

1993 年　蓝光 LED 发明研制成功。

1999 年　功率达 1W 的 LED 商品化,标志 LED 照明时代的到来。

【拓展阅读】

医用影像诊断设备

自从 X 射线发现后,医学上就开始用它来探测人体疾病。但是,由于人体内有些器官对 X 射线的吸收差别极小,因此 X 射线对那些前后重叠的组织的病变就难以发现。于是,美国与英国的科学家开始了寻找一种新的技术来弥补用 X 射线技术检查人体病变的不足。

1963 年,美国物理学家科马克发现人体不同的组织对 X 线的透过率有所不同,他在研究中得出了一些与之相关的计算公式,这些公式为后来 CT(电子计算机断层扫描成像)的应用奠定了理论基础。1967 年,英国电子工程师亨斯菲尔德首先研究了影像模式的识别,然后制作了一台用 X 射线做放射源的简单的扫描装置,并将其用于对人的头部等进行扫描测量,后来,他又用这种装置去测量人的全身,并取得了同样的效果。1971 年 9 月,亨斯菲尔德与一位神经放射学家合作,在伦敦郊外一家医院安装了他设计制造的这种装置,开始对病人进行头部检查。10 月 4 日,医院第一次用它为一个病人进行检查。患者在完全清醒的情况下朝天仰卧,X 线管装在患者的上方,绕检查部位转动,同时在患者下方装一个计数器,人体各部位对 X 线吸收的多少都能反映在计数器上,再经过电子计算机的处理,使人体各部位的图像从荧光屏中显示出来。这次试验非常成功。

1972 年第一台 CT 机诞生,仅用于颅脑检查,4 月,亨斯菲尔德在英国放射学年会上首次公布了这一成果,正式宣布了 CT 机的诞生,该项发明获 1979 年度诺贝尔医学和生理学奖。1974 年人们制成全身 CT 机,检查范围扩大到胸、腹、脊柱及四肢。目前,第五代 CT 机将扫描时间缩短到 50 ms,仅用 0.33 s 即可获得病人的身体的 64 层图像,空间分辨率小于 0.4 mm,提高了图像质量,尤其是对搏动的心脏进行的成像。

CT 即电子计算机断层扫描,它是利用精确准直的 X 线束、γ 射线、超声波等,与灵敏度极高的探测器一同围绕人体的某一部位做一个接一个的断面扫描,具有扫描时间短、图像清晰等优点,适用于多种疾病的检查。根据所采用的射线源不同可分为:X 射线 CT(X-CT)、超声 CT(UCT)以及 γ 射线 CT(γ-CT)等。

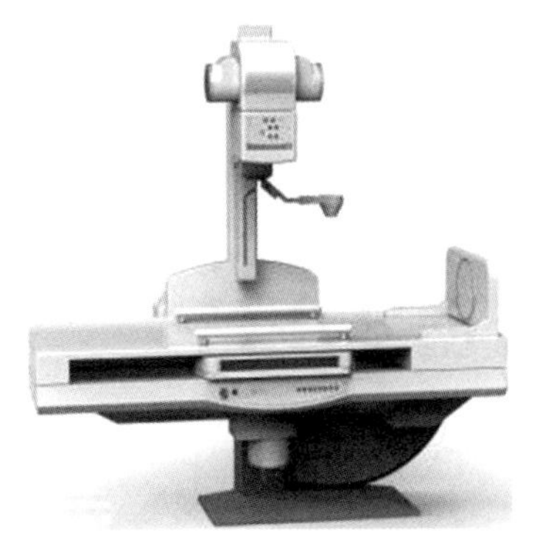

图 14-23 医用 X 光机

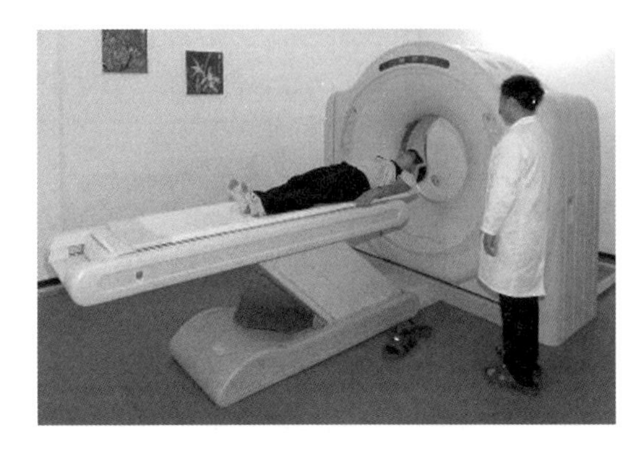

图 14-24 医用 CT 机

【思考与讨论题】

14-1 人类历史上照明使用的光源有哪几种？

14-2 说一说 LED 除用做照明，还用于哪些场合？

14-3 由本讲所述光源照度与距离规律的实验谈一下科学发现的方法有哪些？

14-4 通常认为标志 LED 照明时代到来的是________年？

A.1989 B.1999 C.2009 D.2000

14-5 LED 的全称是________。

A.白炽灯 B.日光灯 C.发光二极管 D.灯泡

【分析题】

14-6 分析作为照明用的白炽灯、荧光灯和 LED 灯的优缺点。

14-7 为什么说 LED 是新世纪照明光源？

14-8 比较并说明几种目前医用影像技术。

【开放题】

分组讨论，并试做下面 5 个开放题目。

14-9 用本讲所叙述的方法，得出你所用的照明光源的照度与距离的关系式。

14-10 查资料比较常用照明光源的光谱并简要分析。

14-11 如何用最小的成本，最少的改动，实现传统电感镇流器日光灯和电子镇流器日光灯改用 LED 灯管，画出改装图并实践。

14-12 简述什么是医学用计算机断层扫描？

14-13 试试如何用手机测量空间长度。

第15章 物理发现与创新生活
——微电信息时代

科学需要幻想，发明贵在创新。

——爱迪生

【学习目标】

1. 了解半导体材料构成PN结的电特性，实验并观测PN结电子器件的单向导电特性。

2. 深化了解电的常识，认识电学常见的器件和仪器仪表并了解使用方法。

3. 学习手机电路仿真软件，会设计简单电路，了解晶体管在电路中的作用。

4. 了解微电子时代对我们生活的重要影响。体会科学发现提升了人们的生活质量和给人们生活带来的方便，欣赏物理发现之美。

5. 了解几项诺贝尔物理学奖的成就，学习科学家集体攻关团结合作的精神。

【教学提示】

1. 用简单的电池和LED做单向导电实验，讨论和分析PN结的电特性，培养利用简单器材的实验动手能力。

2. 介绍手机电路仿真软件(如手机iCircuit)的使用，会做简单实验电路。体会科学发现与发明带来的便利。

3. 介绍几位相关诺贝尔物理学奖获得者的贡献和成就。

4. 精选并充分利用针对性很强的高质量相关视频，帮助学习和理解。

5. 课后习题，可分小组进行，以团队形式讨论完成。

人类一诞生在这个世界上，就一直在努力完善自我，协调人与自然的关系，创造美好生活的同时也在改造着自然。作为基础科学的物理学，在不断的发现与发明过程中，引领和带动着与人类生活息息相关的科学与技术，技术随着基础科学的发展而提高，它们之间互相促进,互相补充。我们应迅速地把科学发现转变为技术,让科技为人类服务。我们的社会经过科学技术的改造,机械化、自动化程度普遍地提高。科学技术极大地提升了工作效率,促进了经济的发展。每一项发明与发现,每一种技术的突破,最终都将转化为现实的生产力,形成了我们今天多姿多彩的物质世界。人类正在利用科学发现、发明和科学技术的进步,追求与创造更美好的社会与生活。

前面一讲,我们已经对新一代照明光源有了许多了解。LED 光源主要由半导体芯片、电极和光学系统组成,其中发光的核心是 PN 结半导体芯片,正是半导体 PN 结的发现及对其电特性的研究,导致我们社会从电子管的应用时代迈入了微电子技术时代。

第一节　开启大规模微电子时代的晶体管技术

一、晶体管技术的核心——半导体 PN 结电特性

具有良好导电性的物体为导体,否则为绝缘体,介于导体与绝缘体之间的为半导体。那么,能够人为改变或控制半导体的导电能力吗?半导体的掺杂特性就是我们用来控制半导体材料导电性能的方法和手段之一。通过在纯净半导体材料中掺杂其他物质,可以得到具有多电子的 N 型半导体材料(N 区)和多空穴的 P 型半导体材料(P 区)。这两种半导体材料接触在一起,就叫作 PN 结。将这种 PN 结放入电路中,会有什么现象呢?

LED 发光二极管就是一种固态的内部有一个 PN 结的半导体器件。通电后直接把电能转化为光能的核心部件也就是这个 PN 结。LED 的 PN 结是一个半导体的晶片,如图 15-1,当电流通过导线作用于这个晶片,电子就会被推向 P 区,在 P 区里电子跟空穴复合,然后就会以光子的形式发出能量,这就是 LED 发光的原理。而光的颜色取决于光的波长,是由形成 PN 结的材料决定的。

LED 的发明是基于半导体技术的不断发展与应用。下面看看这类含有 PN 结的半导体器件的电特性。

1. 用纽扣电池测量 LED 电特性

拿一个红色 LED 发光二极管,取一个纽扣电池,用 LED 发光二极管两个引脚夹住电池,如图 15-2,若 LED 发光,则调换两个引脚夹住电池时的方向,会发现此时 LED 不发光。作为对比,用一个白炽灯小电珠,接在一个电池上,当对调电池两极时,电珠仍可正常发光,说明白炽灯电珠接入电路时没有方向性,而这种 LED 器件是有方向性的,原因是 LED 内部的芯片本质上是一个半导体材料构成的 PN 结,PN 结重要的电特性之一,就是单向导电性。把这种结构的 PN 结,每边连接一个导线并做一个封装,所形成的器件叫作晶体二极管,简称二极管,如图 15-3。

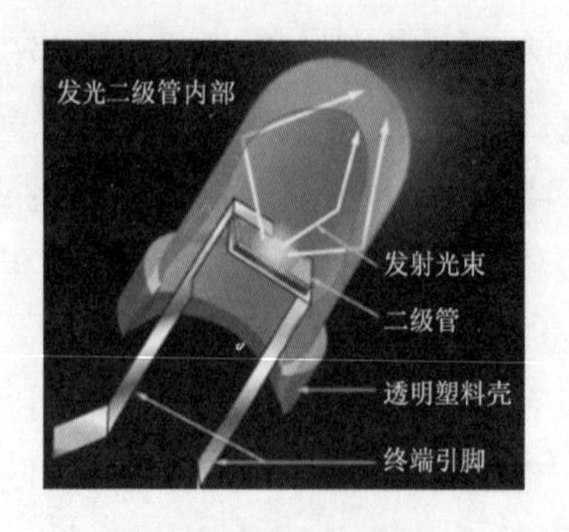

图 15-1　LED 结构

图 15-2　用纽扣电池测量 LED 的电特性

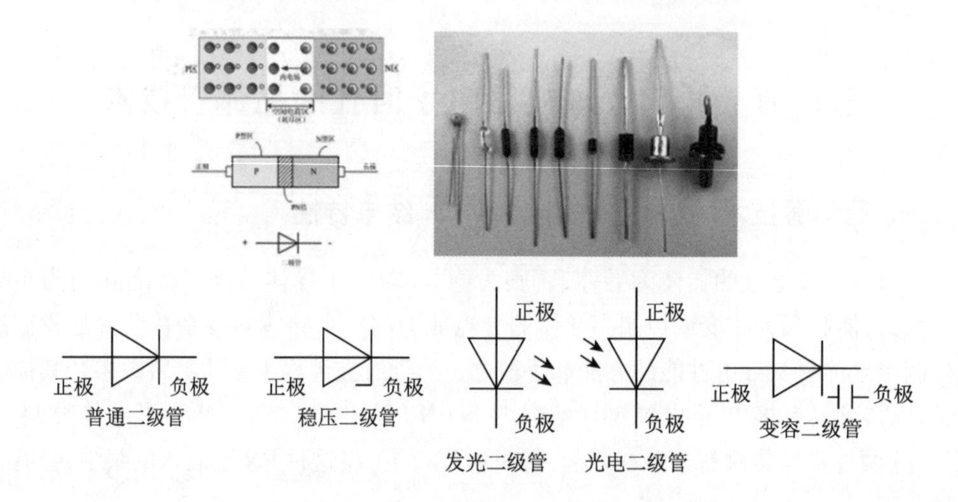

图 15-3　PN 结、二极管实物和几种二极管符号

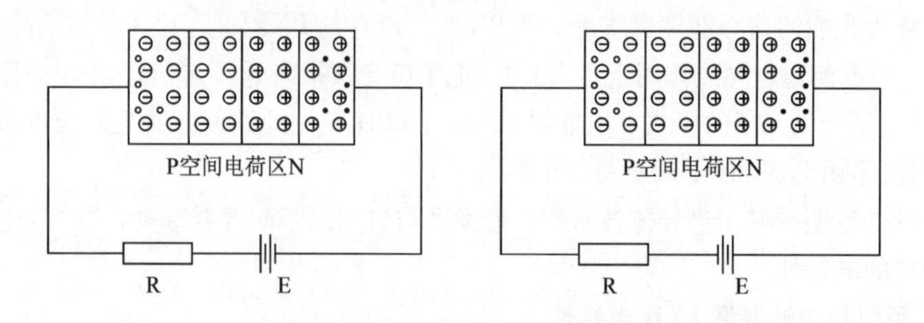

图 15-4　在电路中的 PN 结单向导电

图 15-4 反映了 PN 结在电路中的特性，电源的方向如左图，电路中有电流，二极管导通，电源方向若对调，电路中没有电流，二极管不导通，叫作截止。也就是电流只可以从二极管的一个方向流过。

2. 交流电路中的 PN 结

前面用的电源是直流电源，如果把 LED 接入交流电路中会发生什么现象？找一个交流信号发生器,用导线将其与 LED 两端连接,如图 15-5,调整信号发生器使其输出合适的电压,再调整信号发生器,使其输出频率为 1 Hz,此时将看到发光二极管一亮一暗,说明 LED 一个半周亮,另一个半周不亮,若是调换一下,情况会怎样?

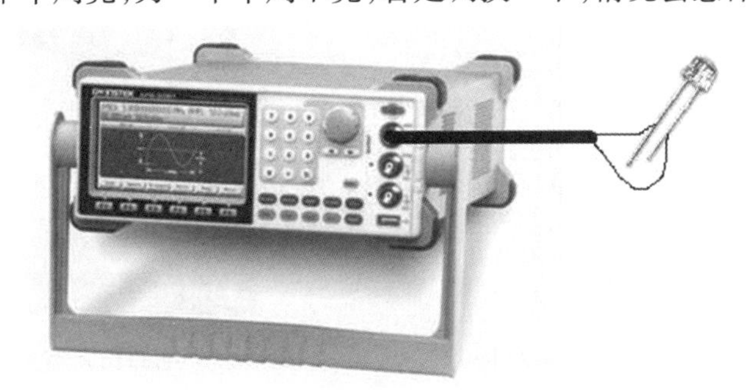

图 15-5 信号发生器与发光二极管

再取一红一绿两个发光二极管,正反向并联在一起,然后,再将并联 LED 的两端接在信号发生器上,此时看到红与绿的两个 LED 灯,会交替接续亮和暗。

使一红一绿两个 LED 同向串联和正反向串联,再接入交流信号源电路中,会有怎样的现象?

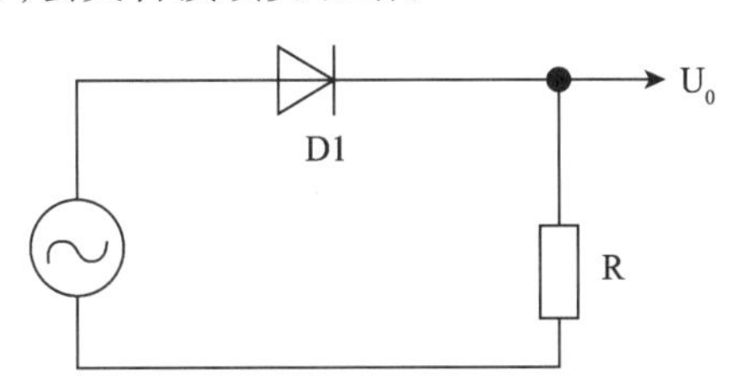

图 15-6 二极管整流电路

经过上面设计的几种情况的分析与讨论,可知,若电源是交流源,交流电经过二极管后,电路中的电流就只有一个方向,成为直流电。二极管在电路中的这种作用称为“整流”,如图 15-6。LED 是这类具有单向导电特性二极管的一种。

利用二极管在电路中的这种特性,可以在电路中设计多种特殊的功能电路,如整流电路、检波电路、钳位电路等等。正是人们对材料的 PN 结构电特性的研究和二极管等元件的发明,创造出众多的功能器件,设计出各种功能电路,根据人们的设想,制造各式各样的电子产品,迎来了丰富多彩的微电子时代。

3. 手机的电路仿真软件

先用手机下载手机电路仿真软件,如 iCircuit。

图 15-7 iCircuit 图标

iCircuit 是可以在手机上使用的电子电路仿真和设计软件,用于电路设计和电路和仿真试验,功能非常强大,是电子爱好者的完善伴侣。在这个软件中,有几十种常用电子器件,从简单的电阻、电容、电感、电源,开关到各种晶体管,数字门等等,可以把它们连接在一起构建功能电路,可更改其属性,能即时读取电压和电流等,可像实际电路一样的工作和完成测量。图 15-7 为软件的图标,图 15-8 为软件的可添加的元器件图,图 15-9 为软件的一个示例。

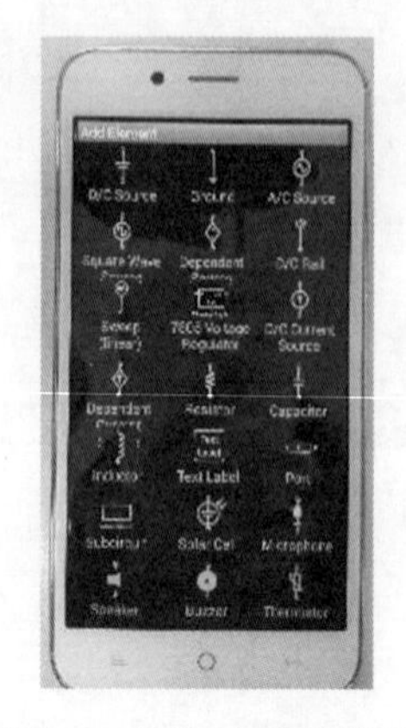

图 15-8　手机电路仿真器件

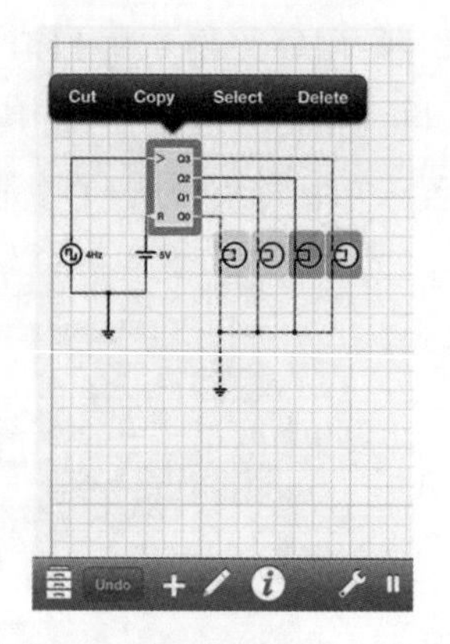

图 15-9　电路仿真软件工作区

(1)我们先完成一个简单的电路,在手机中用这个软件完成模拟仿真。先选取电路所需要的电子元件,用导线完成连接,双击开关 S,可看到电路已经在运行,如图 15-10。

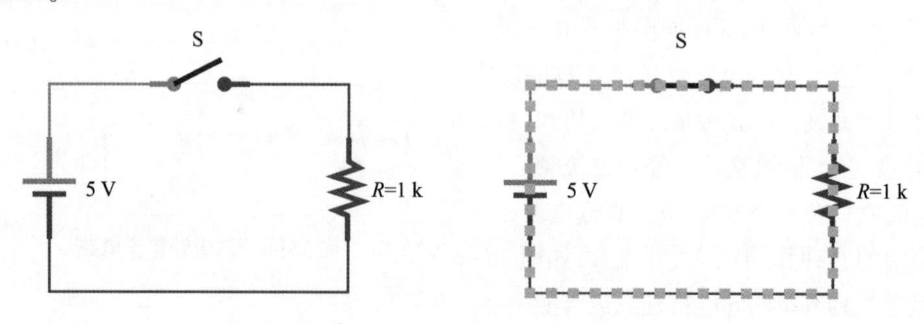

图 15-10　一个简单电路(S 打开和闭合)

(2)加一个 LED 灯,讨论 LED 构成的单向通电电路,可改变电源的方向。仿真情况如图 15-11。

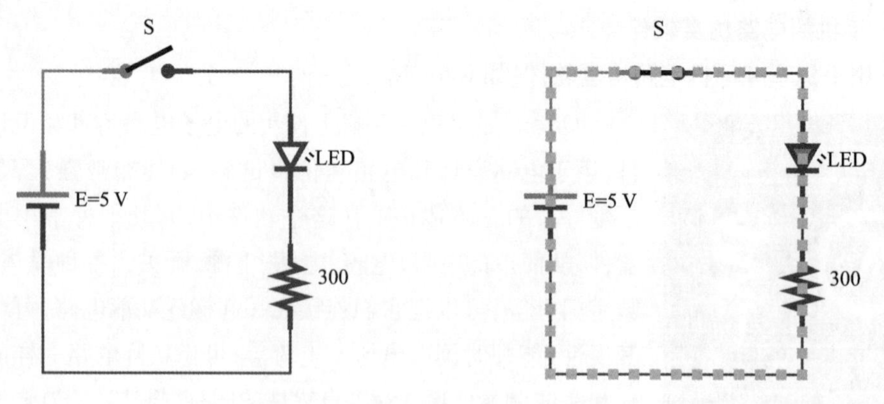

图 15-11　含 LED 电路(S 打开与闭合)

(3)将电源换成交流源,讨论 LED 发光二极管单向导电性。仿真情况如图 15-12。

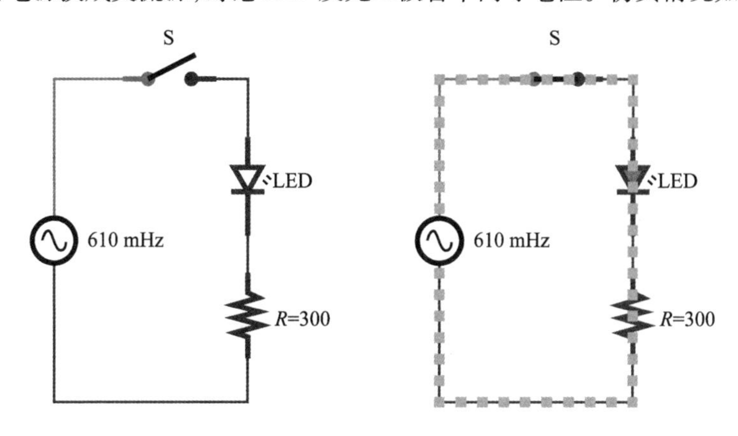

图 15-12　交流源电路(S 打开与闭合)

(4)将 LED 换成普通二极管,则是利用二极管单向导电性构成常见的二极管整流电路,完成由交流电变成为直流电的转换,电路仿真运行如图 15-13,同时也能看到整流电路波形图。

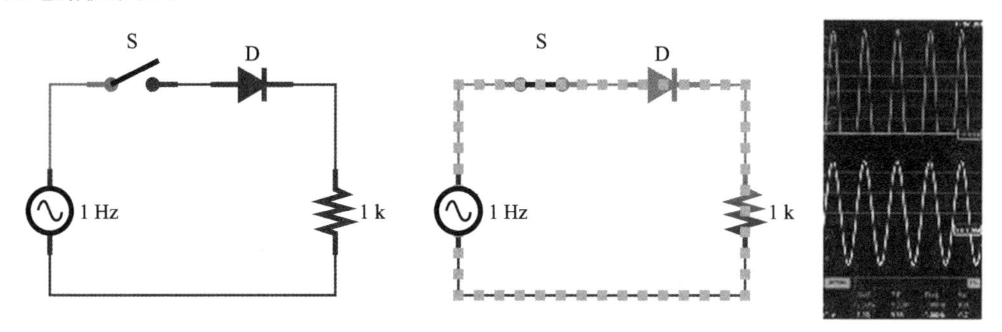

图 15-13　二极管整流电路(S 打开与闭合波形图)

还可以仿真两个 LED 并联、串联接入电路中的情况,对比分析并讨论。

二、晶体三极管

1940 年,贝尔实验室的罗素发现了电路中两种不同材料因接触而产生 PN 结整流效应的时候,他的同事,实验物理学家布拉顿已经在尝试给这种现象以正确的物理解释。贝尔实验室对 PN 结电特性的发现,引起管理阶层对半导体研究的重视,于是贝尔实验室四处挖掘这方面的人才,后来人称“硅谷之父”的肖克利还在大学作博士后时,被贝尔实验室“挖”去工作。肖克利以其非凡眼光和远见卓识,认识到半导体材料的光辉未来。1939 年他认识到利用半导体而不用真空管做放大器大有前景,便开始积极地筹备这方面的研究。肖克利构思出一种新型晶体管,其结构像“三明治”夹心面包那样,把N型半导体夹在两层P型半导体之间。由于当时技术条件的限制,研究和实验都十分困难。1948年6月30日,贝尔实验室首次在纽约向公众展示了晶体管,如图15-14。直到1950年,人们才成功地制造出第一个PN结型晶体管。

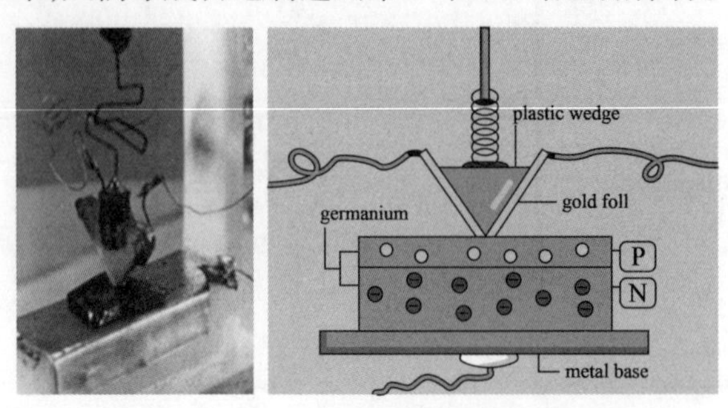

图15-14　第一个晶体管和晶体管示意图

晶体管是由两个PN结组成的,这两个PN结可以构成NPN型晶体管或是PNP型晶体管。晶体管在电路中有两个主要功能,一个是电流放大作用。一个是开关作用,开关作用的实质,就是利用了一个PN结的单向导电性。如图15-14。

双极型晶体管做开关电路的实质就是利用了晶体管内其中一个PN结的单向导电性来控制电路。如图15-15,晶体三极管做开关电路,实现控制灯泡开关及开关时间的功能。仿真电路如图15-16。

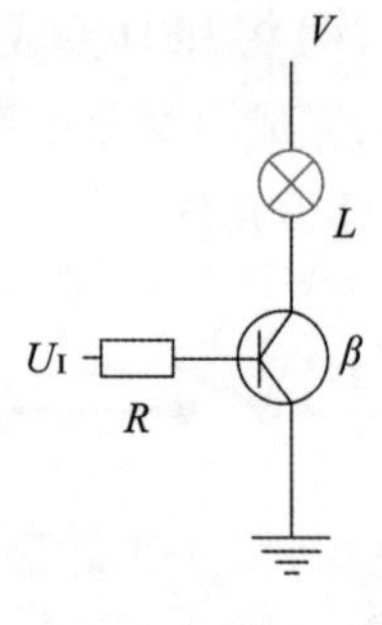

图15-15 三极管开关电路

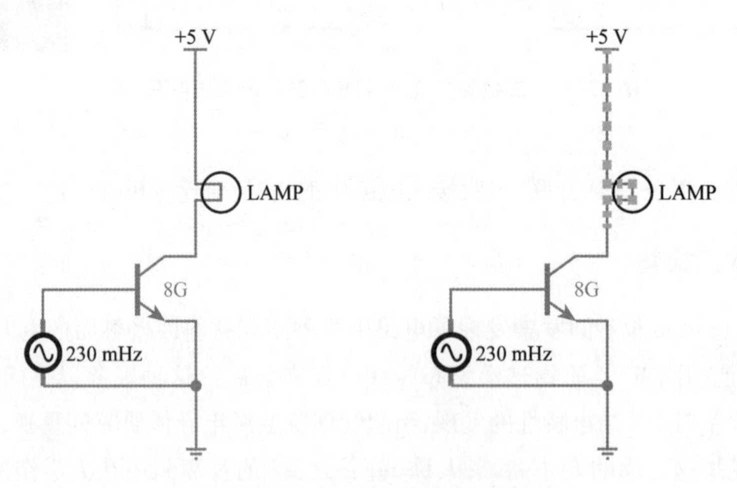

图15-16　三极管开关电路仿真

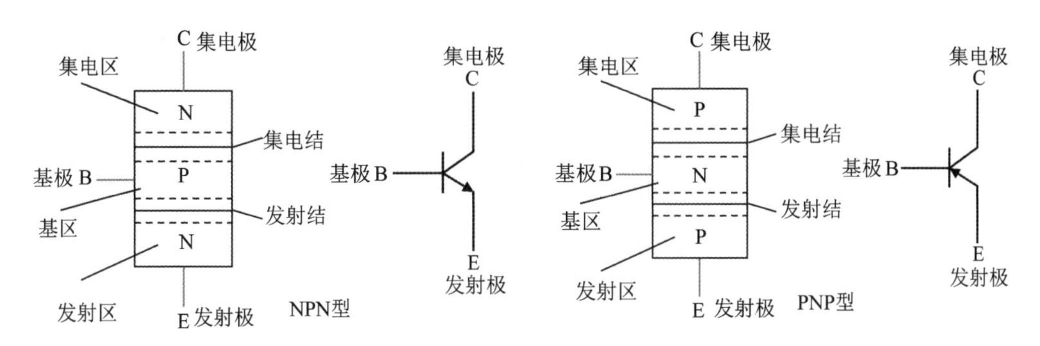

图 15-17　晶体管与符号

晶体管被认为是现代历史上最伟大的发明之一。晶体管技术的大规模应用使得人类社会开始进入微电子时代。1956 年诺贝尔物理学奖授予美国肖克利、巴丁和布拉顿,以表彰他们对半导体的研究和晶体管效应的发现(图 15-18)。

图 15-18　巴丁、肖克利、布拉顿

晶体管的发明是 20 世纪中叶科学技术领域划时代的一件大事。相比电子管来说,晶体管具有体积小、耗电省、寿命长、易固化等优点,它的诞生使电子学发生了极大的变革,加快了自动化和信息化的步伐,从而对经济和社会产生了不可估量的影响。

晶体管效应的发现是科学家长期探索的结果,更是基础研究到应用开发的必然结果。半导体的研究可以追溯到 19 世纪,例如,1833 年法拉第曾经观察到某些化合物(例如硫化银)电阻具有负温度系数,这是半导体效应的先声。随着半导体各种性质的实验研究得到加强,区域熔炼、掺杂控制等工艺的出现使得半导体器件的制作成为可能。然而,如果没有贝尔实验室有远见的集体攻关,晶体管发明的历史也许会是另一个样子,电子技术和信息时代的到来也许要推迟若干年。

小贴士:贝尔实验室

创建于 1925 年的贝尔实验室,隶属于美国电话电报公司及其子公司西方电器公司,后来几经并转,发展成为“全美最大的制造发明工厂”,是世界最大的由企业经办的科学实验室之一,曾发明了有声电影(1926 年)、电动计算机(1937 年)、晶体管(1947 年)、激光器(1960 年),发现电子衍射(1927 年)和宇宙微波背景辐射(1965 年)等,先后有多位科学家获诺贝尔物理学奖。自 1925 年创建以来,贝尔实验室共获得 25 000 多项专利,现在,平均每个工作日获得三项专利。贝尔实验室的使命是为客户创造、生产和提供富有创新性的技术。历史上共获得 8 项诺贝尔奖(其中 7 项物理学奖,1 项化学奖)。

20 世纪 30 年代后期,奥尔在研究半导体材料时,把掺五价元素杂质的硅叫 n 型硅(因电子过剩,载流子呈负性),掺三价元素杂质的硅叫 p 型硅(因电子欠缺,载流子呈正性)。1945 年秋天,贝尔实验室成立了以肖克利为首的半导体研究小组,成员有布拉顿、巴丁等人。布拉顿早从 1929 年开始在这个实验室工作,长期从事半导体的研究,积累了丰富的经验。经过研究,他们逐步认识到半导体中电流放大效应产生的原因。布拉顿发现,在锗片的底面接上电极,在另一面插上细针通上电流,然后让另一根细针尽量靠近它,并通上微弱的电流,这样就会使原来的电流发生很大的变化。微弱电流少量的变化,会对另外的电流产生影响,这就是“放大”作用。在这种半导体材料和点接触型晶体管不断的研究中,第一只“PN 结型晶体管”问世了,它的性能与肖克利原来设想的完全一致,而在此之前要实现电流放大功能只能依靠体积大、耗电量大、结构脆弱的电子管。晶体管具有电子管的主要功能,并且克服了电子管的上述缺点,因此在晶体管发明后,很快就出现了基于半导体的集成电路的构想,也就很快发明出了集成电路。以肖克利、巴丁、布拉顿为代表的贝尔实验室固体小组为人类社会做出了不朽的贡献!

晶体管的发明是集体研究与个人成就结合的一个光辉典范,这是物理学发展中日益明显的一个特点。

晶体管的发明,因为可以代替真空管放大电子信号,是电子技术的一次重大革新,使电子设备向轻便化、高效化发展。肖克利因此被誉为“晶体管之父”。巴丁还是历史上第一个在同一领域内两次获得诺贝尔奖的人。在接受第一次诺贝尔奖之后仅数月,巴丁就产生了另一个想法,它解开了五十年来“超导电性”这个谜,并导致了巴丁在 1972 年再次获奖。

集成电路是 20 世纪 50 年代后期到 60 年代发展起来的一种新型半导体器件,它是经过氧化、光刻、扩散、外延、蒸铝等半导体制造工艺,把构成具有一定功能的电路所需的半导体、电阻、电容等元件及它们之间的连接导线全部集成在一小块硅片上,然后焊接封装在一个管壳内的电子器件。其封装外壳有圆壳式、扁平式或双列直插式等多种形式。集成电路技术包括芯片制造技术与设计技术。集成电路发明者为基尔比[基于锗(Ge)的集成电路]和诺伊思[基于硅(Si)的集成电路]。1958 年 9 月 12 日,美国得州仪器公司的实验室里,工程师基尔比成功地实现了把电子器件集成在一块半导体材

图 15-19 阿尔费罗夫(苏)、科勒默和基尔比(美)

料上的构想。这一天,被视为集成电路的诞生日,而这枚小小的芯片,开创了电子技术历史的新纪元。2000 年诺贝尔物理学奖授予三位科学家,表彰他们在移动电话及半导体研究中获得突破性进展。他们分别是俄罗斯阿尔费罗夫、美国科勒默和基尔比。他们的工作奠定了现代信息技术的基础,特别是他们发明的快速晶体管、激光二极管和集成电路。

图 15-20 集成电路

为什么会产生集成电路?我们知道任何发明创造背后都是有驱动力的,而驱动力往往来源于问题。那么集成电路产生之前的问题是什么呢?1942 年美国诞生了世界上第一台电子计算机,它是一个占地 150 平方米、重达 30 吨的庞然大物,里面的电路使用了 17 468 只电子管、7200 只电阻、10 000 只电容、50 万条线,耗电量 150 千瓦。显然,占用面积大、无法移动是它最直观和突出的问题。如果能把这些电子元件和连线集成在一小块载体上该有多好!晶体管的发明使这种想法成为了可能,但是问题还是没有完全解决,应用晶体管组装的电子设备还是太笨重了。基尔比提出了一个大胆的设想:“可以在一个半导体单片上安置以下电子元器件,电阻、电容、晶体管。”电阻器和电容器可以用与晶体管相同的材料制造。另外,既然所有元器件都可以用同一块材料制造,那么这些部件可以先在同一块材料上就地制造,再相互连接,最终形成完整的电路,于是集成电路诞生了。

集成电路取代了大部分晶体管电路,为开发电子产品的各种功能铺平了道路,第三代电子器件从此登上舞台。它的诞生使微处理器的出现成为可能,也使计算机变成最为普及的日常工具。集成技术的应用,催生出很多方便快捷的电子产品,比如常见的家用或手持电子产品。所以,2000 年,集成电路问世 42 年以后,人们终于了解到基尔比和他发明的价值,授予其诺贝尔物理学奖。诺贝尔奖评审委员会曾经这样评价基尔比:“为现代信息技术奠定了基础”。

图 15-21　微处理器

集成电路已经在各行各业中发挥着重要作用,是现代信息社会的基石。集成电路的含义,已经远远超过了其刚诞生时的定义范围,但其最核心的部分,仍然没有改变,那就是"集成",其所衍生出来的各种学科,大都是围绕着"集成什么"、"如何集成"、"如何处理集成带来的利弊"这三个问题来开展的。

世界集成电路发展历史:1947 年美国贝尔实验室的巴丁、布拉顿、肖克利三人发明了晶体管,这是微电子技术发展中第一个里程碑;1964 年摩尔提出摩尔定律,预测晶体管集成度将会每 18 个月增加 1 倍;1971 年 Intel 推出 1kb 动态随机存储器,标志着大规模集成电路出现;1978 年 64kb 动态随机存储器诞生,不足 0.5 平方厘米的硅片上集成了 14 万个晶体管,标志着超大规模集成电路时代的来临。

第二节　无处不在的全球信息时代

从晶体管发明到现代微电子技术再到正在飞速发展的多媒体技术,形成了对声音、文字、图像、影视等各种形式信息,前所未有的处理信息能力,标志着全球数字化信息时代的到来。人类进行信息交流的历史悠久,远古时期的人们通过简单的语言,壁画等方式交换信息,古代人的烽火狼烟、飞鸽传信、驿马邮递就是信息传递的例子。众所周知,信息的传递是通过无线传输与有线传输到达每一个信息接收终端的。1909 年诺贝尔物理学奖授予意大利物理学家马可尼和德国布劳恩,以承认他们在发展无线电报上所做的贡献。

在 19 世纪上半叶就有许多科学家热衷于与电有关的实验与发明。莫尔斯在 1837 年成功地发明了电码,很快就建立了长距离的通讯网和横跨大西洋的电缆。但是架电线、铺电缆都是很费时的事情,于是无线电报就应运而生了。其实在马可尼和布劳恩之前,已经有多起利用电磁波传递信息的尝试。例如:英国的洛奇、法国的布朗利、新西兰的卢瑟福、美国的特斯拉都对无线电通讯作过一些有益的尝试。俄国的波波夫还公开演示过他的无线电收发报机,但没有得到应有的支持。在那时候,许多物理学家都认为电磁波理论是正确的,但拿不出办法来让它造福于人类。电磁波的发现者赫兹甚至断言,电磁波是不会有实用价值的。就在这种情况下,马可尼下决心要攻克这一难题,马可尼专心致志地研究起无线电波传递信号。他并不满足于读和看,亲自动手实践,他在家里的阁楼上专门开辟出了一个小小的实验室,这间"马可尼实验室"的雏形最后成为了闻名于世的"马可尼公司"。最初,马可尼想的是,要把空气中的某种杂质提取出来,但未能获得成功。继而他又把目标转向了空气本身。他想:空气传播声音可能同水波波动的原理是一样的。为了探索这个问题,他仔细研读了赫兹的电磁波论著,并且专心致志于各种实验之中,虽然屡屡碰壁,但并不灰心,他成天陷入了苦思冥想之中。实验、总结、再实验、再总结……终于有一天,他欣喜若狂地把母亲拉到阁楼上,让她欣赏自己的"伟大"发明——他亲手试制的第一台无线电发报机的雏形。(图 15-22)"这是怎么回事,怎么没有电线竟会听见吱吱的响声!"母亲惊讶地问道,并十分高兴地给了他 1000 美元作为实验经费,鼓励他扩大实验室规模,继续奋斗下去。1897 年 5 月,马可尼第一次实现了远距离的无线电联系。1899 年 3 月 3 日,东谷德文快船被一艘轮船撞破,船上装的无线电发报机发出了求救信号。许多地方同时接到了这个呼救信号,多艘救生船立刻赶到出事地点,落水人员全部得救。从此,马可尼的名声大震。1899 年,马可尼还成功地进行了横跨英吉利海峡的无线电通信,这是人类第一次用电波传送信息。电文是:"你的来电收到无误,而且很清楚。"1899 年又建立了 106 km 距离的通信联系。1900 年 10 月在英国建立了一座强大的发射台,采用 10kw 的音响火花式电报发射机,1901 年 12 月,马可尼在加拿大用风筝牵引天线,成功地接收到了大西洋彼岸的无线电报。试验成功的消息轰动全球。在美国科学院欢迎马可尼的宴会上,马可尼即席表演,发射无线电信号,经世界 6 大电台中转,再回到原地。这个无线电信号绕地球转了一圈仅用了 33 秒钟。马可尼的伟大发明,使全世界的通信事业迅信发展起来了。世界上第一次正式的无线电广播是 1920 年在英国开始的,接着便是美国和其他各国。由于马可尼的杰出贡献,他获得了 1909 年诺贝尔物理学奖,这年他才 35 岁。

图 15-22 马可尼与无线电发报机

布劳恩 1850 年 6 月 6 日出生在富尔达,1868 年开始在德国马尔堡大学学习数学和自然科学,1869 年转去柏林大学研究天线,1872 年获得物理学博士学位。在无线收发机方面,布劳恩贡献很大,他在马可尼发明的基础上,对发报机进行了物理学背景研究,并对马可尼的发报机做了根本性的改造。布劳恩发明了磁耦合天线,使得发射系统功率大大增加,增大了通信距离,而且无线电接收机和发射机不需要直接与天线相连,减少其受到雷击的危险。如今,磁耦合天线仍应用在收音机、电视机、电台和雷达上。布劳恩还发明了定向天线。定向也是电报技术的一个难点,发射机需要定向发射,接收机也需要定向接收,布劳恩是最先实现定向发报的人,他发明的定向天线只在一个指定的方向上发射电波,从而减少了能量的消耗。他还把发射机的频带调得很窄,减少了不同发射机之间的干扰。因为对无线电报改进得成功,布劳恩同发明无线电报的马可尼分享了 1909 年的诺贝尔物理学奖。

布劳恩还于 1897 年发明了阴极射线管,制造了第一个阴极射线管(缩写 CRT,俗称显像管)示波器。在这种阴极射线管中有一狭窄的阴极射线束,它可在荧光屏上产生一个明亮的光斑。让所研究的波的电压或磁场来控制射线束的偏转,这样就在荧光屏上得到波动的图像,其原理是一切电视管的工作基础。这之后CRT 被广泛应用在电视机和计算机的显示器上。

图 15-23 布劳恩

为了更高质量的无线传递技术,1947 年诺贝尔物理学奖授予英国科学家阿普顿,以表彰他对上层大气物理的研究,特别是发现了所谓的阿普顿层。电离层的研究对通信事业有重大意义。电离层是从离地面约 50 km 开始一直伸展到约 1000 km 高度的地球高层大气空域,其中存在相当多的自由电子和离子,能使无线电波改变传播速度,发生折射、反射和散射,产生极化面的旋转并受到不同程度的吸收。

图 15-24 阿普顿

阿普顿,英国物理学家,1892 年 9 月 6 日生于英国布莱德福,1913 年取得剑桥大学学位。阿普顿认为远距离的短波信号只能由高空电离层反射传播。他决定利用电磁波的发射,来测定电离层的存在。1924 年,他尝试着改变英国 BBC 广播公司发射机的频率,记录所接收到的信号强度,以寻找沿地面直接传播的波与从带电粒子层反射回来的波发生干涉时信号的增强效应。剑桥大学的接收机接收到的信号完全证实了他的设想,关于存在能反射电磁波的大气电离层的假设便得到了验证。经过无数次的实验,他终于在 1927 年找到在 230 千米处还存在一个反射能力更强的高空电离层,后被命名为“阿普顿层”。阿普顿的工作为环球无线电通信提供了重要的理论依据,从此无线电事业进入了一个新纪元。

作为大气层研究的先驱,阿普顿不仅证实了前人对电离层存在的科学判断,发现了新的电离层,而且创造了一系列用无线电波探测电离层的方法。1924 年阿普顿在英国广播公司的支持下,从发送台发射电波到上层大气,检验是否会被反射并折返回来,实验取得了完满的成功,证明确有反射。再有,使波长稍微改变,测出电波射向上层大气再返回所需的时间,由此确定了反射层的位置和高度。所用的方法现在称为“频率调制雷达”,即无线电定位技术,此后这项技术取得了很大发展,到第二次世界大战在军事上显示了极大的应用价值。

电离层,是地球大气的一个电离区域,是受太阳高能辐射以及宇宙线的激励而电离的高层大气。电离层对电波传播的影响与人类活动密切相关,如无线电通信、广播、无线电导航、雷达定位等。电离层作为一种传播介质使电波受折射、反射、散射并被吸收而损失部分能量于传播介质中。3~30 千赫为短波段,它是实现电离层远距离通信和广播的最适当波段，在正常的电离层状态下，它正好对应于最低可用频率和最高可用频率之间的区间。300 千赫至 3 兆赫为中波段，广泛用于近距离通信和广播。

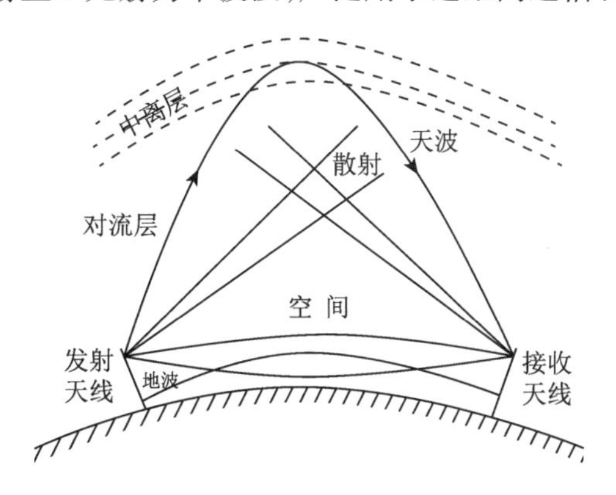

图 15-25 无线电远距离传播

信息的有线传输技术从以电为载体，过渡到效率更高的以光为载体。2009 年诺贝尔物理学奖授予英国华裔科学家高锟以及美国科学家博伊尔和史密斯。瑞典皇家科学院说，高锟在“有关光在纤维中的传输以用于光学通信方面”取得了突破性成就，因而授予他当年物理学奖一半的奖金。

小贴士：“光纤之父”高锟

高锟，汉族，1933 年 11 月 4 日出生在江苏省金山县（今上海市金山区），10 岁时，高锟就读上海世界学校（如今的上海世界小学），在上海完成小学与初中一年级课程。1949 年，移民香港，考入香港大学。1965 年，在伦敦大学学院（University College London）获得伦敦大学电机工程博士学位。

1957 年，高锟读博士时进入国际电话电报公司（ITT），1960 年，他进入标准电信实验有限公司，在那里工作了 10 年，正是在这段时期，高锟教授成为光纤通信领域的先驱。从 1957 年开始，高锟从事光导纤维在通信领域运用的研究。1964 年，他提出在电话网络中以光代替电流，以玻璃纤维代替导线。1965 年，他在一篇论文中提出以石英基玻璃纤维作长程信息传递，将带来一场通信业的革命，1966 年，他提出光纤可以用作通信媒介，发表了一篇题为《光频率介质纤维表面波导》的论文，开创性地提出光导纤维在通信上应用的基本原理，描述了长程及高信息量光通信所需绝缘性纤维的结构和材料特性，就是说，只要解决好玻璃纯度和成分等问题，就能够利用玻璃制作光学纤维，从而使信息高效传输。利用石英玻璃制成的光纤应用越来越广泛，全世界掀起了一场光纤通信的革命。随着第一个光纤系统于 1981 年的成功问世，高锟“光纤之父”的美誉传遍世界。

由于他在光纤领域的特殊贡献，获得巴伦坦奖章、利布曼奖、光电子学奖等，被称为“光纤之父”。

1987 年 10 月，高锟从英国回到香港，并出任香港中文大学第三任校长。1996 年当选为中国科学院外籍院士。

光纤是光导纤维的简写，是一种由玻璃或塑料制成的纤维，可作为光传导工具。传输原理是“光的全反射”，如图 15-27。

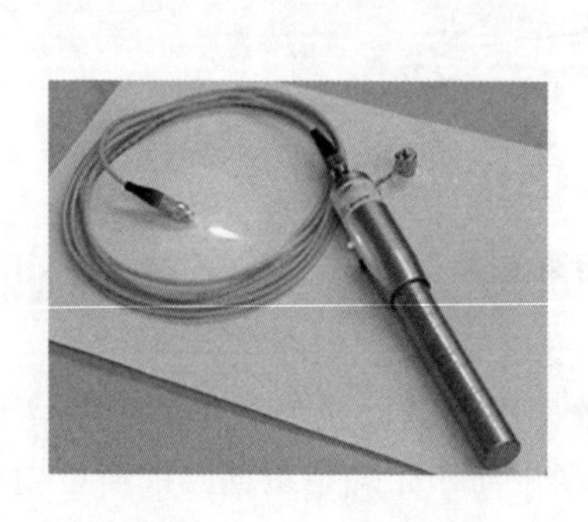

图 15-26　光与光纤

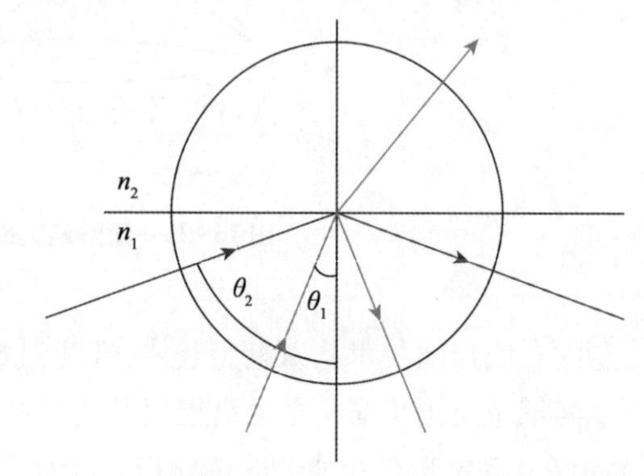

图 15-27　光的全反射

1870 年的一天，英国物理学家丁达尔到皇家学会的演讲厅讲述光的全反射原理，他做了一个实验：在装满水的木桶上钻个孔，然后用灯从桶上边把水照亮。结果人们看到，放光的水从水桶的小孔里流了出来，水流弯曲，光线也跟着弯曲。人们发现，光能沿着从酒桶中喷出的细酒流传输；人们还发现，光能顺着弯曲的玻璃棒前进。这是为什么呢？这些现象引起了丁达尔的注意，他经过研究发现这是光的全反射的作用，由于水等介质密度比周围的物质（如空气）大，假如光从水中射向空气，当入射角大于某一角度时，折射光线消失，全部光线都反射回水中。表面上看，光好像在水流中弯曲前进。后来人们造出一种透明度很高、粗细像蜘蛛丝一样的玻璃丝——玻璃纤维，当光线以合适的角度射入玻璃纤维时，光就沿着弯弯曲曲的玻璃纤维前进。由于这种纤维能够用来传输光线，所以被称为光导纤维。

光纤通信是以光波作为信息载体，以光纤作为传输媒介的一种通信方式。从原理上看，构成光纤通信的基本物质要素是光纤、光源和光检测器。光纤通信的原理是在发送端首先要把传送的信息（如话音）变成电信号，然后调制到激光器发出的激光束上，使光的强度随电信号幅度的（频率）变化而变化，并通过光纤发送出去；在接收端，检测器收到光信号后把它转换成电信号，经解调后恢复原信息，如图 15-28。

利用光波在光导纤维中传输信息的通信方式。由于激光具有高方向性、高相干性、高单色性等显著优点，光纤通信中的光波主要是激光，所以又叫作激光—光纤通信。

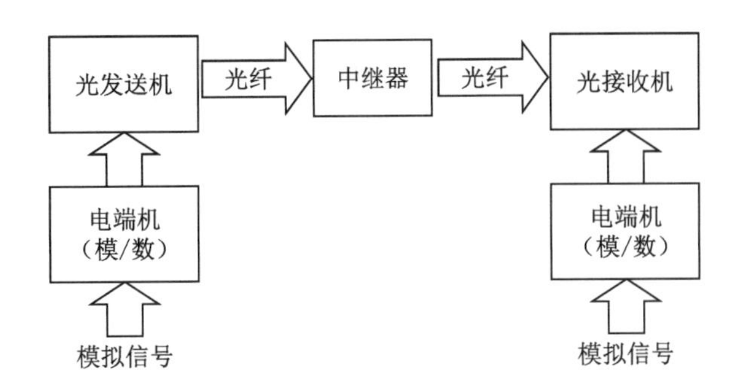

图 15-28　数字光纤通信系统方框图

【本章小结】

本章介绍了物理学在电子信息技术所开拓的基础研究,重点介绍其核心技术——半导体材料的 PN 结及应用,其中多项研究成就获得诺贝尔物理奖。本章还介绍利用手机的功能,下载电路设计软件,使普通人也可以通过软件仿真,动手设计、研究并可加深理解传统电路和现代微电子电路。手机是人类诸多物理学发现和科技发明而创造的现代用具,它的使用已经深入我们的工作和生活。手机这一现代高科技产品展现了物理学发现之美。

【大事年纪】

晶体管及其应用发展史

1939 年 2 月　贝尔实验室伟大的发现,硅 PN 结诞生。

1947 年 12 月 16 日　肖克利、巴丁、布拉顿成功在贝尔实验室制造出第一个晶体管。

1950 年　肖克利开发出双极晶体管,就是现在通行的标准晶体管。

1954 年 10 月 18 日　第一台晶体管收音机投入市场,仅包含 4 只锗晶体管。

1961 年 4 月 25 日　第一个集成电路专利被授予诺伊斯。

1971 年　英特尔发布了其第一个微处理器 4004,包含仅 2000 多个晶体管,采用英特尔 10 微米 PMOS 技术生产。

【拓展阅读】

图像的收录与再现

科学与技术的进步,特别是数码相机和智能手机的普及,使得人们能够用手机上的拍照功能记录生活,拍照的核心器件就是图像传感器。图像传感器即电荷耦合器

(CCD),是一种半导体装置,它能够把光学影像转化为数字信号。CCD 上植入的微小光敏物质称作像素。一块 CCD 上包含的像素数越多,其提供的画面分辨率也就越高。CCD 的作用就像胶片一样,但它是把图像像素直接转换成数字信号。CCD 进入我们的生活,在摄像机、数码相机和扫描仪中应用广泛。2009 年诺贝尔物理学奖授予英国华裔科学家高锟以及美国科学家博伊尔和史密斯。其中,博伊尔和史密斯因发明了半导体成像器件电荷耦合器件图像传感器,分享物理学奖,如图 15-30。史密斯 1930 年出生于美国纽约,1959 年博士毕业后,加入了美国贝尔实验室。1964 年,史密斯成为贝尔实验室研究下一代固态器件的部门负责人,与博伊尔共同发明了 CCD 图像传感器。

图 15-29　高锟、博伊尔、史密斯

电荷耦合器件是一种用于探测光的硅片,是一种固体成像器件,它是在大规模硅集成电路工艺的基础上研制而成的模拟集成电路芯片。芯片借助必要的光学系统和合适的外围驱动与处理电路,可以将景物图像,通过逐点的光电信号转换、储存和传输,在输出端产生一时序视频信号,并经末端监视器同步显示出一幅人眼可见的图像,图 15-30。

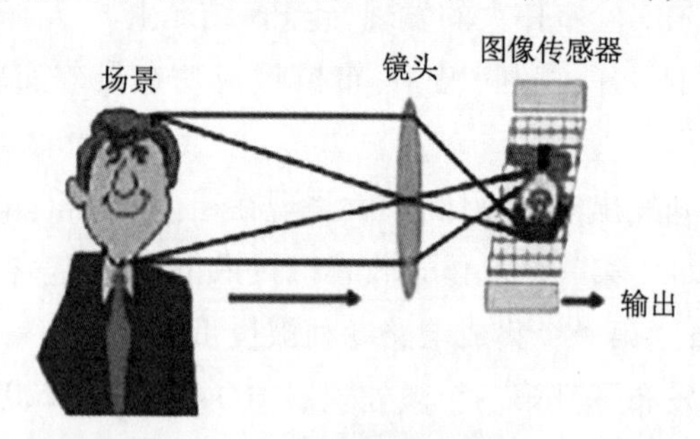

图 15-30　图像传感器

人们获取的信息量的绝大部分是通过视觉器官得到的,获得良好的图像传感器一直是人们的追求。图像传感器大大优于早期的电子束摄像管。固态图像传感器的开发直到集成电路出现后才开始,已成为视频采集领域最重要的技术,普遍被公认为是 20 世纪 70 年代以来出现的最重要的半导体器件之一,得到了广泛的应用。

现在市面上的消费级数码相机 CCD/CMOS 尺寸主要有 2/3 英寸、1/1.8 英寸、1/2.3 英寸、1/2.5 英寸、1/2.7 英寸、1/3.2 英寸。CCD/CMOS 尺寸越大,感光面积越大,成像效果越好。但假如在增加 CCD/CMOS 像素的同时想维持现有的图像质量,就必须在至少维持单个像素面积不减小的基础上增大 CCD/CMOS 的总面积。更大尺寸 CCD/CMOS 加工制造比较困难,成本也非常高。因此,CCD/CMOS 尺寸较大的数码相机,价格也较高。感光器件的大小直接影响数码相机的体积与重量。超薄、超轻的数码相机一般 CCD/CMOS 尺寸也小,而越专业的数码相机,CCD/CMOS 尺寸也越大,如图 15-31。

  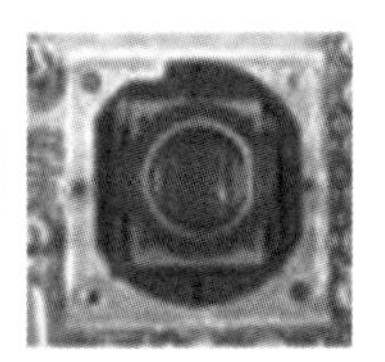

图 15-31 数码相机

CCD 使光转换成电信号,而把把电信号转换回光信号,再现原有的图像的,就是显示器件。目前广泛使用的液晶显示技术,也是科学家不断努力发明的结果。

什么是液晶呢? 液晶是在自然界中出现的一种十分新奇的中间态,并由此引发了一个全新的研究领域。自然界是由各种各样不同的物质组成,某些物质在熔融状态或被溶剂溶解之后,尽管失去固态物质的刚性,却获得了液体的易流动性,并保留着部分晶态物质分子的各向异性有序排列,形成一种兼有晶体和液体的部分性质的中间态,这种由固态向液态转化过程中存在的取向有序流体被称为液晶。

图 15-32 德然纳

1991 年诺贝尔物理学奖授予法国的德然纳(图 15-32),以表彰他把研究简单系统中有序现象的方法推广到更复杂的物质态,特别是液晶和聚合物所做的贡献。

而在液晶显示技术前,人们用相对比较笨重的 CRT 显示器,一种使用阴极射线管的显示器,也是 19 世纪早期的研究发明,1905 年诺贝尔物理学奖授予德国科学家勒纳德,以表彰他在阴极射线方面所做的工作。

液晶显示器是一种采用液晶为材料的显示器。在电场作用下,液晶分子会发生排列上的变化,从而影响通过其的光线变化,这种光线的变化通过偏光片的作用可以表现为明暗的变化。就这样,人们通过对电场的控制最终控制了光线的明暗变化,从而达到显示图像的目的。在电场的作用下,液晶分子的排列会产生变化,从而影响到它的光学性质,这种现象叫作电光效应。利用液晶的电光效应,英国科学家在 20 世纪制造了第一块液晶显示器即 LCD。液晶应用历史:1972 年第一支使用液晶显示器的手表;1973 年第一台使用液晶显示器的计算器;1973 年日本的声宝公司首次将液晶运用于制作电子计算器的数字显示屏;1981 年第一台使用液晶显示器的便携式计算机;1989 年第一台笔记本计算机,如图15-33。

图 15-33 液晶显示

【思考与讨论题】

15-1 你的体重大约重多少牛顿?

15-2 手机有哪几种常见的传感器?

15-3 智能手机还有哪些专用或实用软件?

15-4 二极管有一个 PN 结,三极管有________个 PN 结。

A.1 B.2 C.3 D.4

15-5 电学用仪表“万用表”,通常都可以测量________。

A.电压和电阻 B.电流和电阻

C.电压、电流和电阻 D.电压和电流

【分析题】

15-6 什么是科学思想?

15-7 集成电路有哪几种分类?

15-8 设计并分析二极管应用电路。

【综合题】

15-9 用直流稳压电源和万用表,测量普通二极管的伏安特性。

15-10 用三极管的放大作用制作一个放大电路。

15-11 设计或制作 LED 应用电路。

15-12 叙述原子结构的发现与诺贝尔物理学奖。

15-13 综述液晶显示器件的发展与应用。

第16章　物理发现与思维变通
——单摆与相对论

学习知识要善于思考，思考，再思考，我就是靠这个方法成为科学家的。

——阿尔伯特·爱因斯坦

【学习目标】

1. 理解“同地”、“同时”的相对性，知道相对性原理和狭义相对论基本内容。
2. 理解两种质量的区别和广义相对论的基本内容。
3. 用智能手机的秒表功能，课堂完成单摆测量引力质量和惯性质量之比的实验。
4. 理解经典与现代物理学时空观和相对论的几个结论。
5. 了解诺贝尔物理学奖得主爱因斯坦的科学发现的思想过程。

【教学提示】

1. 讨论“同地”和“同时”概念，经典与现代时空观，探讨爱因斯坦相对论，注重思想与思维的辨析和建立新观念和新理论的过程，欣赏物理思维更上层的物理学之美。

2. 通过对物质质量辨析，用手机中计时秒表和简易单摆课堂完成有关惯性质量和引力质量比值的实验，讨论和分析结果。

3. 区分狭义相对论和广义相对论。精选并充分利用高质量相关视频，帮助学习和理解。

4. 充分介绍科学巨匠爱因斯坦生平和其对物理学的若干重要贡献。

5. 课后综合题，可分小组进行讨论并完成。

伽利略的比萨斜塔自由落体实验被评为十大最美实验之一，实验证实不同重量球体自由落下同时着地的事实。虽然物体不同，但却同一高度同时落地，也就是说，都有相同的加速度。而从万有引力定律看，力的大小是与两个物体质量有关，而自由落体实验中,物体不同,但加速度一样。

第一节　物体质量辨析

在牛顿运动定律中,牛顿第二定律说明,以同样大小的力作用到不同的物体上时,若不考虑其他的力,一般来说它们所获得的加速度是不同的,这就说明,在外力的作用下,物体所获得的加速度不仅与力有关,而且还与物体本身的某种特性有关,这个特性就是惯性,因此,引入惯性质量 $m_{惯}$ 这样一个物理量来表示物体惯性的大小。

另一个事实是,任何物体都具有吸引其他物体的性质,通过万有引力定律表现出来,引力质量 $m_{引}$ 就是物体这种性质的量度,实际上,天平这种测量仪器称出的是物体的引力质量。

日常经验表明,物体愈重,要改变它的运动状态就愈难。这就是说,物体的引力质量愈大,它的惯性质量也就愈大,任何物体的惯性质量同它的引力质量严格地成正比例,假如我们选择适当的单位,就可以使物体的引力质量的数值等于它的惯性质量的数值,即 $m_{引}=m_{惯}$。

历史上,伽利略的比萨斜塔自由落体实验是一个认真去考虑惯性质量的实验。这个实验中,地球的引力与引力质量成正比,运动的加速度与惯性质量成正比,从而可以推出惯性质量和引力质量之比为一个常数。从方便的角度,这个常数被定义为1,因此惯性质量和引力质量被统一称为质量。

对物质来说,惯性和引力是完全不同的两种物理属性,但是他们的惯性质量与引力质量之间存在着普遍的、严格的正比关系,那么,是不是有可能它们不过是物体同一本质在不同方面的表现呢?这一问题的回答就是爱因斯坦建立的广义相对论理论,认为物体的惯性质量和引力质量产生于同一来源。在广义相对论里,有一些参量一方面表现为物体的惯性,另一方面又表现为引力场的源泉,惯性质量等于引力质量这个结论经受了十分精确的实验检验。从牛顿时代的精确度数量级为 10^{-3},1890年厄缶证明在 10^{-8} 精度范围内两者相等,发展到1922年爱德维斯把精确度提高到 3×10^{-9},到1964年狄克把精确度提高到 $(1.3\pm1.0)\times10^{-11}$,1971年勃莱根许和佩诺又将实验的精确度提高到 10^{-12} 数量级。所有这些实验,均证实了引力质量和惯性质量之比为一个常数。因此,目前人们普遍认为物体的两种不同属性——惯性和引力性质,是它的同一本质的不同方面的表现,爱因斯坦就曾把这两种质量的等同作为他建立广义相对论的出发点,从现代物理学来看,这两者的等同绝非偶然,其中包含着深刻的物理意义。

第二节　单摆测量引力质量和惯性质量之比

单摆是能够产生往复摆动的一种装置,将无重细杆或不可伸长的细柔绳一端悬于重力场内一个定点,另一端固结一个重小球,就构成单摆。若小球只限于铅直平面内摆动,则为平面单摆。

伽利略第一个发现摆振动的等时性,并用实验求得单摆的周期随长度的二次方根而变动。牛顿则用单摆证明物体的重量总是和质量成正比的。直到20世纪中叶,单摆依然是重力加速度测量的主要仪器。

单摆运动近似的周期公式:

$$T = 2\pi\sqrt{\frac{L}{g}} \tag{16-1}$$

其中 L 指摆长,g 是当地重力加速度。在分析单摆摆球运动时,忽略摆线的质量,只考虑重力(万有引力)和摆线拉力的作用,其他的力不考虑,如图16-2,单摆的摆球是在这两个力的作用下做周期摆动的。这其中不区别引力质量和惯性质量。

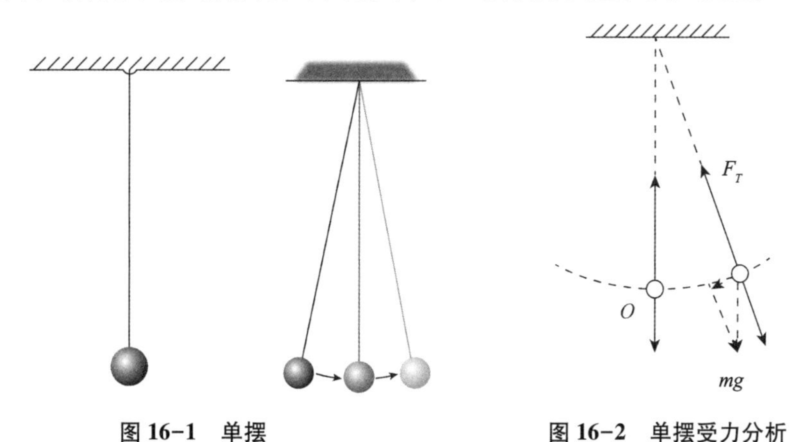

图16-1 单摆　　图16-2 单摆受力分析

若考虑引力质量和惯性质量的不同,单摆在摆角比较小(小于5°)的条件下则为简谐振动,其运动满足牛顿运动定律

$$F = m_I a \tag{16-2}$$

拉力是 F_T,而重力是 $m_G g$,运算得到单摆摆球的周期为

$$T = 2\pi\sqrt{\frac{m_I L}{m_G g}} \tag{16-3}$$

与牛顿运动定律相联系的质量 m_I 称为惯性质量,与万有引力相联系的质量 m_G 称为引力质量,如若 $m_I = m_G$,则摆球的周期公式为

$$T = 2\pi\sqrt{\frac{L}{g}} \tag{16-4}$$

这就是常见的单摆的周期公式。

那么,若引力质量和惯性质量是不同的,则可以由单摆周期测量做一个验证实验。

图 16-3　手机秒表

$$\frac{m_G}{m_I}=\frac{4\pi^2 L}{gT^2} \quad (16-5)$$

本次试验，目的是通过实验理解和认识物体的惯性质量和引力质量的定义概念，并探索求得引力质量和惯性质量之比。

用米尺测量单摆的摆长 $L=0.885$ m。

使用手机的计时秒表功能，如图 16-3，测量单摆摆动周期 T。

首先测量单摆 30 个周期的摆动时间 T，测量 3 次。结果如表 16-1。

表 16-1　单摆测量引力质量和惯性质量之比实验测量数据

测量次数	1	2	3
30 周期 T_{30}(s)	55.99	56.04	55.13
平均 T'_{30}(s)	55.72	一个周期 T(s)	1.857

某地的重力加速度 $g=9.7833(\mathrm{ms^{-2}})$；

$$\frac{m_G}{m_I}=\frac{4\pi^2 L}{gT^2}=\frac{4\times 3.1416^2\times 0.885}{9.7833\times 1.857^2}\approx 1.036 \quad (16-6)$$

误差：$\Delta=|1-1.036|=0.036$　(16 - 7)

结论：$m_G=m_I$；引力质量等于惯性质量。　(16 - 8)

第三节　狭义相对论的创立

前面一讲我们讨论过光，光不仅给人类带来光明，更是引领人类走向智慧与文明。时光如电，那么，光的速度很快，快得有“边”吗？

早期物理学，牛顿力学取得了巨大成功，19 世纪，电磁学也得到了飞速发展，经过麦克斯韦、赫兹等人的努力，形成了成熟的关于电磁现象的理论，即电磁理论，并从理论与实践上证明光就是一定频率范围内的电磁波，从而统一了光的波动理论与电磁理论，但在解释运动物体的电磁过程时却发现，与牛顿力学所遵从的相对性原理不一致。按照麦克斯韦理论，真空中电磁波的速度，也就是光的速度是一个恒量；然而按照牛顿力学的速度加法原理，不同惯性系的光速不同。例如，两辆汽车，一辆向你驶近，一辆驶离。你看到前一辆车的灯光向你靠近，后一辆车的灯光远离。根据伽利略理论，向你驶来的车将发出速度大于 c（真空光速 3.0×10^8 m/s）的光，即前车的光的速度=光速+车速；而驶离车的光速小于 c，即后车光的速度=光速-车速。但在麦克斯韦的电磁理论中，车速度的有无并不影响光的传播，无论车子怎样，光速都等于 c。麦克斯韦与伽利略关于速度的说法明显相悖！

爱因斯坦 16 岁时就从书本上了解到光是以很快速度前进的电磁波，爱因斯坦认真研究了麦克斯韦电磁理论，坚信电磁理论完全正确，平时，他喜欢阅读哲学著作，并从中吸收思想营养，他相信世界上的事物是有统一性的，逻辑是一致的。他认为相对性原理已经在力学中被广泛证明，但在电磁理论中却无法成立，对于物理学这两个理论体系在逻辑上的不一致，爱因斯坦提出了怀疑。他认为，相对论原理应该普遍成立，因此电磁理论对于各个惯性系应该具有同样的形式。经过一段时间的思考和努力，爱因斯坦把狭义相对论呈现在人们面前。

1905 年 6 月 30 日，德国《物理学年鉴》接受了爱因斯坦的论文《论动体的电动力学》，9 月在该刊上发表。这篇论文是关于狭义相对论的第一篇文章，它包含了狭义相对论的基本思想和基本内容。狭义相对论所根据的两条原理是：相对性原理和光速不变原理。爱因斯坦解决问题的出发点，是他坚信相对性原理，在他看来，根本不存在绝对静止的空间，同样不存在绝对同一的时间，所有时间和空间都是和运动的物体联系在一起的。对于任何一个参照系和坐标系，都只有属于这个参照系和坐标系的空间和时间。

对于一切惯性系，运用该参照系的空间和时间所表达的物理规律，它们的形式都是相同的，这就是相对性原理，严格地说是狭义的相对性原理。他提出光速不变是一个大胆的假设，是从电磁理论和相对性原理的要求而提出来的。他以同时的相对性这一点作为突破口，建立了全新的时间和空间理论。下面我们看看狭义相对论的几个结论：

狭义相对论的基本原理

1. 相对性原理

物理定律在所有惯性系中都具有相同的表达形式。

2. 光速不变原理

真空中的光速是常量，在各个方向都等于 c，与光源或观测者的运动状态无关。

若是物理规律满足狭义相对论的两个原理，那么：

(1)空间与时间是相互联系的，如图 16-4 和图 16-5。

(2)“同时”的相对性。从常识我们已经清楚“同地”的相对性了。

什么是同时性的相对性？不同地方的两个事件我们何以知道它是同时发生的呢？一般来说，我们会通过信号来确认。为了得知异地事件的同时性我们就得知道信号的传递速度。光信号可能是最合适的时钟信号，但光速非无限大，这样就产生一个新奇的结论，对于静止的观察者同时的两件事，对于运动的观察者就不是同时的。我们设想一个高速运行的列车，它的速度接近光速。列车通过站台时，甲站在站台上，有两道闪电在甲眼前闪过，一道在火车前端，一道在后端，并在火车两端及平台的相应部位留下痕

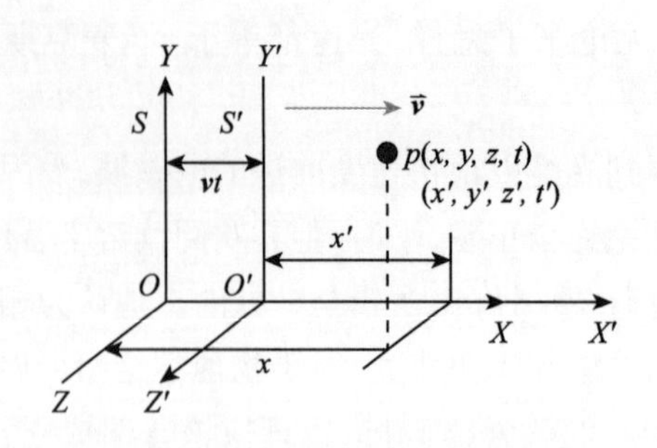

图 16-4 两个相对运动参考系

$$\begin{cases} x' = \dfrac{x-vt}{\sqrt{1-\dfrac{v^2}{c^2}}} \\ y' = y \\ z' = z \\ t' = \dfrac{t-\dfrac{v}{c^2}x}{\sqrt{1-\dfrac{v^2}{c^2}}} \end{cases}$$

图 16-5 时空关系

迹,通过测量,甲与列车两端的间距相等,得出的结论是,甲是同时看到两道闪电的。因此对甲来说,收到的两个光信号在同一时间间隔内传播同样的距离,并同时到达他所在位置,这两起事件必然在同一时间发生,它们是同时的。但对于在列车内部正中央的乙,情况则不同,因为乙与高速运行的列车一同运动,因此他会先截取向着他传播的前端信号,然后收到从后端传来的光信号。对乙来说,这两起事件是不同时的。也就是说,同时性不是绝对的,而取决于观察者的运动状态。这一结论否定了牛顿力学中引以为基础的绝对时间和绝对空间框架,如图 16-6。

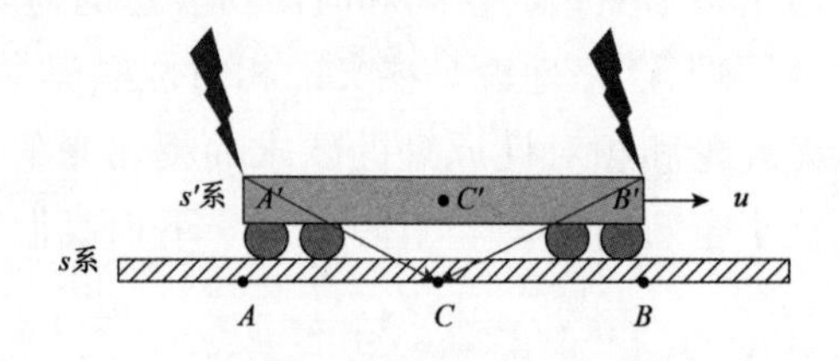

图 16-6 "同时"的相对性

3. 运动的钟变慢,也就是时间在膨胀:

$$\Delta t = \Delta t' / \sqrt{1 - v^2/c^2} \qquad (16-9)$$

4. 运动的尺收缩:

$$l = l' \sqrt{1 - v^2/c^2} \qquad (16-10)$$

5. 速度叠加公式:

$$v_x = \frac{v'_x + u}{1 + \dfrac{u}{c^2} \cdot v'_x} \qquad (16-11)$$

6. 质量公式:

$$m = \frac{m_0}{\sqrt{1 - \dfrac{v^2}{c^2}}} \qquad (16-12)$$

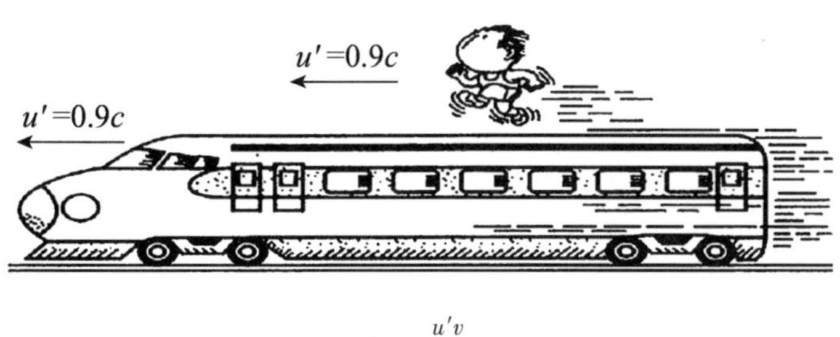

$$u = \frac{u'v}{1 + u'v/c^2}$$

$$u' = v = 0.9c \Rightarrow u = 0.9945c$$

图 16-7　速度叠加公式

7. 质能关系:

$$E = mc^2 \tag{16-13}$$

8. 能量与动量:

$$E^2 = E_0^2 + p^2c^2 \tag{16-14}$$

牛顿的三维时空和爱因斯坦的四维时空:牛顿认为,存在绝对的空间和绝对的时间,二者之间没有联系。能量和动量之间也没有联系。爱因斯坦的相对论则认为,时间和空间不可分割,是一个整体。能量和动量不可分割,也是一个整体,称为四维动量。

相对论认为,不存在绝对的空间,也不存在绝对的时间,空间是相对的,时间也是相对的,但它们作为一个整体是绝对的,存在绝对的“四维时空”。能量是相对的,动量也是相对的,但它们作为一个整体是绝对的,存在绝对的“四维动量”。光速是绝对的,在任何惯性系中光速度都是相同的。

相对论认为,光速在所有惯性参考系中不变,它是物体运动的最大速度。由于相对论效应,运动物体的长度会变短,运动物体的时间膨胀。但由于日常生活中所遇到的现象中,事物的运动速度都是很低的(与光速相比),因此看不出相对论效应。

小贴士:“双生子佯谬”

设想有兄弟甲和乙,甲乘飞船作太空旅行,乙留在地面等待甲。甲所乘坐的飞船在极短的时间内加速到速度 v(速度 v 接近光速 c)。然后飞船以速度 v 作匀速直线飞行,飞船飞行很长一段时间后,迅速调头并继续以速度 v 作匀速直线飞行。回到地面时紧急减速、降落,并与一直在地面上的乙会合。甲只在启动、调头、减速降落的三段时间内有加速度,其余的绝大部分时间都在作匀速直线飞行,处于狭义相对论适用的惯性系。则当甲作高速太空旅行,返回时会发现乙比甲变老了。如果飞船速度非常接近光速 c,相对论效应就会非常明显,如若 $v=0.9999c$,则 $T=70.71\tau$。即如在这一对孪生兄弟 20 岁时,甲乘飞船作太空飞行,甲认为飞行时间只有一年,在其返回地面时,甲只有 21 岁,

图 16-8　双生子佯谬

但他却发现乙成了 90 多岁的老人了，亦即乙比甲年老了许多，如图 16-8。

但是，以上情形还可以换另一个角度来考察。即对于乘坐太空飞船的甲来说，甲在飞船上静止不动，甲看到乙在极短的时间内朝相反的方向加速到速度v，然后乙以速度v作匀速直线飞行，乙飞行很长一段时间后，迅速调头并继续以速度v作匀速直线飞行，在与甲会合时紧急减速。在甲看来，乙只在启动、调头、减速的三段时间内有加速度，其余的绝大部分时间都在作匀速直线飞行，亦处于狭义相对论适用的惯性系。因此，在甲看来，如果略去乙启动、调头、减速这三段时间（因这三段时间相对很短），在乙离开飞船期间，乙所度过的时间τ与甲所度过的时间T也应存在前述关系（狭义相对论一般将相对于静止系统做匀速直线运动的系统内静止的钟所走过的时间记为τ，称为该系统的原时），这样，在甲乙会面时，甲比乙变老了。即如乙作匀速直线飞行的速度为$v = 0.9999c$，在乙飞离甲一年后与甲会面时，乙只有21岁，但他却发现甲成了 90 多岁的老人了，亦即甲比乙年老了许多。可见，从不同的角度分析，其结论是不同的，而且是相互矛盾的。究竟是乙比甲年老了许多还是甲比乙年老了许多？还是两者都错了，二人应该一样年轻？这个命题就叫作“双生子佯谬”。

事实上双生子佯谬并不存在。狭义相对论是关于惯性系之间的时空理论。甲和乙所处的参考系并不都是惯性系，乙是近似的惯性系，乙推论甲比较年轻是正确的；而甲是非惯性系，狭义相对论不适用，甲不能推论乙比较年轻。

爱因斯坦在时空观彻底变革的基础上建立了相对论力学，指出质量随着速度的增加而增加，当速度接近光速时，质量趋于无穷大。并且他给出了著名的质能关系式：$E=mc$^2。质能关系式对后来发展的原子能事业起到了指导作用。

第四节　广义相对论的创立

在狭义相对论中，如果我们尝试去定义惯性系，会出现死循环。什么是惯性系？一般的，不受外力影响的物体，在其保持静止或匀速直线运动状态不变的坐标系是惯性系；但如何判定物体不受外力？回答是，相对于惯性系，物体保持静止或匀速直线运动状态不变时，物体不受外力，若改变这种状态，就受到外力。很明显，逻辑出现了难以消除的死循环。这说明对于惯性系，人们无法给出严格定义，这不能不说是狭义相对论的严重缺憾。为了解决这个问题，爱因斯坦直接将惯性系的概念从相对论中剔除，用“任何参考系”代替了原来狭义相对性原理中“惯性系”。

前面做了单摆和引力质量与惯性质量的比值实验，历史上，人们做了许多实验以测量同一物体的惯性质量和引力质量。所有的实验结果都得出同一结论：惯性质量等于引力质量（实际上是成正比）。

牛顿自己意识到这种质量的等同性是由某种他的理论不能够解释的原因引起的。但他认为这一结果是一种简单的巧合。与此相反，爱因斯坦发现这种等同性中存在着一条取代牛顿理论的通道。两个物体（一轻一重）会以相同的速度“下落”。然而重的物体受到的地球引力比轻的大。那么为什么它不会“落”得更快呢？因为它对加速度的抵抗更强。所以得出结论，引力场中物体的加速度与其质量无关。伽利略是第一个注意到此现象的人。引力场中所有的物体“以同一加速度下落”是（经典力学中）惯性质量和引力质量等同的结果。

物体“下落”是由于地球的引力质量产生了地球的引力场。两个物体在所有相同的引力场中的加速度相同。不论是在月亮的引力场中还是在太阳的引力场中，它们以相同的比率被加速。这就是说它们的速度在每秒钟内的增量相同。爱因斯坦一直在寻找“引力质量与惯性质量相等”的解释。

广义相对论的两个基本原理是：

1. 等效原理：惯性力场与引力场的动力学效应是局部不可分辨的。

2. 广义相对性原理：所有的物理定律在任何参考系中都取相同的形式。

广义相对论认为，由于有物质的存在，空间和时间会发生弯曲。相对论改变了人类对宇宙和自然的“常识性”观念，提出了“同时的相对性”、“四维时空”、“弯曲时空”等全新的概念。相对论一个重要的结论是质量守恒原理失去了独立性，它和能量守恒定律融合在一起。相对论理论的创立，发展了牛顿力学，推动物理学发展到一个新的高度。

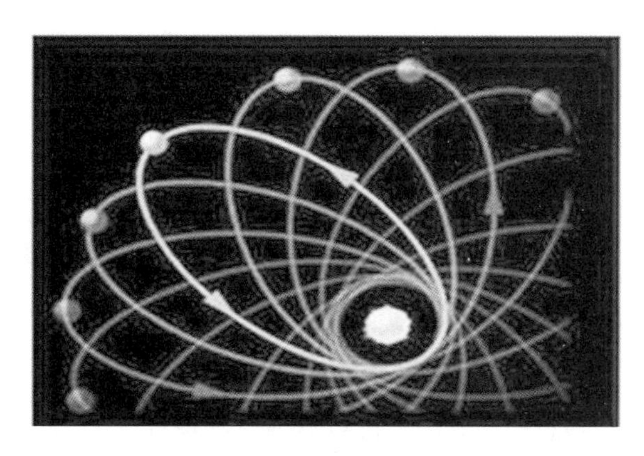

图 16-9 水星近日点进动

广义相对论的实验验证上,有著名的三大验证,即引力红移、水星近日点进动和光线弯曲。

水星近日点进动:水星近日点每百年43秒的剩余进动长期无法得到解释,被广义相对论完满地解释清楚了。

光线在引力场中的弯曲:广义相对论计算的结果比牛顿理论正好大了1倍,爱丁顿和戴森的观测队利用1919年5月29日的日全食进行观测的结果,证实了广义相对论是正确的。(拓展阅读)

从此,广义相对论理论的正确性被得到了广泛地承认。

物理学是人们对无生命自然界中物质转变的知识做出规律性的总结。这种运动和转变应有两种。一是早期人们通过感官视觉的延伸,二是近代人们通过发明创造供观察测量用的科学仪器,实验得出的结果,间接认识物质内部的组成。物理学根据研究角度及观点不同,可分为微观与宏观两部分,宏观是不分析微粒群中的单个作用效果而直接考虑整体效果,是最早期就已经出现的,微观物理学随着科技的发展理论逐渐完善。正如诺贝尔物理学奖得主、德国科学家玻恩所言:“与其说是因为我发表的工作里包含了一个自然现象的发现,倒不如说是因为那里包含了一个关于自然现象的科学思想方法基础”。物理学之所以被人们公认为是一门重要的科学,不仅在于它对客观世界的规律作出了深刻的揭示,还因为它在发展、成长的过程中,形成了一整套独特而卓有成效的思想方法体系。正因为如此,使得物理学当之无愧地成了人类智能的结晶、文明的瑰宝。

小贴士:爱因斯坦

阿尔伯特·爱因斯坦(1879—1955)是犹太裔物理学家,出生于德国乌尔姆市的一个犹太人家庭(父母均为犹太人),1900年毕业于苏黎世联邦理工学院,入瑞士国籍。1905年,获苏黎世大学哲学博士学位。爱因斯坦提出光子假设,成功解释了光电效应,因此获得1921年诺贝尔物理奖,同年,创立狭义相对论。1915年创立广义相对论。被公认为是继伽利略、牛顿以来最伟大的物理学家。1999年12月26日,爱因斯坦被美国《时代周刊》评选为“世纪伟人”。

图16-10　爱因斯坦

大量事实表明,物理思想与方法不仅对物理学本身有价值,而且对整个自然科学,乃至社会科学的发展都有着重要的贡献。有人统计过,自20世纪中叶以来,在诺贝尔化学奖、生物及医学奖,甚至经济学奖的获奖者中,有一半以上的人具有物理学的背景。这意味着他们从物理学中汲取了智能,转而在非物理领域里获得了成功。反过来,却鲜有非物理专业出身的科学家问鼎诺贝尔物理学奖的事例。这就是物理智能的力量。总之,物理学是对自然界概括规律性的总结,是概括经验科学性的理论认识。

【本章小结】

本章介绍了近代物理学的重要成就——相对论,并用生活中常常见到的单摆,做了一个单摆实验,引入惯性质量和引力质量概念,并得到两者相等的一个重要的基本事实,也是爱因斯坦相对论的重要结论,并从此开始介绍狭义相对论和广义相对论的一些基本概念和成就。在用单摆所做的实验中,使用手机作为测量工具,并从实验中发现物理规律,体会物理学发现之美。

【大事年纪】

相对论理论发展史

1849 年 菲索齿轮法测量光速。

1883 年 马赫《力学史评》。

1887 年 迈克尔逊实验。

1904 年 洛伦兹变换。

1905 年 爱因斯坦《论动体的电动力学》。

1915 年 爱因斯坦《广义相对论》。

1921 年 爱因斯坦获得诺贝尔物理奖。

【拓展阅读】

光线在引力场中的弯曲

光线在通过强引力场附近时会发生弯曲,这是广义相对论的重要预言之一,这一结论已经通过现代观测实验给予证实。

对于光线弯曲的概念,要明确下面几点。首先,光线弯曲不是广义相对论独有的预言。早在 1704 年,持有光微粒说的牛顿就提出,大质量物体可能会像弯曲其他有质量粒子的轨迹一样,使光线发生弯曲。一个世纪后法国天体力学家拉普拉斯独立地提出了类似的看法。1804 年德国慕尼黑天文台的索德纳根据牛顿力学,把光微粒当作有质量的粒子,预言了光线经过太阳边缘时会发生 0.875 角秒的偏折。但是在 18 世纪和 19 世纪里光的波动说逐渐占据上风,牛顿、索德纳等人的预言没有被认真对待。

1911 年,已经是布拉格大学教授的爱因斯坦开始在他的广义相对论框架里计算太阳对光线的弯曲,当时他算出日食时太阳边缘的星光将会偏折 0.87 角秒。1915 年已在柏林普鲁士科学院任职的爱因斯坦把太阳边缘星光的偏折度修正为 1.74 角秒。

图 16-11 光线引力弯曲

其次,需要观测来检验的不只是光线有没有弯曲,更重要的是光线弯曲的量到底是多大,并以此来判别哪种理论与观测数据符合得更好。这里非常关键的一个因素就是观测精度。即使观测结果否定了牛顿理论的预言,也不等于就支持了广义相对论的预言。只有观测值在容许的误差范围内与爱因斯坦的预言符合,才能说观测结果支持广义相对论。

第三,光线弯曲的效应不可能用眼睛直观地在望远镜内或照相底片上看到,光线偏折的量需要经过一系列的观测、测量、归算后得出。要检验光线通过大质量物体附近发生弯曲的程度,最好的机会莫过于在发生日全食时对太阳所在的附近天区进行照相观测。在日全食时拍摄若干照相底片,然后等若干时间(最好半年)之后,太阳远离了发生日食的天区,再对该天区拍摄若干底片。通过对前后两组底片进行测算,才能确定星光被偏折的程度。

在广义相对论光线弯曲预言的验证历史上,一个重要的人物就是英国物理学家爱丁顿。1915 年爱因斯坦给出太阳边缘恒星光线弯曲的最后结果时,正值第一次世界大战,各方交战正酣。处在敌对国家中的爱丁顿通过荷兰人了解到了爱因斯坦理论,并对检验广义相对论关于光线弯曲的预言十分感兴趣。一战结束后,爱丁顿说动了英国政府资助在 1919 年 5 月 29 日发生日全食时进行检验光线弯曲的观测。英国人为那次日食组织了两个观测远征队,一队到巴西北部的索布拉尔;另一队到非洲几内亚海湾的普林西比岛。爱丁顿参加了后一队,但他的运气比较差,日全食发生时普林西比的气象条件不是很好。1919 年 11 月两支观测队的结果被归算出来:索布拉尔观测队的结果是 1.98″±0.12″;普林西比队的结果是 1.61″±0.30″。1919 年 11 月 6 日,英国人宣布光线按照爱因斯坦所预言的方式发生偏折。

1973 年 6 月 30 日的日全食是 20 世纪全食时间第二长的日全食,并且发生日全食时太阳位于恒星最密集的银河星空背景下,十分有利于对光线偏折进行检验。美国人在毛里塔尼亚的欣盖提沙漠绿洲建造了专门用于观测的绝热小屋,并为提高观测精度作了精心的准备,譬如把暗房和洗底片液保持在 20 ℃、对整个仪器各个部分的温度变化进行监控等。在拍摄了日食照片后,观测队封存了小屋,用水泥封住了望远镜上的止动销,到 11 月初再回去拍摄了比较底片。用精心设计的计算程序对所有的观测量进行分析之后,得到太阳边缘处星光的偏折是 1.66″±0.18″。这一结果再次证实广义相对论的预言比牛顿力学的预言更符合观测。

(百度文库《光会弯曲吗》)

【思考与讨论题】

16-1 相对论建立在哪两个假设的基础之上?

16-2 相对论有哪些重要结论?

16-3 谈谈对双生子佯谬的看法?

16-4 爱因斯坦创立狭义相对论是________初?

A.十八世纪 B.十九世纪 C.二十世纪 D.二十一世纪

16-5 爱因斯坦于________年获诺贝尔物理学奖。

A.1905 B.1921 C.1915 D.1950

【分析题】

16-6 什么是同地的相对性?

16-7 什么是同时的相对性?

16-8 狭义相对论和广义相对论的区别是什么?

【综合题】

16-9 简述牛顿时空观和现代时空观。

16-10 如何用手机测量加速度或速度?

16-11 只考虑万有引力作用。地球半径 $R=6400$ km,质量为 60 kg 的人站在地面,重量 W 是多少牛顿?若人的重量主要考虑地球引力作用,完成下表并做 $P-D$ 图。其中 $P=W$ (N),$D=nR(n=1,2,\cdots)$。

表16-2 重量 P 与距离 D 的数据记录表

D(km)	$1R$	$2R$	$3R$	$4R$	$8R$	$10R$	$15R$	$20R$	$25R$
P(N)									

16-12 简述目前物理学比较认可的宇宙演化历史。

16-13 用单摆测量当地重力加速度。

第17章 物理发现与解析生活

——多普勒声音秘密

成功的奥秘在于多动手。

——杨振宁

【学习目标】

1. 理解在生活中多普勒效应的物理现象。
2. 了解如何将手机变成声音函数信号发生器和检测声音强度的仪器。
3. 了解声音的多普勒效应的应用,了解太空宇宙学的发现之美。
4. 了解红移概念并学习科学家专注探索科学的精神。
5. 了解几个获得诺贝尔物理学奖的科学发现与发明。

【教学提示】

1. 用手机下载相关函数信号发生器并用手机发声,可用蓝牙音箱作为移动声源,演示多普勒效应和声音的“啪”现象。
2. 课堂内简单的声音多普勒效应多种演示方法以及精选视频资料。
3. 介绍红移现象和宇宙空间探测的各类外太空设备。
4. 选择高质量视频资料辅助理解。
5. 课后综合题,可分小组进行团队学习,讨论完成。

上一章讨论广义相对论的实验验证时,讲到历史上有著名的三大验证,即引力红移、水星近日点进动和光线弯曲。什么是红移?当发生相对运动的两个物体相互时,在它们之间传播的电磁波的频率会变低,其光谱线的波长会变长,向红波方向移动,这种位移称为红移。若是相互接近,频率会变高,称为紫移(蓝移)。

第一节　声音的多普勒效应

生活中有这样一个有趣的现象，当一列火车迎面驶来的时候，站台上的人们听到声音越来越高；而列车离去的时候声音越来越低。

一、用小音响和手机演示声现象

下面，我们用手机和一个小音箱来再现这种发生在生活中的现象，同时做一些有趣的声音实验。用手机下载一个“函数信号发生器”，作为给小音箱提供固定频率声音的声源，选一个带有蓝牙功能的小音响，用手机蓝牙功能，通过装有函数信号发生器的手机控制小音箱，再用另一个手机下载一个声强计软件，使手机变身为一个声强测量计。

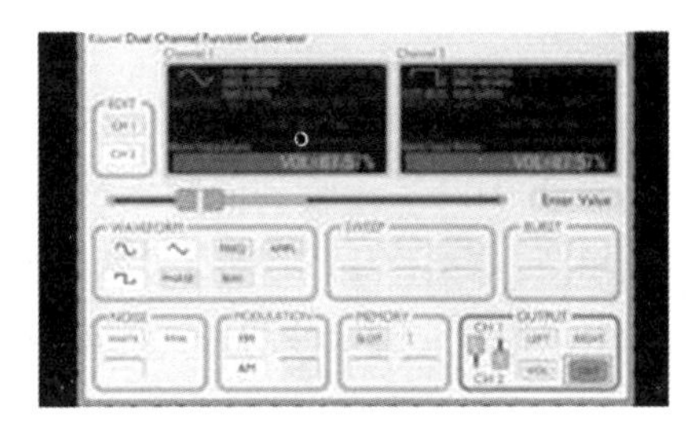

图 17-1　手机的函数信号发生器

（1）测量某固定频率音响的声音强度空间分布。

用一个直尺测量相对位置，记下距离，可以求得声音强度与距离的规律。

（2）打开手机的函数信号发生器，打开手机蓝牙功能使手机与带蓝牙功能的小音响连接，只开一个声道，然后调整到某一个适当的频率（如 300 Hz），打开外放软开关，调整小音响到适当的音量，手托小音响，快速向观察者或是快速背向观察者移动，观察者仔细听音响音调的变化。

（3）声音的“啪”现象。

图 17-2　声强计

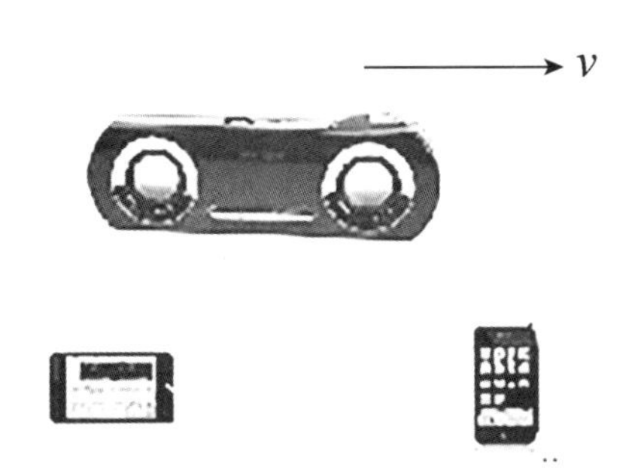

图 17-3　声源移动实验

调整手机的函数信号发生器，左声道一个频率，右声道一个频率，同时打开左右声道，此时可以分辨出有两个不同的音调，这说明声音是独立传播。现在，让其中一个声道的频率接近另一个声道，如相差 10 Hz，然后继续 1 Hz、1 Hz 地接近另一个频率，期间，你可以听到一种声音现象，就是“啪”音，当出现“啪”音的时候，说明二个振动的声源的频率开始接近，而且，随频率的不断趋近，“啪”也在变化，当声源的振动频率相同时，则“啪”音消失。

二、多普勒效应

当波源和观察者之间有相对运动时，使观察者接收到的频率发生变化的现象，叫多普勒效应。

波源的频率（ν），就是单位时间内波源振动的次数或发出的“完整波”的个数。单位：赫兹（Hz）。接收到的频率（ν'），是观察者在单位时间内接收到的“完整波”的个数，单位：赫兹（Hz）。若 v_0 表示观察者相对于媒质的运动速度，v_s 表示波源相对于媒质的运动速度，u 表示波的传播速度，那么，下面分几种情况：

（1）波源不动，观察者相对介质以速度 v_0 运动，如图 17-4。这时观察者接收的频率：观察者向波源运动：

$$\nu' = \frac{u + v_0}{u}\nu \qquad (17-1)$$

观察者远离波源：

$$\nu' = \frac{u - v_0}{u}\nu \qquad (17-2)$$

在观察者运动的情况下，引起观察者接收频率的改变，是由于观测到的波的传播速度发生改变（波的波长不变）

（2）观察者不动，波源相对介质以速度 v_s 运动，如图 17-5。则观察者接收的频率：

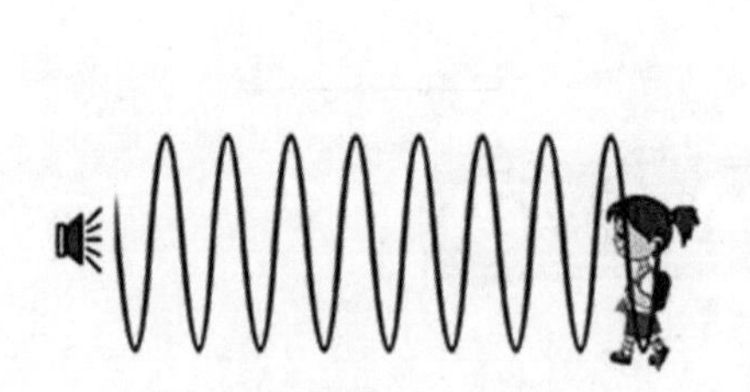

图 17-4　波源不动，观察者动

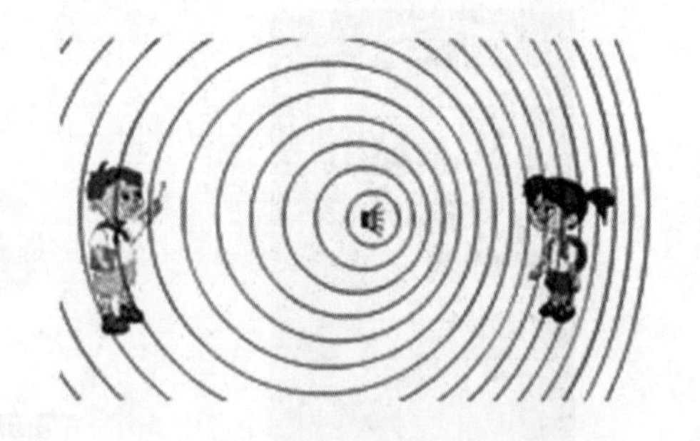

图 17-5　波源动，观察者不动

波源向观察者运动：

$$\nu' = \frac{u}{u - v_s}\nu \qquad (17-3)$$

波源远离观察者：

$$\nu' = \frac{u}{u + v_s}\nu \tag{17-4}$$

在波源运动的情况下，引起观察者接收频率的改变，是由于观测到的波长发生改变（波的传播速度不变）。

（3）波源与观察者同时相对介质运动

观察者向波源运动取+号，远离则取−号，$\nu' = \dfrac{u \pm v_0}{u \mp v_s}\nu$ （17－5）

波源向观察者运动取−号，远离则取+号，$\nu' = \dfrac{u \pm v'_0}{u \mp v'_s}\nu$ （17－6）

（4）若波源与观察者不沿二者连线运动。

设声源的频率为 ν，声波在媒质中的速度为 v，波长 $\lambda = v/\nu$。声波在媒质中传播的速度与波源是否运动无关，故总是以决定于媒质特性的速度 $\boldsymbol{v}$ 来传播，如图 17-6。

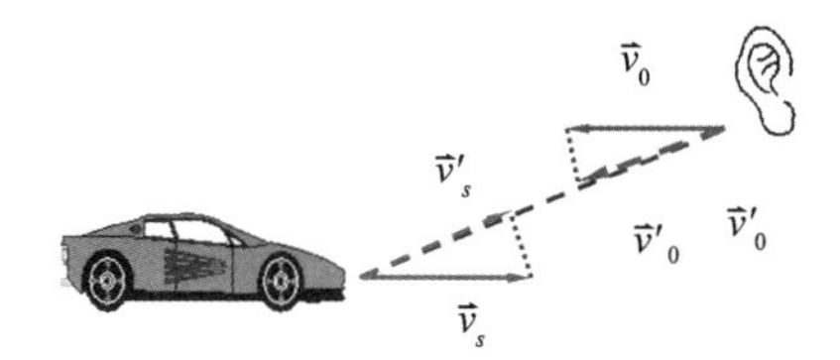

图 17-6 波源与观察者非共线

表 17-1 波源和观察者相对运动和频率的关系

波源的运动情况	观察者运动情况	频率的关系
波源静止	观察者静止	观察者接收频率等于波源的频率
波源静止	观察者向波源运动	观察者接收频率大于波源的频率
波源静止	观察者远离波源运动	观察者接收频率小于波源的频率
波源向观察者运动	观察者静止	观察者接收频率大于波源的频率
波源远离观察者运动	观察者静止	观察者接收频率小于波源的频率

多普勒效应是为纪念奥地利物理学家及数学家多普勒而命名的，他于 1842 年首先提出了这一理论。物体辐射的波长因为波源和观测者的相对运动而产生变化。在运动的波源前面，波被压缩，波长变得较短，频率变得较高（蓝移）；在运动的波源后面，会产生相反的效应，波长变得较长，频率变得较低（红移）；波源的速度越高，所产生的效应越大。根据波动的红或蓝移的程度，可以计算出波源循着观测方向运动的速度。

小贴士:多普勒效应的发现

一天,多普勒带着他的孩子散步,一列火车从远处开来。多普勒注意到:火车在靠近他们时笛声越来越刺耳,然而就在火车通过他们身旁的一刹那,笛声声调突然变低了。随着火车的远去,笛声逐渐变弱,直到消失。这个平常的现象引起了多普勒的注意,他思考:为什么笛声声调会变化呢?他为这个问题潜心研究多年。

奥地利物理学家、数学家和天文学家多普勒,1803年11月29日出生于奥地利的萨尔茨堡。1842年,他因文章"多普勒效应",而闻名于世。1853年3月17日,多普勒与世长辞,年仅49岁。

1822年他开始在维也纳工学院学习,他在数学方面显示出超常的水平,1825年他以各科优异的成绩毕业。在这之后他回到萨尔茨堡,在维也纳大学学习高等数学、力学和天文学。

著名的多普勒效应首次出现在1842年发表的一篇论文上。多普勒推导出当波源和观察者有相对运动时,观察者接收到的波的频率会改变。1845年,有人利用声波来进行实验。他们让一些乐手在火车上奏出乐音,请另一些乐手在月台上写下火车逐渐接近和离开时听到的乐音音高。实验结果支持多普勒效应的存在。多普勒效应有很多应用,例如天文学家利用遥远星体光谱的红移现象,可以计算出星体与地球的相对速度;警方可用雷达侦测车速等。

多普勒之后,人们发现他这一理论不仅在声学和光学适用,在电磁波等研究领域也有广泛的用途。比如说,美国天文学家哈勃所发现的天体红移现象就是在"多普勒效应"的基础上诞生的。

第二节　多普勒效应应用

一、多普勒雷达

当雷达发射一固定频率的脉冲波对空扫描时,如遇到活动目标,回波的频率与发射波的频率出现频率差,称为多普勒频率。根据多普勒频率的大小,可测出目标对雷达的径向相对运动速度;根据发射脉冲和接收的时间差,可以测出目标的距离。同时用频率过滤方法检测目标的多普勒频率谱线,滤除干扰杂波的谱线,可使雷达从强杂波中分辨出目标信号。所以多普勒雷达比普通雷达的抗杂波干扰能力强,能探测出隐蔽在背景中的活动目标。多普勒雷达又称脉冲多普勒雷达。

20世纪70年代以来,随着大规模集成电路和数字处理技术的发展,脉冲多普勒雷达广泛应用于机载预警、导航、导弹制导、卫星跟踪、战场侦察、靶场测量、武器火控和气象探测等方面,成为重要的军事装备。装有脉冲多普勒雷达的预警飞机,已成为对付低空轰炸机和巡航导弹的有效军事装备。

此外,这种雷达还用于气象观测。常规天气雷达的信号测量仅限于气象目标的强度。而多普勒天气雷达除具备常规天气雷达的全部功能外,还能同时提供大气风场的信号。通过对气象回波进行多普勒速度分辨,可获得不同高度大气层中各种空气湍流运动的分布情况。相较于传统天气雷达,多普勒雷达能够监测到位于垂直地面 8-12 千米的高空中的对流云层的生成和变化,判断云的移动速度,其产品信息达 72 种,天气预报的精确度比以前有较大提高。

图 17-7 多谱勒雷达

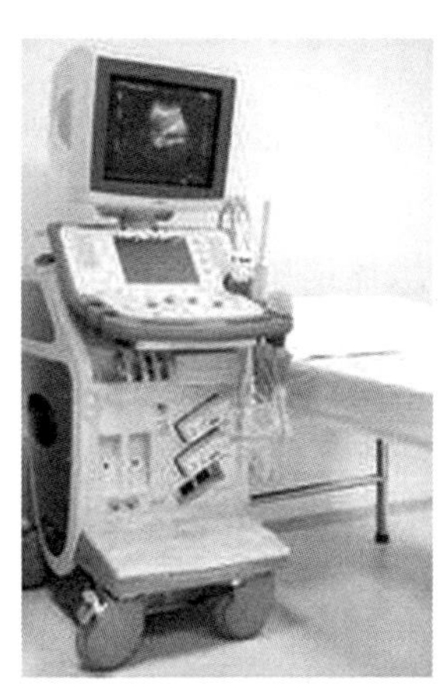

图 17-8 多谱勒超声仪

二、多普勒超声波检查

人耳能听到的声音频率为 20 Hz-20 kHz,低于 20 Hz 的声波为次声波,人耳是听不到的,高于 20 kHz 的声波为超声波,人耳也是听不见的。

B 超成像的基本原理就是:向人体发射一组超声波,按一定的方向进行扫描。根据监测其回声的延迟时间强弱就可以判断脏器的距离及性质。经过电子电路和计算机的处理,形成了我们今天的 B 超图像。多普勒超声仪即 D 超,应用多普勒效应原理,当声源与接收体(即探头和反射体)之间有相对运动时,回声的频率有所改变,此种频率的变化称为频移,D 超包括脉冲多普勒、连续多普勒和彩色多普勒血流图像,也就是我们平常说的彩超,是利用多普勒效应原理,对运动的脏器和血流进行检测的仪器,它和 B 型结合,组成双功超声诊断系统。它利用同一探头,既能用 B 型显示脏器的解剖结构,又能用脉冲多普勒测量某一深度的血流信息。技术上,应用相控阵探头,实现了脉冲多普勒和 B 型同时实时显示。

彩超简单地说就是高清晰度的黑白 B 超再加上彩色多普勒,获得的血流信号经彩色编码后实时地叠加在二维图像上,即形成彩色多普勒超声血流图像。由此可见,彩色多普勒超声(即彩超)既具有二维超声结构图像的优点,又同时提供了血流动力学的丰富信息,实际应用受到了广泛的重视和欢迎。

三、天文宇宙学的应用

光是由不同波长的电磁波组成的,在光谱分析中,光谱图将某一恒星发出的光划分成不同波长的光线,从而形成一条彩色带,我们称之为光谱图。恒星中的气体要吸收某些波长的光,在光谱图中会形成暗的吸收线。每一种元素会产生特定的吸收线,天文学家通过研究光谱图中的吸收线,可以得知某一恒星是由哪几种元素组成的。将恒星光谱图中吸收线的位置与实验室光源下同一吸收线位置相比较,可以知道该恒星相对地球运动的情况。

恒星光谱线的位移显示恒星循着观测方向运动的速度,除非波源的速度非常接近光速,否则多普勒位移的程度一般都很小。所有波动现象都存在多普勒效应。

宇宙中所有天体都在运动,人类对宇宙的认识从银河系扩展到了广袤的太空。早在 1912 年,施里弗就得到了"星云"的光谱,结果表明许多光谱都具有多普勒红移,表明这些"星云"在朝远离我们的方向运动。随后人们知道,这些"星云"实际上是类似银河系一样的星系。

天文学上把天体空间运动速度在观测者视线方向上的分量称为天体的视向速度。视向速度测定的基础就是物理学上的多普勒效应。该效应指出,运动中声源发出的声音,在静止观测者听来是变化的。若以 c 表示声速,v 为声源的运动速度,则静止观测者实际听到的运动中声源所发出声音的波长 λ,与声源静止时声音波长 λ_0 之间的关系符合数学表达式 $(\lambda-\lambda_0)/\lambda_0=v/c$,因为声速 c 和静止波长 λ_0 是已知的,λ 可通过实测加以确定,所以可以利用多普勒效应测出波源的运动速度 v。光是一种电磁波,公式中的 c 就是光速,v 就是天体的视向速度。以恒星为例,通常在恒星光谱中会有一些吸收谱线,这是恒星表面发出的光辐射被恒星大气中各种元素吸收所造成的,且特定的元素严格对应着特定波长的若干条吸收线。只要把实测恒星光谱中某种元素的吸收谱线位置(即运动光源的波长 λ),与实验室中同种元素的标准谱线位置(即静止波长 λ_0)加以比较,就可以发现两者之间会产生一定的位移,$\Delta\lambda=\lambda-\lambda_0$,即多普勒位移。$\lambda_0$ 是已知的,而 $\Delta\lambda$ 又可以通过观测得到,所以通过多普勒效应即可推算出恒星的视向速度 v,这就是确定天体视向速度的基本原理。据此,英国天文学家哈金斯在 1868 年首次测得天狼星的视向速度为 46 公里/秒,且正在远离地球而去。

第三节　红　移

红移指物体的电磁辐射由于某种原因波长增加的现象,在可见光波段,表现为光谱的谱线朝红端移动了一段距离,即波长变长、频率降低。红移的现象目前多用于天体的移动及规律的预测上。美国天文学家哈勃于 1929 年确认,遥远的星系均远离我们地球所在的银河系而去,同时,它们的红移随着它们的距离增大而成正比地增加。这一普遍规律称为哈勃定律,它成为星系退行速度及其和地球的距离之间的相关的基础。就是说,一个天体发射的光所显示的红移越大,则该天体的距离越远,它的退行速度也就越大。

红移有 3 种:多普勒红移(由于辐射源在固定的空间中远离我们所造成的)、引力红移(由于光子摆脱引力场向外辐射所造成的)和宇宙学红移(由于宇宙空间自身的膨胀所造成的)。对于不同的研究对象,牵涉到不同的红移。

图 17-9 星光的红移

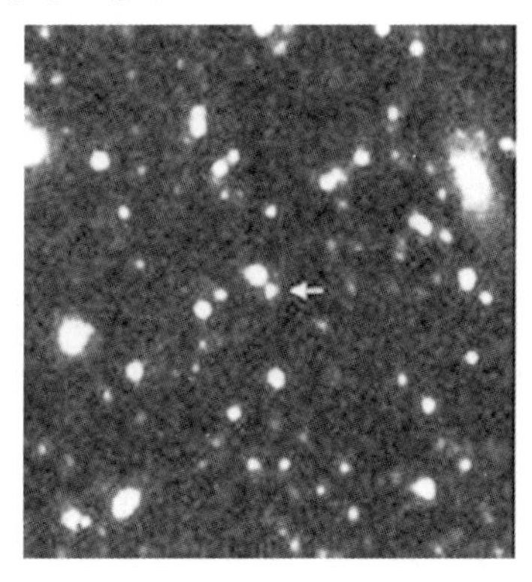

图 17-10 天体多谱勒红移

一、多普勒红移

一个天体的光谱向长波(红)端的位移叫作多普勒红移。通常认为它是多普勒效应所致,即当一个波源(光波或射电波)和一个观测者相对来讲快速运动时所造成的波长变化。

多普勒效应引起的红移和蓝移的测量使天文学家得以计算出恒星的空间运动有多快,而且还能够测定星系的自转方式等。

1914 年,工作在洛韦尔天文台的斯里弗发现,15 个称为旋涡星云(现在叫作星系)的天体中有 11 个的光都显示红移。1922 年,威尔逊山天文台的哈勃和哈马逊进行了更多的类似观测,他们发现大量星系的光都有红移。

二、引力红移

引力红移是强引力场中天体发射的电磁波波长变长的现象。由广义相对论可推知,当从远离引力场的地方观测时,处在引力场中的辐射源发射出来的谱线,其波长会变长一些,也就是红移。只有在引力场特别强的情况下,引力造成的红移量才能被检测出来。引力红移现象首先在引力场很强的白矮星(因为白矮星表面的引力较强)上检测出来。20 世纪 60 年代,庞德、雷布卡和斯奈德采用穆斯堡尔效应的实验方法,测量由地面上高度相差 22.6 米的两点之间引力势的微小差别所造成的谱线频率的移动,定量地验证了引力红移。这就是爱因斯坦的广义相对论三大验证之一。

引力红移是由引力引起的,是爱因斯坦的广义相对论的结论。从一颗恒星向外运动的光是在恒星的引力场中做“登山”运动,因而将损失能量。当一个物体,比如火箭,在引力场中向上运动时,它损失能量并减速。但光不可能减速;光永远以比 30 万千米每秒小一点点的同一速率 c 传播。既然光损失能量时不减速,那就只有增加波长,也就是红移。原理上,逃离太阳的光,甚至地球上的火把向上发出的光,都有这种引力红移。但是,只有在如白矮星表面那样的强引力场中,引力红移才大到可测的程度。黑洞可以看成是引力场强大到使试图逃离它的光产生无穷大红移的物体。

三、宇宙学红移

20 世纪初,美国天文学家哈勃发现,绝大多数观测到的星系的光谱线存在红移现象。这是由于宇宙空间在膨胀,使天体发出的光波被拉长,谱线因此“变红”,这称为宇宙学红移,并由此得到哈勃定律。这种宇宙学红移的产生,是因为遥远星系的光在传播途中被膨胀的空间拉开了,而且拉开的程度与空间膨胀的程度一样。

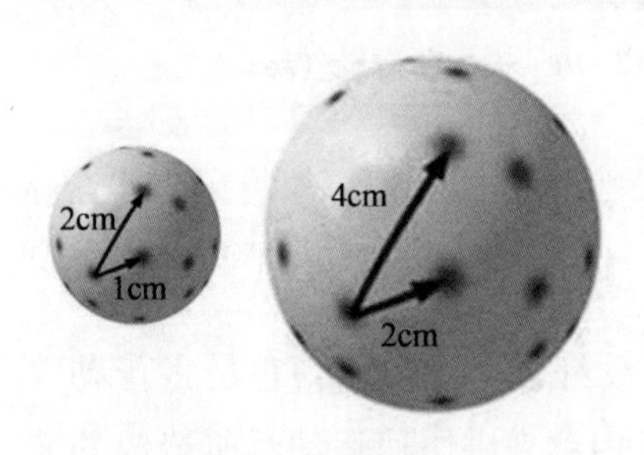

图 17-11　宇宙学红移

哈勃定律:河外星系的视向退行速度与距离成正比,即距离越远,视向速度越大。这个速度—距离关系在 1929 年由美国天文学家哈勃发现,称为哈勃定律或哈勃效应。

哈勃定律揭示宇宙是在不断膨胀的。这种膨胀是一种全空间的均匀膨胀。因此,在任何一点的观测者都会看到完全一样的膨胀,从任何一个星系来看,一切星系都以它为中心向四面散开,越远的星系间彼此散开的速度越大。

哈勃定律:　$v_f = H_c \cdot D$

v_f: 远离速率(单位: km/s);H_c :哈勃常数[单位:km/(s.Mpc)];D :相对地球的距离(单位:Mpc 百万秒差距)

1929 年哈勃对河外星系的视向速度与距离的关系进行了研究。当时只有 46 个河外星系的视向速度可以利用,而其中仅有 24 个推算出的距离,从 20 世纪 20 年代后期起,哈勃利用当时世界上最大的威尔逊山天文台 2.5 米口径的望远镜,全力从事星系的实测和研究工作,其中包括测定星系的视向速度,并估计星系的距离,前者需要对星系进行光谱观测,后者则必须找到合适的、能用于测定星系距离的标距天体或标距关系。哈勃开展上述两项工作的目的,是试图探求星系视向速度与距离之间是否存在某种关系。

哈勃开展的这项观测研究是非常细致又极为枯燥的,他在相当长的一段时间内投入了自己的全部精力。与现代设备相比,20 世纪 20 年代观测条件很简陋,2.5 米口径望远镜不仅操纵起来颇为费力,而且不时会出现故障。星系是非常暗的光源,为了拍摄到它们的光谱,在当时往往需要曝光达几十分钟乃至数小时之久,其间还必须保持对目标星系跟踪的准确性。为获取尽可能清晰的星系光谱,哈勃甚至迫不得已用自己的肩膀顶起巨大的镜筒。人们调侃地形容说"冻僵了的哈勃"就"像猴子般地"整夜待在望远镜的五楼观测室内,"脸被暗红色的灯光照得像个丑八怪",由此可见这位天文学大师严谨的科学态度和顽强拼搏的科学精神。

哈勃定律的发现说明宇宙在膨胀,现在知道这种膨胀早已隐含在发现哈勃定律之前十几年发表的广义相对论方程式之中。当爱因斯坦本人1917年首次应用那些方程式导出关于宇宙的描述(宇宙模型)时,它发现方程式要求宇宙必须处于运动状态——要么膨胀,要么收缩。方程式排除了稳定模型存在的可能性。当时无人知晓宇宙是膨胀的,爱因斯坦方程式能准确描述哈勃观测到的现象。方程式表明,宇宙应该膨胀,这并不是因为星系在空间运动,而是星系之间的时空在膨胀。而哈勃定律的准确性表明,广义相对论是关于宇宙如何运转的极佳描述。

宇宙学红移在100个百万秒差距的尺度上是非常明显的。但是对于比较近的星系,由于星系本身在星系团中的运动所造成的多普勒红移和宇宙学红移的量级差不多,你必须仔细地区别开这两者。

红移现象的研究使我们知道,天体的光或者其他电磁辐射可能由于三种效应被拉伸而使波长变长。于是全部三种过程都被称为红移。所有三类红移可能同时起作用。

小贴士:美国天文学家爱德温·哈勃

哈勃是研究现代宇宙理论最著名的人物之一,是河外天文学的奠基人。他发现了银河系外星系存在,并发现宇宙在不断膨胀,是银河外天文学的奠基人和提供宇宙膨胀实例证据的第一人,如图17-12。

1889年11月20日,哈勃生于密苏里州马什菲尔德,1953年,在回家途中突发中风,不幸逝世。1990年,美国国家航空航天局发射了当时世界上最大的天文望远镜寻找外太空生命,在为该望远镜命名的时候,他们想到了哈勃,该望远镜被命名为"哈勃空间望远镜"。

1906年6月,17岁的哈勃高中毕业,获得芝加哥大学奖学金并前往学习,在大学期间,他受天文学家海尔启发开始对天文学产生兴趣。1910年,21岁的哈勃前往英国牛津大学学习法律,23岁获文学学士学位。1913年在美国肯塔基州当律师。后来,他集中精力研究天文学,并返回芝加哥大学,25岁到叶凯士天文台攻读研究生,28岁获博士学位并在该校设于威斯康星州的叶凯士天文台工作。

哈勃对20世纪天文系做出许多贡献,被尊为一代宗师。其中最重大者有二:一是

图 17-12　科学家哈勃

确认星系是与银河系相当的恒星系统，开创了星系天文学，建立了大尺度宇宙的概念；二是发现了星系的红移—距离关系，促使现代宇宙学的诞生。

后来经过其他天文学家的理论研究，宇宙已按哈勃常数率膨胀了137亿年。

20世纪初，大部分天文学家都认为宇宙不会膨胀出银河系。但20世纪20年代初，哈勃用当时最大的望远镜观察神秘的仙女座时，发现仙女座中的星云不是银河系的气体，而是一个完全独立的星系。在银河系之外存在许多其他的星系，宇宙比人类想象的要大许多。

四、测量宇宙的衡量标准

20世纪60年代初以来，天文学家发现了类星体，它们的红移比以前观测到的最遥远的星系的红移都更大。各种各样的类星体的极大的红移使我们认识到，它们均以极大的速度（即接近光速的90%）远离地球而去。换句话说，由于多普勒红移现象的存在，宇宙不是无限的，而是有界的，即天体红移的速度等于光速的地带就是宇宙的边缘和界限了，超过了这个界限，也就超过了光速，光线也就因此永远无法达到我们的视界，那就不是我们这个世界了。

现在，根据科学测定，宇宙的年龄大约是150亿年，这个既是它的年龄（时间），其实也是它的空间长度，即150亿光年是我们观察太空理论上能达到的最远距离了，我们现在看到的距离地球150亿光年的地方恰恰就是宇宙诞生时的镜像。150亿年前，在大爆炸的起点，时间和空间获得最完美的统一，即是我们整个宇宙的开端。

【本章小结】

本章介绍了物理学对生活中一些有趣现象的发现与理解，重点介绍了声音的多普勒效应，并利用手机的功能，下载函数信号产生软件和分贝测量软件，再现并实现了声音的多普勒现象,做了一个有趣的声音实验,并介绍了与此相关的应用,在解释生活有趣的现象及相关应用中展现了物理学发现之美。

【大事年纪】

多普勒效应及红移

1842 年　多普勒现象和解释,多普勒效应。

1845 年　荷兰科学家的声波实验证实多普勒效应。

1868 年　首次测出了恒星相对于地球的运动速度。

1901 年　实验室中转动的镜片证明可见光的红移。

1929 年　哈勃定律。

【拓展阅读】

太空天文台

1. 太空天文台

太空天文台是指所有用来在外太空观测行星、星系以及其他外太空物体的仪器。

大型轨道天文台计划是美国宇航局研制的 4 颗大型空间望远镜,分别是哈勃空间望远镜、康普顿伽玛射线天文台、钱德拉 X 射线天文台和史匹哲太空望远镜。它们分别工作在不同的波段,每台望远镜都为各自的领域做出了重要的贡献。

2. 哈勃空间望远镜

是以著名天文学家、美国芝加哥大学天文学博士爱德温·哈勃为名,在地球轨道上并且围绕地球的太空空间望远镜,它于 1990 年 4 月 24 日在美国肯尼迪航天中心由"发现者"号航天飞机成功发射,如图 17-13。

哈勃空间望远镜的位置在地球的大气层之上,因此影像不会受到大气湍流的扰动,视相度绝佳又没有大气散射造成的背景光,还能观测会被臭氧层吸收的紫外线,是天文史上最重要的仪器之一。它成功弥补了地面观测的不足,帮助天文学家解决了许多天文学上的基本问题,使得人类对天文物理有更多的认识。此外,哈勃的超深空视场则使天文学家目前能获得的最深入、也是最敏锐的太空光学影像。

3. 康普顿伽玛射线天文台

康普顿伽玛射线天文台是美国宇航局于 1991 年发射的一颗伽玛射线天文卫星,是大型轨道天文台计划的第二颗卫星。它以在伽玛射线领域做出重要贡献的美国物理学家康普顿的名字命名,目的是观测天体的伽玛射线辐射,如图 17-14。

康普顿伽玛射线天文台于 1991 年 4 月 5 日由亚特兰蒂斯号航天飞机搭载升空,运行在 450 千米高的近地轨道上,为的是避免范艾伦辐射带的影响。康普顿伽玛射线天文台重约 17 吨,其中天文仪器重约 7 吨,在当时是用航天飞机发射的最重的民用航天

图 17-13　哈勃空间望远镜

图 17-14　康普顿 γ 射线天文台

器。2000 年 5 月 26 日，在传回最后一次太阳观测资料后，美国宇航局指引卫星开始一连串点火，并最终在 6 月 4 日引导它坠入地球大气层，在太平洋上空烧毁。

4. 钱德拉 X 射线天文台

钱德拉 X 射线天文台是美国宇航局于 1999 年发射的一颗 X 射线天文卫星，是大型轨道天文台计划的第三颗卫星，目的是观测天体的 X 射线辐射。其特点是兼具极高的空间分辨率和谱分辨率，被认为是 X 射线天文学上具有里程碑意义的空间望远镜，标志着 X 射线天文学从测光时代进入了光谱时代，如图 17-15。

钱德拉 X 射线天文台的制造耗资 15.5 亿美元，为纪念美籍印度裔天体物理学家钱德拉塞卡而更名。1999 年 7 月 23 日，钱德拉 X 射线天文台由哥伦比亚号航天飞机搭载升空，运行在一条椭圆轨道上，近地点为 1 万千米，远地点为 14 万千米，轨道周期为 64 小时。

5. 斯皮策太空望远镜

斯皮策太空望远镜，是美国国家航空航天局 2003 年发射的一颗红外天文卫星，是大型轨道天文台计划的最后一台空间望远镜，如图 17-16。

图 17-15　钱德拉 X 射线天文台

图 17-16　斯皮策太空望远镜

斯皮策太空望远镜耗资8亿美元，原名为空间红外望远镜设备，2003年12月，经过公众评选，该卫星以空间望远镜概念的提出者、美国天文学家斯皮策的名字命名。望远镜工作在波长为3-180微米的红外线波段，以取代先前的红外线天文卫星（IRAS）。斯皮策太空望远镜虽然不比它口径大很多，但得益于红外探测设备的快速发展，性能上有了显著的提高。2003年8月25日，斯皮策太空望远镜镜在美国佛罗里达州的卡纳维尔角由德尔塔Ⅱ型火箭发射升空，运行在一条位于地球公转轨道后方、环绕太阳的轨道上，并以每年0.1天文单位的速度逐渐远离地球，这使得一旦出现故障，将无法使用航天飞机对其进行维修。红外线的波长比可见光长，能够穿透密集的尘埃，因此红外观测能够帮助人们了解银河系的核心、恒星形成，以及太阳系外行星系统。

【思考与讨论题】

17-1 你的体重大约重多少牛顿？

17-2 怎么利用多普勒效应测量物体移动速度？

17-3 生活中还有哪些现象可归于多普勒效应？

17-4 中华人民共和国城市区域环境噪声标准中居住区环境噪声最高限值是：（　　）。

A.昼间50分贝，夜间40分贝　　B.昼间55分贝，夜间45分贝

C.昼间60分贝，夜间50分贝　　D.昼间65分贝，夜间55分贝

17-5 根据多普勒效应，下列说法中正确的是：（　　）。

A.当波源和观察者间有相对运动时，观察者接收到的频率和波源的频率可能相同

B.当波源和观察者同向运动时，观察者接收到的频率一定比波源发出的频率低

C.当波源和观察者相向运动时，观察者接收到的频率一定比波源发出的频率高

D.当波源和观察者反向运动时，观察者接收到的频率可能越来越高

【分析题】

17-6 什么是音乐中的音调、响度和音色？

17-7 宇宙有中心吗？

17-8 怎么样才能让我国的科学技术水平走到世界前列。

【综合题】

17-9　查找太空天文台拍摄的美丽图片并做科学演讲。

17-10　从历年诺贝尔物理学奖选取自己熟悉的奖项与同学做分享与交流。

17-11　为什么说望远不仅在看远方,而且在看历史?

17-12　人文社科的学生也学习一些理工科知识有什么好处?

17-13　什么是科学精神?

书目推荐

第一篇　物理生活之美

1. 赵峥.物含妙理总堪寻:从爱因斯坦到霍金.北京:清华大学出版社,2013.

2. 施大宁.文化物理.北京:高等教育出版社,2011.

3. 盛正卯,叶高翔.物理学与人类文明.杭州:浙江大学出版社,2006.

4. 倪光炯,王炎森,钱景华,方小敏.改变世界的物理学.上海:复旦大学出版社,2015.

5. [美]加来道雄(著),伍义生 杨立盟(译).物理学的未来 科学决定2100年的世界蓝图.重庆:重庆出版社,2012.

6. 崔佳.一本书读完科学发现的历史.北京:北京理工大学出版社,2015.

7. [加]戴维·欧瑞尔(著),潘志刚(译).科学之美.北京:电子工业出版社,2015.

8. 杨广军.改变世界的物理实验.南昌:江西美术出版社,2013.

9. 张天蓉.数学物理趣谈 从无穷小开始.北京:科学出版社,2016.

10. 聪明谷手工教室编.超图解学科学实验.北京:北京理工大学出版社,2014.

11. 路甬祥.科学改变人类生活的119个伟大瞬间.杭州:浙江少年儿童出版社,2012.

12. [英]卡尔·波普尔(著),李本正 刘国柱(译).科学发现的逻辑后记.杭州:中国美术学院出版社,2014.

第二篇　物理实验之美

13. [美]约翰逊(著),王悦(译).历史上最美的10个实验.北京:人民邮电出版社,2010.

14. 沙振瞬.最美丽的十大物理实验.南京:南京大学出版社,2013.

15. [美]沙摩斯(著),史耀远等(译).物理史上的重要实验.北京:科学出版社,1985.

16. [美]Jerry Silver(著),张辉 张娜(译).学鬼才:物理科学实验125例.北京:人民邮电出版社,2012.

17. 厚宇德.物理文化与物理学史.杭州:浙江科学技术出版社, 2004.

18. [美]凯尔・柯克兰德(著),王瑶(译).电学与磁学:科学图书馆我们世界中的物理.上海:上海科学技术文献出版社,2011.

19. [日]藤泷和弘(著),陈刚(译).漫画电学原理.北京:科学出版社,2010.

20. [美]Stan Gibilisco(著),张丹蔚(译).我的电学实验指导书.北京:人民邮电出版社,2014.

21. 王建国.物理知识知道点:走进电学世界.芜湖:安徽师范大学出版社,2012.

22. [美]休伊特(著),舒小林(译).概念物理:第 11 版.北京:机械工业出版社,2014.

第三篇　物理原理之美

23. 杨建邺.物理学之美.北京:北京大学出版社,2011.

24. [英]史蒂芬・霍金(著),许明贤等(译).时间简史.长沙:湖南科学技术出版社,1996.

25. [英]伊萨克・牛顿(著),王克迪(译).自然哲学之数学原理.西安:陕西人民出版社,2001.

26. [英]伊萨克・牛顿(著),周岳明等(译).牛顿光学.北京:北京大学出版社,2011.

27. [美]斯科特・麦克卡特奇恩(著),邝剑菁(译).追寻宇宙奥秘:10 位天文学领域的科学家.上海:上海科学技术文献出版社,2014.

28. 张邦固.宇宙奥秘.北京:科学出版社,2016.

29. [英]麦克斯韦(著),戈革(译).电磁通论.北京:北京大学出版社,2010.

30. [英]马洪(著),肖明(译).科学家传记系列 麦克斯韦:改变一切的人.长沙:湖南科技出版社,2011.

第四篇　物理发现之美

31. 刘金寿.现代科学与技术概论(第二版).大连:大连理工大学出版社,2007.

32. 李春茂.LED 结构原理与应用技术.北京:机械工业出版社,2011.

33. 黄泉荣.医学影像成像原理.北京:高等教育出版社,2005.

34. 方莉俐,王秀杰.应用物理实验.北京:高等教育出版社,2013.

35. [日]原田知广(著),林蓉蓉(译).欧姆社学习漫画 热力学.北京:科学出版社,2010.

36. 李元杰,陆果.大学物理学.北京:高等教育出版社,2008.

37. 张永枫等.电子技能实训教程.北京:清华大学出版社,2009.

38.《探秘者系列》编委会.重大发现见证人类前进足迹.北京:光明日报出版

社,2011.

39. 10000 个科学难题物理学编委会.10000 个科学难题物理学卷.北京: 科学出版社,2009.

40. 汪红.电子技术.北京:电子工业出版社,2003.

41. [日]涉谷道雄(著),滕永红(译).欧姆社学习漫画-漫画半导体.北京:科学出版社,2010.

42. 郭奕玲等.诺贝尔物理学奖 1901-2010.北京:清华大学出版社,2013.

43. 程守洙等.普通物理学(第六版).北京:高等教育出版社,2006.

44. [美]霍布森(著),李克诚等(译).物理学的概念和文化素养.北京:高等教育出版社,2008.

45. 张映.大学物理实验.北京:机械工业出版社,2010.

46. 赵铮.物理学与人类文明十六讲.北京:高等教育出版社,2008.

47. [日]飞车来人(著),李隽等(译).看得见的相对论.北京:科学出版社,2014.

48. 梁灿彬,曹周键.从零学相对论.北京:高等教育出版社,2013.

49. [英]霍金(著),吴忠超(译).果壳中的宇宙.长沙:湖南科技出版社,2002.

50. 赵凯华.新概念物理教程量子物理(第二版).北京:高等教育出版社,2003.

51. [日]新田英雄(著),陈芳(译).漫画物理之力学.北京:科学出版社,2009.

52. 祝之光.物理学(第四版).北京:高等教育出版社,2012.

53. 俞允强.广义相对论(第二版).北京:北京大学出版社,2002.